Einstellungssache: Personalgewinnung mit Frechmut und Können

Jörg Buckmann

Herausgeber

Einstellungssache: Personalgewinnung mit Frechmut und Können

Frische Ideen für Personalmarketing und Employer Branding

 Springer Gabler

Herausgeber

Jörg Buckmann
Ennetbaden, Schweiz

ISBN 978-3-658-03699-7   ISBN 978-3-658-03700-0 (eBook)
DOI 10.1007/978-3-658-03700-0

Die Deutsche Nationalbibliothek verzeichnet diese Publikation in der Deutschen Nationalbibliografie; detaillierte bibliografische Daten sind im Internet über http://dnb.d-nb.de abrufbar.

Springer Gabler
© Springer Fachmedien Wiesbaden 2013

Gedruckt auf säurefreiem und chlorfrei gebleichtem Papier.

Springer Gabler ist eine Marke von Springer DE. Springer DE ist Teil der Fachverlagsgruppe Springer Science+Business Media
www.springer-gabler.de

„Ein faszinierendes Universum denkbarer Möglichkeiten"

Ein frechmutiger Weckruf von Prof. Dr. Armin Trost

Nun bin ich ja bereits seit über acht Jahren Professor für Personalmanagement. Dabei hat mich das Personalwesen immer zutiefst gelangweilt. Nicht nur die Sache an sich, auch viele Personaler langweilen mich. Manchmal denke ich, es wäre doch besser, mit seinem Leben etwas Spannenderes anzufangen. Es gibt Menschen, die bauen beeindruckende Häuser, entwickeln innovative Produkte, erkunden und erforschen die Welt, heilen Menschen. Es gibt so viel bewegende Dinge, die man in seiner kurzen Zeit des Lebens tun könnte. Warum in aller Welt bin ich dann Professor ausgerechnet für Personalmanagement geworden?

Eine Erkenntnis tröstet mich: auch wenn es viele nur behaupten, ich weiß, dass Menschen in Unternehmen den wichtigsten Erfolgsfaktor ausmachen. Diesen bestmöglich zu nutzen – im Sinne aller Beteiligten – ist und bleibt eine spannende Herausforderung. Nur wird das heute zur Verfügung stehende Lehrbuchwissen dafür nicht ausreichen. Auch Personallehrbücher langweilen mich. Ich bekomme Schmerzen beim Lesen. Die wenigsten Personaler und nur eine Handvoll Personalprofessoren haben sich in den vergangenen Jahren aus der Deckung getraut, um wirklich etwas Wirksames, Anderes auszuprobieren.

Dabei benötigen wir im Personalmanagement dringend neue Ansätze, eine neue Denkhaltung, Mut, Frechheit, Kreativität. Die Zeit ist reif dafür. Wenn Personaler das jetzt nicht kapieren, wird es bald zu spät sein für den Ruf dieser wichtigen Zunft. Dann werden sie auch in den kommenden Jahren unsere Organisationen mit Konzepten belästigen, die noch nie funktioniert haben und nie funktionieren werden und immer wieder nur aufs Neue beweisen, wie weit weg sie von der Wirklichkeit sind. Dabei stehen wir vor einem faszinierenden Universum denkbarer Möglichkeiten!

Wie wohltuend ist es da für mich, ein Buch wie dieses zu lesen. Hier haben etliche Menschen wirklich etwas kapiert und praktisch gewagt. Wir brauchen mehr davon. Die Unternehmen brauchen mehr davon. Das macht mir Hoffnung.

Tübingen, im Oktober 2013   Armin Trost

Vorwort: Mord und Totschlag im Personalmarketing?

> In dieser Welt ist alles eine Frage des Marketings. Es geht um die Kunst, auf sich aufmerksam zu machen, durch das mediale Gebrüll hindurch gehört zu werden. Und jetzt geht es nur noch darum, ob Sie wissen, was zu tun ist, unbekannter Polizist. Wie man die Muskeln anspannt. Wie stark sie sind, spielt keine Rolle, entscheidend ist, wie man sie einsetzt (Dahl 2013, S. 160).

In diesem Buch geht es nicht um Mord und Totschlag – auch wenn wir angeblich im Krieg um die Talente stehen. Dennoch ist das Eingangszitat von Arne Dahl so passend. Denn es geht darum, wie Arbeitgeber mit ihren Botschaften auf dem Arbeitsmarkt gehört werden und bei den Zielgruppen ankommen. Nennen wir es einfach Personalmarketing. Oder Employer Branding. Sie ahnen es schon: Es geht in diesem Buch nicht um akademische Begriffsdefinitionen, sondern ganz einfach um die richtige Einstellung in Personalmarketing und Employer Branding. Und um viele innovative Ideen, die in der Praxis funktionieren.

Mal ganz ehrlich und unter uns: Noch viel zu oft verstecken wir uns im Personalwesen hinter zu kleinen Budgets, fehlenden Kompetenzen, der mangelnden Akzeptanz in den Geschäftsleitungen oder gesetzlichen Einschränkungen. Ich finde jedoch, dass frische Ideen und erfolgreiche Konzepte in Personalmarketing und Employer Branding weniger eine Frage der „Muskelmasse", also der Ressourcen, sind. Sie entstehen viel eher aus dem cleveren Einsatz der vorhandenen Mittel. „Die Muskeln richtig anspannen und einsetzen", wie es Arne Dahls Mörder im Brief nennt. Darum geht's. Nicht Budgets, personelle Mittel oder Kompetenzen, sondern die persönliche Einstellung entscheidet künftig in der Personalgewinnung. Ich nenne sie Frechmut.

Dieses Buch ist kein Krimi, viel eher ein Geschichtenbuch. Es erzählt die Geschichten von Menschen und ihren Ideen. Von Persönlichkeiten, die mit Frechmut etwas bewegt haben und davon, wie man diese Ideen im eigenen Unternehmen einsetzen kann. Oft inspiriert ein Blick über den Tellerrand der üblichen Konzepte und Ansätze. Deshalb geht es hier auch um Menschen, die zumindest auf den ersten Blick nichts mit der Personalgewinnung zu tun haben, von deren Einstellung wir im Bereich Human Resources aber viel lernen können. Einer dieser Menschen ist Markus Ruf, gelernter Bleisetzer und mittlerweile zweifacher Werber des Jahres in der Schweiz. Oder Barbara Artmann, die ihren Job bei einer Schweizer Großbank an den Nagel hängte und eine Schuhfabrik kaufte. Im ersten Teil stehen sie zusammen drei führenden HR-Kreativen als Galionsfiguren für die fünf Essenzen von Frechmut.

Galionsfiguren? Sie schmückten früher den Bug der Segelschiffe. Die Seeleute vertrauten darauf, dass die Figur ihr Schiff auf Kurs halten und vor Unglück bewahren sollte. Auch meine fünf Galionsfiguren halten ihr Unternehmen, ihr Projekt oder ihr Team auf Kurs. Sie verwirklichen ihren Traum, besetzen Themen und sind uns in ihrem Wirken oft einen Schritt voraus. Diese fünf Persönlichkeiten beeindrucken und inspirieren mich – und hoffentlich auch Sie.

Im zweiten Teil dieses Buchs gibt es viele Praxisbeispiele für frechmutiges Personalmarketing und ebensolches Employer Branding. 13 profilierte HR-Spezialistinnen und -spezialisten decken ihre Karten auf und erklären, wie ihre frischen Ideen in der Praxis funktionieren. Zur Nachahmung wärmstens empfohlen.

Möge Sie der verwegene Mix dazu hinreißen, richtig gute – eben frechmutige – Personalgewinnung zu machen.

Achtung: Diskriminierung!

Diskriminierungen jeglicher Art sind mir ein Gräuel. Dass mir die Gleichstellung ein ehrliches Anliegen ist, erfahren Sie bereits in der allerersten Essenz „Frech" mit der Beschreibung der erfolgreichen Suche nach mehr Frauen für die Zürcher Tramcockpits. Und doch weigere ich mich, meinen liebevoll kreierten Texten Gewalt in Form von brachial auf sprachliche Gleichstellung getrimmten Wortgeschwüren (à la „die Bewerbenden" oder gar „die Arbeitgebenden") anzutun. Ich versuche, Ihnen einen möglichst ungetrübten Lesefluss zu ermöglichen, indem ich mich in der Regel nur an eine Geschlechtergruppe richte, manchmal sind es Männer, in der Regel jedoch Frauen. Der Grund für die Hervorhebung der weiblichen Form liegt auf der Hand: Die HR-Welt ist in den meisten Unternehmungen fest in Frauenhand. Es liegt somit nah anzunehmen, dass der größere Teil meiner Leserschaft Frauen sind. „Die Zukunft ist weiblich", heißt es allenthalben. Voilà, hier ist sie, die Zukunft!

Jetzt aber Bühne frei für Frechmut, viel Freude an fast 300 Seiten Personalgewinnung mit Frechmut und Können, liebe Leserinnen und liebe Leser!

Inhaltsverzeichnis

Teil I
Frechmut

Einstellungssache Frechmut

Jörg Buckmann

Frechmut erblickte am 21. Februar 2013, einem eiskalten Donnerstag, in einem Berliner Hinterhaus an der Windscheidstraße das Licht der HR-Welt. Dort fand in einer inspirierenden Atmosphäre das zweite HR-Barcamp statt: Über 100 Fachleute diskutierten zwei Tage lang frische Ideen für die Personalarbeit von heute und morgen.

Zusammen mit Jürgen Sorg, Techniker Krankenkasse, und Florian Schrodt von der Deutschen Flugsicherung entschloss ich mich spontan zu einer Session (so heißen im Barcamp-Slang die meist etwa 60 Minuten langen Workshops). Unser Thema: „Was braucht es, um frische und Aufsehen erregende Ideen in Personalmarketing und Employer Branding firmenintern trotz der Vielzahl an Bedenkenträgern zur Umsetzung zu bringen?" Ich machte mir auf die Schnelle ein paar Notizen, ganz oben auf meinem Zettel stand:

Frech sein.

Und mutig.

Ich fügte die beiden zentralen Essenzen für erfrischende Ideen im Arbeitgeberauftritt ganz einfach zusammen – das ist einfacher und prägnanter. Frechmut war geboren!

In den darauffolgenden Monaten vertiefte ich meine Überlegungen. Schlussendlich kristallisierten sich genau fünf Essenzen heraus, die für Frechmut stehen. Für mich und meine Kollegen Jürgen Sorg und Florian Schrodt ist Frechmut eine wichtige Voraussetzung, um die guten Ideen, die in vielen Köpfen schlummern, in die Realität umzusetzen. Frechmut ist Kopfsache und Herzensangelegenheit. Und weil Frechmut als mentale Einstellung schließlich zu den nötigen Einstellungen führen soll, ist Frechmut gleich im doppelten Sinne eine **Einstellungssache**.

Lernen Sie im ersten Teil dieses Buchs die fünf Essenzen von Frechmut kennen. Und fünf Persönlichkeiten, die diese Kompetenz verinnerlicht haben und vorleben.

Jörg Buckmann ✉
Sonnenbergstraße 8, 5408 Ennetbaden, Schweiz
e-mail: joerg.buckmann@gmail.com

J. Buckmann (Hrsg.), *Einstellungssache: Personalgewinnung mit Frechmut und Können*,
DOI 10.1007/978-3-658-03700-0_1, © Springer Fachmedien Wiesbaden 2013

Erste Essenz: Frech

Jörg Buckmann

▸ Lust haben, aufzufallen, ja vielleicht ab und an etwas zu provozieren. Aber mit Stil und einem Augenzwinkern.

▸ Grenzen ausloten und sich trauen, tatsächliche oder vermeintliche Gesetzmäßigkeiten zu ritzen oder zu verschieben.

„Ich verstehe nichts von Marketing. Ich habe einfach meine Kunden geliebt", soll Zigarrenpapst Zino Davidoff einmal gesagt haben. So einfach ist es also. Nur ist von dieser Liebe im Personalmarketing leider noch herzlich wenig zu spüren. Auf dem Arbeitsmarkt bleibt schätzungsweise jede fünfte Kaufabsicht unbeantwortet, sprich: auf ungefähr 20 Prozent aller Bewerbungen bekommen die Bewerber noch nicht mal eine Rückmeldung. Potenzielle Mitarbeitende hören nach dem Einreichen ihrer Bewerbungsunterlagen nichts mehr vom Arbeitgeber, bei dem sie immerhin rund ein Drittel ihrer Lebenszeit verbringen wollten. Funkstille. Produzierende Unternehmen, die so mit ihren Käuferinnen umgehen würden, würden wohl früher oder später in Konkurs gehen. Vermutlich eher früher.

Für uns im Human Resources Tätige lohnt sich ein Blick auf das Konsumgüter- und Dienstleistungsmarketing, um von ihm zu lernen. Es gibt viele Theorien, welche die Unterschiede zwischen Personal- und anderen Marketingdisziplinen betonen. Für mich sind die Unterschiede gering. Im Kern geht es immer um das Gleiche: Verkaufen. Die an sich einfachen Spielregeln: An die Zielgruppen denken. Klare Botschaften kommunizieren, die bei den Zielgruppen ankommen.

Markus Ruf lebt das seit Jahren vor. Der zweifache Schweizer Werber des Jahres leitet gemeinsam mit Danielle Lanz die vielfach ausgezeichnete Zürcher Werbeagentur Ruf Lanz. Markus Ruf versteht wie kein Zweiter die hohe Kunst der stilvollen, ja charmanten Provokation, des Auffallens mit Augenzwinkern. Seine pointierten Ideen fallen auf in

Jörg Buckmann ✉
Sonnenbergstraße 8, 5408 Ennetbaden, Schweiz
e-mail: joerg.buckmann@gmail.com

J. Buckmann (Hrsg.), *Einstellungssache: Personalgewinnung mit Frechmut und Können*,
DOI 10.1007/978-3-658-03700-0_2, © Springer Fachmedien Wiesbaden 2013

dem Werbeorkan, der täglich über uns Konsumenten hinwegfegt. Dazu meint Markus Ruf selbst: „Werbung braucht einen Einfall, der die Botschaft so überraschend verpackt, dass das Publikum sie überhaupt hören möchte. Dies gilt heute mehr denn je. Denn durch den technologischen Fortschritt werden immer mehr Menschen die Möglichkeit haben, lästige Werbung per Knopfdruck einfach zu überspringen."

Das gilt auch in der Personalsuche. Die verblüffende Inszenierung der Botschaften und ein Grundverständnis von Marketing – von den Zielgruppen aus denken, Leistungsversprechen herausstreichen, sich differenzieren, wahrgenommen werden – wird angesichts des Engpassfaktors Personal mehr und mehr zur Königsdisziplin für Personaler.

Aufsehen erregen

Forscher wollen entdeckt haben, dass jeden Tag bis zu 10.000 Werbebotschaften auf uns hereinprasseln. Wer in diesem „War of eyeballs" seine Produkte, Dienstleistungen oder eben Arbeitsplätze an den Mann oder an die Frau bringen will, muss erst einmal auffallen. Markus Ruf zitiert dazu den deutschen Dichter Friedrich von Logau: „In Gefahr und großer Not, bringt der Mittelweg den Tod." Oder weniger barock formuliert: „Wer sich nicht vom Mainstream abhebt, wird in diesem untergehen – kann also auch kein Interesse wecken und keine Sympathie gewinnen."

Was in der Vermarktung von Produkten und Dienstleistungen funktioniert, kann so falsch nicht sein. Vor dem Hintergrund zunehmender Knappheit auf dem Arbeitsmarkt rücken immer mehr Firmen sich selber und ihre Vorzüge als Arbeitgeberin ins rechte Licht. Oder versuchen es zumindest. Das Buhlen um Talente kennt ähnliche Prinzipien wie bei der Partnersuche: Wer als Arbeitgeber wahrgenommen werden will, muss sich als attraktiver Arbeitgeber bekannt machen und zeigen, was man zu bieten hat. Damit die Botschaften auch gehört werden, müssen die Unternehmungen Aufsehen erregen. Erregen? Wenn Sie nun reflexartig an Erotik gedacht haben, dann ist das gut so. Personalwerbung muss insofern erotischer werden, als dass sie vermehrt die Gefühle der Zielgruppen anspricht und Emotionen auslöst. Damit das gelingt, braucht es auch in der Vermarktung von Arbeitsplätzen mehr Kreativität, ein wenig Frechheit für frische Ideen und Professionalität. Das Human Resources Management ist vermutlich die einzige Managementdisziplin, bei der Laien selber Werbung (zum Beispiel in Form der Stelleninserate) und Marktkommunikation betreiben. Das spürt man häufig. Dazu Markus Ruf: „In der Personalwerbung wird Langeweile oft mit Seriosität verwechselt. Ein langweiliges Unternehmen aber zieht kaum spannende und motivierte Leute an."

Damit sich das ändert, braucht es punktuell die Unterstützung kreativer Agenturen, die wissen, wie man wirksam wirbt. Es bedingt aber vor allem neue Kompetenzen für die Personaler insbesondere die Recruiter. Das Know-how in Marketing und Vertrieb, in der Kommunikation und PR sowie ein Grundverständnis über das Zusammenspiel von IT-Systemen werden zu neuen Kernkompetenzen im HR (mehr dazu in diesem Buch bei der vierten Essenz „Ego" mit Galionsfigur Robindro Ullah).

Sich differenzieren

Ein unverwechselbarer Auftritt auf dem Arbeitsmarkt basiert auf der Betonung der Unterschiede. Darauf, dass sich ein Arbeitgeber mit dem, *was* er zu bieten hat, differenziert. Und in dem, *wie* er diese Botschaft anpreist. Puristen werden nun einwenden, dass es auf die Inhalte ankommt. Einverstanden, *auch* ankommt. Aber die Beispiele aus dem Konsumgütermarketing und – seien wir ehrlich – unser eigenes Kaufverhalten zeigen, dass eine schöne Verpackung und emotionale Geschichten rund um das eigentliche Produkt integrale Bestandteile dessen sind. Ich denke daran, wie Apple einen Hype um seine Produkte inszeniert. Ich denke daran, wie Moleskine einfache Notizhefte emotional auflädt – und teuer verkauft. Arbeitsplätze und Stellen haben immer mit Menschen zu tun. Sie emotional zu bewerben und die Menschen Geschichten – ihre Geschichten – erzählen zu lassen, drängt sich geradezu auf. Es passiert nicht. Es ist geradezu paradox, wie wenig sich in der Personalwerbung bewegt. Die Stelleninserate im Look and Feel der 1960er Jahre halten sich seit Jahrzehnten hartnäckig, nicht einmal das Internet konnte ihnen etwas anhaben. Anstelle der Zeitungen verwandeln sie nun halt einfach verkleidet als pdf die Jobbörsen in Personalmarketingfriedhöfe. Das ist kein Plädoyer für potemkinsche Dörfer in der Personalwerbung – aber ein bisschen überraschender und liebevoller verpackt dürfte sie schon sein.

Die pfiffigste Personalwerbung nützt nichts, wenn konkrete Botschaften über Arbeitgebervorteile und die emotionalen Aspekte der Unternehmenskultur fehlen. Die inhaltliche Differenzierung von Mitbewerbern ist entscheidend, sonst bleiben die einzelnen Arbeitgeber konturlos und austauschbar. Bei den Alleinstellungsmerkmalen geht es um das Herausarbeiten der Arbeitgebermerkmale mit konsequentem Fokus auf den Nutzen für potenzielle Bewerber. Das Resultat: die Employer Value Proposition. Der Wiener Markenexperte Ralf Tometschek geht in seinem Gastbeitrag in diesem Buch genau darauf ein.

Wie bereits erwähnt, kann das Personalmarketing viel vom Dienstleistungsmarketing lernen. Zur Veranschaulichung ein preisgekröntes Beispiel aus der VBZ-Kampagne (Abb. 1). Das Briefing der Verkehrsbetriebe Zürich lautete, die hohe Haltestellendichte zu kommunizieren, denn in Zürich gibt es im Durchschnitt alle 300 Meter eine Haltestelle. Das Thema klingt nicht besonders sexy, aber durch eine verblüffende Dramatisierung war es plötzlich in aller Munde. Ruf Lanz setzte nämlich die beiden berühmtesten politischen Streithähne von Zürich nebeneinander ins Tram: Nationalrat Christoph Mörgeli von der rechten SVP und Nationalrat Daniel Jositsch von der linken SP; zwei, die es garantiert nicht lange nebeneinander aushalten. Markus Ruf erklärt dazu: „Beide frotzelten beim Fotoshooting, sie müssten nur an die politischen Vorstellungen ihres Sitznachbarn denken, dann würden sie automatisch den grimmigen Gesichtsausdruck kriegen, der die Botschaft unterstützt." Diese Botschaft kam übrigens nicht nur beim Publikum gut an, sondern auch bei den Medien: Redaktionelle Berichterstattung in zahlreichen Schweizer Zeitungen, Zeitschriften und TV-Stationen multiplizierten die Werbewirkung – und dies gratis.

Für solche Ideen braucht es einen entscheidungsfreudigen Auftraggeber, eine Portion Frechheit und ein gerüttelt Maß an Risikobereitschaft. Für Markus Ruf sind dies wichti-

Abb. 1 Mehrfach preisgekröntes Sujet der VBZ-Imagekampagne (Quelle: Werbeagentur Ruf Lanz)

ge Essenzen guter Werbung. Entscheidend ist auch, der Macht der Gewohnheit zu trotzen und Konventionen immer wieder kritisch zu hinterfragen. Ruf: „Die verblüffende Abweichung von der Norm macht aus einer konventionell-richtigen, aber langweiligen Lösung eine kreativ-attraktive, die haften bleibt."

Diese Erkenntnis führt auch im Personalmarketing zu mehr Erfolg. Das beweist eine Rekrutierungskampagne, für die Markus Ruf als Creative Director verantwortlich zeichnet (Abb. 2). Auftraggeber war das renommierte Beratungsunternehmen McKinsey & Company. Es bietet Hochschulabsolventen der Fachrichtungen Mathematik und Informatik nach dem Studium interessante Einstiegsmöglichkeiten. Ruf Lanz erhielt den Auftrag, die Hochschulabsolventen effizient anzusprechen und gleichzeitig für eine gewisse Selektion zu sorgen. Denn das Ziel von McKinsey & Company waren nicht möglichst viele Bewerbungen, sondern möglichst qualifizierte. Also gestaltete Ruf Lanz die ersten Werbemittel mit Numerus clausus. Die Telefonnummer war auf allen Werbemitteln in komplizierten Formeln verschlüsselt und nur mit entsprechender Qualifikation zu knacken. Kein Logo verwies auf den Absender. Das Resultat: Weniger, dafür qualitativ bessere Bewerbungen. Dadurch konnte sich McKinsey viel Zeit für das Auswahlverfahren sparen. Und ungeeigneten Kandidaten wurde gleich noch der Frust einer Absage erspart.

Noch kurz ein Hinweis zum Herausschälen der Arbeitgebervorteile. Hier können Sie gar nicht viel falsch machen und es ist zudem keine Geheimwissenschaft. Als Personalverant-

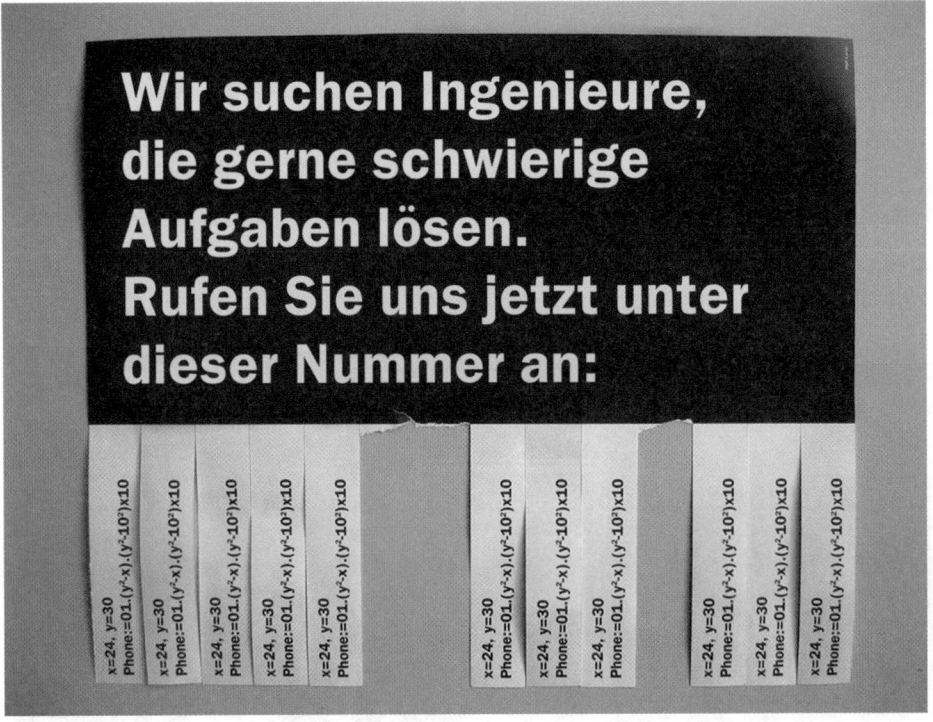

Wir suchen Ingenieure, die gerne schwierige Aufgaben lösen. Rufen Sie uns jetzt unter dieser Nummer an:

$x=24, y=30$
$Phone:=0,1.(y^3-x).(y^2-10^3)x10$

Abb. 2 Stelleninserat von McKinsey (Quelle: Werbeagentur Ruf Lanz)

wortliche kennen Sie die Vor- und Nachteile Ihres Unternehmens. Das ist schließlich Ihr Job. Verifiziert um Feedbacks von Linienvorgesetzten und Mitarbeitenden und allenfalls ergänzt um eine externe Optik sind die konkreten Versprechen an künftige und bestehende Arbeitnehmer recht schnell konkretisiert. Probieren Sie es doch einfach mal aus. Und für alle anderen Fälle gibt es Dienstleister, die Ihnen für vernünftiges Geld beim Herausarbeiten der Employer Value Proposition und deren Implementierung in interne Abläufe und externe Kommunikation helfen.

An die Zielgruppen denken

Die Ansprache von Zielgruppen im Personalmarketing funktioniert bisweilen schon gut. Vor allem bei ganz jungen (Auszubildende) und jungen Zielgruppen (Studierende). Die bewährten Instrumente sind Hochschulmessen, Schulbesuche, Einladungen für Schulklassen, spezielle Webseiten wie students.ch oder toasted.ch. Davon abgesehen ist die Personalwerbung oft noch ein liebloses Einerlei mit wenig Gespür für die Zielgruppen – sofern diese denn überhaupt vorher klar definiert wurden. Im „normalen" Marketing undenkbar. Ich denke da an die Gestaltung von Einkaufszentren, an Tally Weijl, McDonalds, die

Abb. 3 Die VBZ suchen 2013 direkt in den Zielbranchen nach Quereinsteigerinnen (Quelle: Werbeagentur Ruf Lanz)

Abb. 4 Die VBZ-Frauenkampagne im Jahr 2011/2012 (Quelle: Werbeagentur Ruf Lanz)

Reisebranche und, weniger schön, an Zigaretten. Die haben ein glasklares Bild ihrer Zielgruppen – und sprechen diese frontal oder subtil an.

Das funktioniert auch im Personalmarketing. Bei den Verkehrsbetrieben Zürich sind jährlich 60 Tramcockpits neu zu besetzen: im Arbeitnehmermarkt Zürich ein zunehmend schwieriges Unterfangen. In den letzten Jahren standen Frauen im Rekrutierungsfokus.

Kurzer Blick zurück: Bis weit in die 1970er Jahre wehrten sich die Gewerkschaften gegen Frauen im Tramcockpit, jetzt wird immerhin jede fünfte Straßenbahn von einer Frau gesteuert. Und dennoch: Mit einem Frauenanteil von rund 20 Prozent in diesem Beruf nutzen die VBZ das Potenzial von Frauen, der Hälfte des Schweizer Arbeitsmarktes, noch zu wenig. Berufserfahrung im Kundenkontakt und mit dem belastenden Schichtdienst sind wichtige

Erfolgsfaktoren für Quereinsteigerinnen. Darum sind Fachkräfte aus Branchen wie der Gastronomie, dem Verkauf oder aus dem Dienstleistungssektor (Kosmetik oder Hairstyling) speziell interessante Zielgruppen. Sie wurden erfrischend direkt angesprochen (Abb. 3).

Schon früher hat Markus Ruf für die VBZ pointierte Ideen entwickelt, um Frauen gezielt anzusprechen. So wurden die Frauen in Zürich auf auffallend großen Plakatflächen umworben, die Männer daneben auf mickrig kleinen (Abb. 4).

Dass sich die zielgruppenorientierte Ansprache auch in der Personalwerbung auszahlt, belegen die Zahlen. Der Anteil an Bewerbungen von Frauen verdoppelte sich glatt, so zum Beispiel 2012 von 16 % auf 31 %. Das schlägt sich auch bei den Anstellungen nieder – 2013 waren 42 % aller neu angestellten Trampiloten Frauen.

Gesetze und Gesetzmäßigkeiten

In der Schweiz gibt es mehr als 8000 Rechtsanwälte, auf gut 1000 Bewohner kommt ein Anwalt. In Deutschland sind es doppelt so viele. Böse Zungen behaupten, dass dies ziemlich viele potenzielle Miesepeter sind, die uns im HR mit ihren Einwänden und Mahnfingern unsere schönen Personalmarketingideen schlecht- oder ausreden, ja sogar verbieten. Mitnichten, es ist umgekehrt! Zum Glück gibt es so viele Paragraphen-Gralshüter. Wären unsere Gesetze und Vorschriften klar und eindeutig – wie viele Juristen hätten wir dann? Eben. Offenbar sind hier doch viele Grauzonen vorhanden. Und Grauzonen sind die Freihandelszonen für frechmutiges Personalmarketing!

Also, hören Sie auf mit vorauseilendem Gehorsam. Hören Sie stattdessen auf Ihren gesunden Menschenverstand (und ab und an auf Ihr „Rebellisches Kindheits-Ich"). Überlegen Sie die Risiken nach einem realen Szenario – und nicht immer nach dem meist unwahrscheinlichen Worst Case. Gehen Sie kalkulierbare Risiken bewusst ein und legen Sie die Vollkaskomentalität ab. Machen Sie es doch einfach mal ganz bewusst, mit Lust.

Schauen Sie sich das Beispiel in Abb. 5 an. Es basiert auf einer real existierenden Doppel-Briefmarke anlässlich der Hochzeit von Prinz William mit Kate Middleton. Ist es rechtlich wasserdicht? Jawohl, das ist es.

Eigentlich wollte ich Ihnen an dieser Stelle ein zweites Sujet aus der Serie royaler Personalwerbung der VBZ zeigen. Ich verzichte aus rechtlichen Gründen darauf, denn: Das zweite Inserat war im Gegensatz zu der gezeigten Abbildung rechtlich nicht ganz korrekt. Das Sujet, das in Zürich für viel Aufmerksamkeit sorgte, zeigte die Queen anlässlich der Feierlichkeiten zu ihrem 60. Thronjubiläum an der Seite ihres Sohnes Charles, dem bedauernswerten Thronfolger in der Dauerwarteschleife. Dieser schaute denn auch sichtlich zerknirscht, während die ewig junge Queen in schier jugendlicher Frische strahlte. Die typisch frechmutige VBZ Botschaft unter dem ganzseitigen Inserat: „Für alle, die endlich das Steuer übernehmen wollen: Wir suchen Chauffeure."

Vom Königshaus lag keine Freigabe für die Nutzung des Bildes vor. Die VBZ wussten um das Restrisiko, weil sie es vorher juristisch genau abgeklärt haben. Im Wissen um das vertretbare Risiko haben sie das Inserat trotzdem geschaltet.

Abb. 5 Rechtlich wasserdichtes Werbesujet anlässlich der Hochzeit von Kate und William (Quelle: Werbeagentur Ruf Lanz)

Ein „Grenzenverschieber" ist auch Jürgen Sorg von der Techniker Krankenkasse. Das Unternehmen aus Hamburg ist mit über 12.000 Mitarbeitenden der zweitgrößte Krankenversicherer Deutschlands. Jürgen Sorg ist für die Personalkommunikation in den Social Media-Kanälen zuständig. Dort ist ein rasches und im Vergleich zu den herkömmlichen Kommunikationskanälen unkonventionelles Agieren gefragt. Man muss im Social Web, sagt Jürgen Sorg, „authentische und zugleich auffällige Inhalte schaffen" (Abb. 6). Dazu bewegt er sich als Botschafter der Techniker Krankenkasse mit persönlichen Profilen, als Jürgen Sorg und mit Bild, auf den Social Media Plattformen und in verschiedenen Foren. Das entspricht natürlich nicht den während Jahrzehnten gelebten Kommunikationsrichtlinien der öffentlich-rechtlichen Krankenkasse. Es ist aber unabdingbare Voraussetzung in der Kommunikationswelt des Mitmachwebs 2.0. Jürgen Sorg: „Wir setzen uns oft von der klassischen Unternehmenskommunikation ab, denn sonst wäre so eine Vielfalt an Bildern, Inhalten und so weiter in der für die neuen Kommunikationskanäle nötigen Form gar nicht möglich. Diese Gratwanderung erfordert immer mal wieder Frechmut von mir und meiner Kollegin, weil wir Grenzen ganz bewusst überschreiten müssen und uns oft in Kompetenzgrauzonen bewegen."

Das führt fast zwangsläufig zu internen Diskussionen. Wer nicht bereit ist, diese zu führen und auch mal einen Dissens auszuhalten, hat in der digitalen Kommunikationswelt

Abb. 6 Szene vom Videodreh für einen frechmutigen, von den Azubis der Techniker Krankenkasse konzipierten Spot (Techniker Krankenkasse)

verloren und verkriecht sich schnell wieder ins Jammertal des bequemen „ich würde ja gerne, darf aber nicht"-Alpenreduits. Für Jürgen Sorg kein Thema, im Gegenteil. Er erlebt immer wieder, dass sich Frechmut auszahlt. „Der Frechmut sorgt dafür, dass wenn einmal eine Grenze ausgelotet wurde, sie quasi verschoben wird. Die neue Grenze wird zugleich etabliert und gibt einem die Möglichkeit, noch weiter auszuloten." So werden Grenzen aufgeweicht und verschoben – durch die Macht des Faktischen und nicht durch neue Reglementierungen.

Spicken erlaubt

Rom ist erbaut. Das Rad ist erfunden. Echte Innovationen, die unser Leben verändern, sind die Ausnahme. Fast alles gibt es schon. Es lohnt sich daher, sich gezielt danach umzuschauen, was es im Personalmarketing bereits gibt und schon funktioniert. Sie meinen, das sei Lacoste-Fälscherniveau? Warum? Viele First Mover im Personalmarketing lassen sich durchaus gerne und kollegial in die Karten schauen. Schließlich werden nur überzeugende Ideen kopiert. Also, schauen Sie sich um nach guten Beispielen, die funktionieren und fragen Sie nach. Ich tue das auch und denke zum Beispiel an die VBZ-Stellenanzeige, die im Dezember 2012 und 2013 gleich noch einmal in Berlin den HR-Excellence-Award als beste Stellenanzeige gewann. Im Mittelpunkt ein Jobvideo: keine VBZ Erfindung. Die Darstellung als eine Art Cloud mit klickbaren Stichworten: schon dagewesen. Und persönliche Kontaktmöglichkeiten zu den zuständigen Recruiterinnen, mit Informationen über deren wichtigsten Berufsstationen und Qualifikationen: an einer Veranstaltung bei den Kollegen von Audi aufgeschnappt.

Alles was Sie bis jetzt als erste Essenz von Frechmut gelesen haben, ist natürlich unendlich wichtig. Sie machen Werbung für geniale Produkte – für Ihre Stellen. Und nicht für Särge, Hämorrhoidenpflaster oder Streubomben. Also tun Sie es doch bitte mit etwas Pfiff und lachen Sie regelmäßig – mindestens so gerne über sich selbst wie über andere.

Ach ja, und lassen Sie sich nicht beirren von allfälligen internen Bedenkenträgerinnen, Bremsern und Zaudererinnen. Es wird immer Leute geben, die im Neuen und Unerwarteten nicht die Chancen sehen, sondern nur die Risiken. Als McDonalds im Jahr 1952 einer Bank ein Kreditgesuch stellte, antwortete diese: „Niemand kauft einem schottischen Einwanderer Frikadellen im Brot ab." Als Graham Bell dem Chefingenieur der britischen Post 1896 sein Telefonprojekt vorstellte, klingelte es nicht bei diesem: „Die Amerikaner brauchen vielleicht das Telefon, aber wir nicht. Wir haben sehr viele Eilboten." Und Marilyn Monroe bekam 1944 von der Chefin der Model-Agentur Blue Book zu hören: „Sie sollten sich besser einen Mann angeln oder einen Schreibmaschinenkurs besuchen." Zum Glück ließen sich alle drei nicht von ihrem Weg abbringen.

Die Lieblingstipps von Markus Ruf und Jörg Buckmann

▸ **Verwechseln Sie Langeweile nicht mit Seriosität**

1. Was haben Sie zu bieten? Nehmen Sie sich ein weißes Blatt, ein paar Kolleginnen aller Hierarchiestufen und 3 Stunden Zeit. Und fast schon fertig ist Ihre Employer Value Proposition. Oder schaufeln Sie etwas Budget frei und holen Sie sich Unterstützung.
2. Schauen Sie mal wieder ins Schaufenster Ihrer Personalwerbung, ins Internet und auf Ihre Stellenanzeigen. Würden Sie sich selber in Ihrem Unternehmen bewerben? Nehmen Sie Verbesserungen heute noch in Angriff, auch kleine.
3. Vertrauen Sie nicht auf vermeintliche Sicherheitslösungen. Man kann Werbung mit einem Auftritt in der Manege vergleichen: Das Publikum liebt Kunststücke, die hoch oben unter der Zirkuskuppel vorgeführt werden. Wer sein Stück nur 10 Zentimeter über dem Boden aufführt und auch noch ängstlich ein Auffangnetz darunter zieht, darf sich nicht wundern, wenn kein Mensch hinguckt.
4. Verwechseln Sie Langeweile nicht mit Seriosität. Ein langweiliges Unternehmen zieht kaum motivierte Leute an. Gestalten Sie Ihre Personalwerbung so überraschend und unterhaltsam wie die Produktwerbung Ihres Unternehmens.
5. Verzichten Sie auf Pre-Tests, denn sie haben wenig Aussagekraft. Das Aufnehmen einer Werbebotschaft erfolgt in Wirklichkeit ja beiläufig. In einer Testsituation fehlt diese Beiläufigkeit. Wenn Menschen aufgefordert werden, ihr volles Augenmerk auf eine Kampagne zu richten, werden sie oft zum Musterschüler und suchen eifrig nach Kritikpunkten, die sie bei normalem Werbekonsum gar nicht stören würden. Oft werden gerade jene Punkte kritisiert, die eine Kampagne erst überraschend und eigenständig machen – also entscheidend sind für ihren Erfolg im Markt.

Die Galionsfigur der Essenz Frech: Markus Ruf, Creative Director und Mitinhaber Ruf Lanz Werbeagentur AG

Markus Ruf erlernte einen Beruf, von dem er wusste, dass es ihn bald nicht mehr geben würde: Bleisetzer. Er wählte das altehrwürdige Handwerk, weil es ihm erlaubte, die Lust an der Sprache mit der Leidenschaft für die Gestaltung zu verbinden. Daneben besuchte er die Kunstgewerbeschule in Zürich.

Schon während des letzten Lehrjahres weckte er mit selber ausgeheckten Werbekampagnen das Interesse von namhaften Zürcher Werbeagenturen. Prompt konnte er 1985 als Texter bei der damaligen Kreativagentur Grendene + Lanz einsteigen.

Schnell entdeckte Ruf seine Leidenschaft für die Konzeption. 1988 wechselte er zu Publicis, der größten Schweizer Werbeagentur. Dort trugen zahlreiche preisgekrönte Kampagnen seine Handschrift – u. a. die weltweiten Kampagnen für die Swatch. Schweizweit zu reden gab seine Kampagne für die Boulevardzeitung BLICK. Ruf kombinierte Originalschlagzeilen und Originalbilder aus dem BLICK, die eigentlich nicht zusammengehörten – und verknüpfte so jeweils zwei typische Boulevard-Themen. Legendäres Beispiel: Ein Bild der sieben Schweizer Bundesräte, darüber die fette Schlagzeile „7 Blinde meistern ihr Schicksal".

1992 wurde Markus Ruf in den Art Directors Club Schweiz aufgenommen, die Vereinigung der führenden Werbekreativen. 1994 nutzte er seinen guten Ruf, um sich als freischaffender Creative Director selbstständig zu machen. Unzählige national und international ausgezeichnete Kampagnen waren die Folge seiner beruflichen Polygamie. Im Jahr 2000 wurde Markus Ruf als erster Freischaffender mit dem Titel „Werber des Jahres" ausgezeichnet. Die Fachzeitschrift Werbewoche schrieb damals zu seiner Wahl: „Rufs Handschrift ist oft konzeptionell, seine Umsetzungen sind ungewöhnlich. Augenzwinkernde Elemente linguistischer und visueller Art, das anregende Spiel mit dem Mehrdeutigen und oft mit dem Werbeträger selbst, der gelegentlich respektlose Witz und der sprühende Einfallsreichtum ergeben eine optisch und intellektuell höchst genießbare Mixtur."

2006 wurde Markus Ruf ein zweites Mal zum „Werber des Jahres" gewählt – eine seltene Ehre in der nicht neidfreien Werbebranche. Er wirkte als Juror in praktisch allen bedeutenden Werbejurys: Von ADC Schweiz, Edi und Swiss Poster Award über Eurobest und ADC of Europe bis hin zum Cannes Festival.

2001 gründete er mit der Art Directorin Danielle Lanz seine eigene Agentur: Ruf Lanz. Eine delikate Konstellation, wenn man weiß, dass Danielle Lanz von 1993 bis 1999 seine Lebenspartnerin war. Doch der Erfolg gibt den beiden recht: Ruf Lanz wurde innerhalb kürzester Zeit zu einer der kreativsten Agenturen der Schweiz und steht nun bereits im 13. Jahr. „Und das Geschirr in der Agenturküche ist in dieser Zeit nicht einmal zu Bruch gegangen", lacht Markus Ruf.

Zweite Essenz: Mut

Jörg Buckmann

> ▸ Wagemut haben. Auf die eigenen Stärken vertrauen, etwas wagen und entscheiden. Und dabei Mut zur Lücke haben.

> ▸ Guten Mutes sein. Eine „es kommt schon gut-Mentalität" ausstrahlen und den Mitbeteiligten Vertrauen schenken.

In meiner Kindheit hatten viele meiner bevorzugten Freizeitbeschäftigungen etwas mit Mut zu tun. Nicht dass ich davon speziell viel gehabt hätte – wohl eher im Gegenteil. Noch heute behaupten meine Eltern, ich hätte beim Fußball jeweils als Erster mein Bein zurück- und meinen Kopf eingezogen. Mag sein. Immerhin sind heute meine Knochen noch ganz. Ich spielte aber auch sehr gerne Räuber und Gendarm, Cowboy und Indianer oder das Verstecken-Spiel. Diese Kinderspiele haben etwas gemeinsam: Man kann nicht gewinnen, wenn man immer in Deckung bleibt. Man muss Gesicht zeigen, etwas wagen, um sich seinem Ziel zu nähern, ja um überhaupt eine Gewinnchance zu haben. Die Analogie zu frechmutigen Ideen im Personalmarketing ist frappant. Wer nie etwas wagt, gewinnt nicht. So einfach ist das. Eigentlich.

Ob Barbara Artmann in ihrer Jugendzeit in Bayern auch Räuber und Gendarm, Verstecken oder gar – passend zur Geschichte ihrer Firma, der Schweizer Schuhfabrik Künzli – Fußball gespielt hat, weiß ich nicht. Sicher ist aber, dass die studierte Psychologin eine steile Karriere in der Konsumgüter- und Medienbranche, als Beraterin und in der Finanzbranche hingelegt hat. Ihre letzte Station: die Schweizer Großbank UBS. Sie war dort, wo viele hin wollen. Status, Geld, Macht. Aber sie war nicht zufrieden. „Das mache ich nicht noch zwanzig Jahre", sagte sie sich eines Tages und suchte nach der Aufgabe, die ihrem Wesen wirklich entspricht. Etwas mit Vision, möglichst auch Mission und wenig „Politics". Sie tauschte die Welt der strukturierten Finanzprodukte gegen fein strukturiertes Leder ein.

Jörg Buckmann ✉
Sonnenbergstraße 8, 5408 Ennetbaden, Schweiz
e-mail: joerg.buckmann@gmail.com

J. Buckmann (Hrsg.), *Einstellungssache: Personalgewinnung mit Frechmut und Können*,
DOI 10.1007/978-3-658-03700-0_3, © Springer Fachmedien Wiesbaden 2013

Die Aufgabe meines Lebens

Nach einer längeren Reise befasste sich Barbara Artmann in einer Auszeit mit ihrem ganz persönlichen Projekt – der Suche nach der Aufgabe ihres Lebens. Ein Freund riet ihr wieder einmal, sich selbstständig zu machen, was sie nie wollte. „Nur wenige trauten sich in dieser Zeit etwas" erinnert sich Barbara Artmann, „es war eine mutlose Zeit und es wurde wenig investiert". Mitten in den Wirren der Post-Dotcomblase und einer wirtschaftlich ganz allgemein schwierigen Phase machte sie sich dann doch selbstständig. Nicht als Beraterin. Nicht in der Finanzbrache. Nein, Barbara Artmann wurde Unternehmerin und kaufte eine Schuhfabrik. Nicht irgendeine, sondern die Traditionsmarke Künzli, Ausrüsterin der eidgenössischen Olympioniken und in früheren Zeiten der Schweizer Fußballnationalmannschaft.

„Ich habe mich bewusst für den Einstieg bei Künzli entschieden, weil ich am Standort Schweiz festhalten wollte. Ich suchte genau diese Herausforderung und hatte die Vision, dass wir mit unseren Künzli-Schuhen neben den Produkten von Armani in den besten Geschäften stehen. Irgendwie hatte für mich das Ganze fast schon etwas Missionarisches". Hat sie es je bereut? „Keine Sekunde!", kommt es wie aus der Pistole geschossen. „Nie. Ich bin in der Rolle angekommen, für die ich gemacht bin."

Mut

Barbara Artmann kaufte 2004 mit der Künzli SwissSchuh AG ein Traditionsunternehmen im Hoch-, nein im Höchstlohnland Schweiz. Über 80 Prozent Fertigungstiefe in Windisch. Kanton Aargau. Schweiz. Durchschnittliches Einkommen in dieser Gegend: 64.700 Schweizer Franken. Reineinkommen, notabene. Fast alle Schweizer Schuh- und Kleiderhersteller haben sich längst in Richtung Fernost oder Südosteuropa verabschiedet. Ausgerechnet hier produziert Barbara Artmann mit 30 Mitarbeitenden Schuhe für den Medizinbereich und modische Sneakers. Ihr Umfeld fand das mutig, nicht wenige hinter vorgehaltener Hand sogar verrückt.

▸   Sind Sie mutig, Frau Artmann?

Barbara Artmann: „Ich verstehe schon, dass man es von außen so sehen kann. Für mich persönlich wäre es aber mutig gewesen, in meiner früheren Berufswelt zu bleiben."

▸   Wie bitte?

Barbara Artmann: „Ich hatte viele gute Arbeitgeber, meist ganz tolle Jobs und hochspannende Projekte. Obwohl viele dieser großen und internationalen Firmen klare Strukturen und Hierarchien hatten, konnte ich immer wieder Veränderungen anstoßen, die ich für richtig hielt. Und diese dann auch durchboxen, wenn es sein musste auch gegen großen Widerstand.

▸ Aber?

Barbara Artmann: „Ich spürte, dass ich meine Aufgabe noch nicht gefunden hatte. Ich hatte genug von den politischen Ränkespielen, von Hierarchien und davon, die Hälfte meiner Zeit für Macht anstatt für die Sache verwenden zu müssen. Ich wollte eine Aufgabe, bei der ich jeden einzelnen Tag mit Freude zur Arbeit gehen kann. Und eine Kultur schaffen, wie ich sie mir in meinem Berufsleben immer wünschte."

▸ Was für eine Kultur?

Barbara Artmann: „Eine, bei der die Menschen im Mittelpunkt stehen. Eine gute Kultur, ein respektvolles Miteinander und wirtschaftlicher Erfolg gehören für mich zusammen. In meinem Denken und Handeln steht immer die Frage im Mittelpunkt: Was ist für den Menschen gut? Das steht absolut im Einklang mit Leistung und wirtschaftlichem Erfolg, denn: Wenn die Menschen zufrieden sind, dann geben sie auch ihre beste Leistung. Und machen gute Schuhe."

Daraus lernen wir im HR schon einmal eine wichtige Lektion für das Employer Branding: Menschen füllen eine Marke, nur dann strahlt sie von innen. Darum richtet, wer sich als attraktive Arbeitgeberin positionieren will, den Fokus seiner Aktivitäten mit Vorteil zuerst einmal auf die bestehende Belegschaft aus und stellt sie in den Mittelpunkt. Denn „die aktuellen Mitarbeiter sind die besten Botschafter, die man sich als Arbeitgeber wünschen kann", wie Patrick Mollet im Praxisbeispiel „Faktor Mensch" in diesem Buch schreibt.

Der Duden versteht unter Mut die Bereitschaft, angesichts zu erwartender Nachteile etwas zu tun, was man für richtig hält. Ich spreche also von Menschen mit Prinzipien, von Überzeugungstätern. So wie Ali Mahlodji, der mit Whatchado seinen Kindheitstraum verwirklicht. Von Werber Markus Ruf, der Mandate von Unternehmungen, hinter deren Produkten er nicht stehen kann, prinzipiell ablehnt und von Siemens-Mann Hans-Christoph Kürn, der für seine geradlinige Haltung schon oft „verprügelt" wurde, wie er es selber nennt. Ich spreche von den Mitautorinnen und -autoren, die später in diesem Buch von ihren Ideen erzählen. Und natürlich ist auch Barbara Artmann eine Überzeugungstäterin, eine Frau mit Prinzipien. Für sie war „Künzli eine Art Notwendigkeit in meinem Leben", wie sie selber sagt. Und noch einer, der Mut hatte und zu seinen Überzeugungen steht: Helmut Schmidt. In seinen legendären Zigarettengesprächen antwortet der *Elderly Statesman* auf die Frage des Journalisten, wonach Politiker nur selten Mut oder Selbstlosigkeit hätten: „Auf Selbstlosigkeit will ich nicht bestehen, wohl aber auf Prinzipientreue. Ich kann aus meinem eigenen Leben auf den berüchtigten Nato-Doppelbeschluss hinweisen: Es war klar, dass sich meine Leute und auch sonst kaum jemand dafür erwärmen lassen würde. Aber nach meiner Überzeugung war es eine Notwendigkeit. Also musste es gemacht werden." Es habe ihm nur bedingt geschadet, entgegnet der Interviewer. Darauf Helmut Schmidt: „Es hat mir sehr geschadet. Ich wurde aus dem Amt gejagt! (…) Jedenfalls hat es meiner Gesundheit keineswegs geschadet. Sondern genützt. Wenn ich das Amt noch lange behalten hätte, wäre ich nämlich längst tot" (Schmidt und di Lorenzo 2009, S. 32 f.).

Guten Mutes sein

Fußballtrainer sind ja eigentlich per se Berufsoptimisten, diese Kompetenz ist in deren Stellenbeschreibung weit oben festgeschrieben. Wer, wenn nicht sie, sollen den kickenden Jungmillionären eine Siegermentalität vorleben. Sie machen Mut und müssen guten Mutes sein, Zuversicht ausstrahlen und optimistisch denken. Trainerlegende Otto Rehhagel bringt es auf den Punkt: „Ich bin Optimist. Ich erhänge mich erst, wenn alle Stricke reißen."

Das ist, vermutlich, unfreiwillig komisch, aber durchaus treffend, gerade für frechmutiges Personalmarketing. Sich von Rückschlägen nicht entmutigen lassen, an den Erfolg glauben, konsequent weiterarbeiten. Eine optimistische Grundhaltung ist ein entscheidender Erfolgsfaktor. Wenn es gut läuft, ja dann ist alles einfach. Aber in schwierigen Situationen eine „es kommt schon gut – Mentalität" auszustrahlen ist eine erfolgsentscheidende Kompetenz bei der Verwirklichung seiner Ideen und als Führungskraft.

Die Zuversicht und das Gefühl, für sich das Richtige gefunden zu haben und das Richtige zu tun, war bei Barbara Artmann selbst in Zeiten eines jahrelangen hart geführten Rechtsstreits um das Markenzeichen des Unternehmens unerschütterlich. Für das Traditionsunternehmen wurde die juristische Auseinandersetzung zunehmend zur Überlebensfrage. 37 Verfahren in 5 Ländern gingen an die Substanz – mental wie finanziell. Barbara Artmann entschied, einen radikalen Schlussstrich zu ziehen. Dabei kam eine ihrer Stärken zum Tragen: „Eine starke Zuversicht ist wohl einer der prägnantesten Wesenszüge, die ich von zu Hause mitbekommen habe. Ich bin grundsätzlich guten Mutes und sehe bei vielen Dingen immer die positive Seite. Oder ich schlafe halt einmal darüber."

Nach dem mutigen Entscheid, die seit 50 Jahren typischen fünf Streifen auf den Schuhen – das Markenzeichen von Künzli – aufzugeben, fehlte etwas Elementares: Das neue Markenzeichen selber. Eines Abends fragte der Finanzchef, wann denn Barbara Artmann diese Frage anzugehen gedenke. „Da fällt uns dann schon noch etwas ein", antwortete Barbara Artmann guten Mutes. Noch am gleichen Abend schob sie zuerst die Jahresplanung, später die wenig überzeugenden Entwürfe von externen Kreativen – „alles wieder Streifen" – vom Tisch und … googelte. Etwas mit *Fünf* sollte es sein, das stand für sie fest. Fündig wurde sie, als sie auf einem Bild Hosenträger (!) mit Schweizerkreuzen fand. „Als ich von etwas weiter weg hinsah, sah ich einfach fünf Quadrate. Das war es. Quadrate, wie die Schweizer Flagge. Oder eben auf schweizerisch „Klötzli". Wie ging es dann weiter? „Ich zeichnete ein paar Vorschläge, rief meine Schwester an und nötigte sie, diese noch am selben Abend zu begutachten. Als sie exakt denselben Vorschlag wie ich favorisierte, habe ich mein Führungsteam zusammengerufen und wir haben gemeinsam entschieden, dass Künzli fortan als die Firma mit den fünf Klötzli die Welt erobern soll" (Abb. 7).

Abb. 7 Erste Skizzen für das neue Künzli Markenzeichen (Quelle: Künzli SwissSchuh AG)

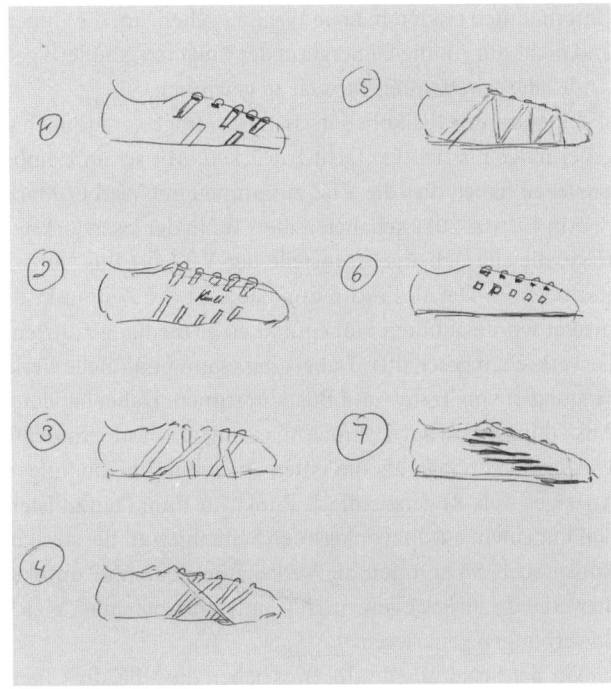

   Das Ausstrahlen einer „Es-wird-schon-gut-werden-Mentalität" ist eine erfolgskritische Stärke – nicht nur in der Führung, sondern auch beim Experimentieren mit frechmutigem Personalmarketing. Gerade im Human Resources verstecken wir uns noch zu oft gerne hinter mangelnder Wertschätzung wahlweise der Geschäftsleitung, der Kommunikations-..teilung oder des Marketings. Oder aller zusammen. Die Bereitschaft, etwas auszuprobieren, etwas zu wagen, ist tief. Ja bisweilen herrscht geradezu eine Nullrisiko-Mentalität. Für den Schriftsteller und Unternehmer Rolf Dobelli ein teurer Denkfehler, er nennt ihn Zero-Risk-Bias. „Offenbar ist uns nur das Nullrisiko heilig. Es zieht uns an wie das Licht die Mücken, und wir sind oft bereit, übermäßig viel Geld zu investieren, um ein winzig kleines Restrisiko komplett aus der Welt zu räumen" (Dobelli 2011, S. 109).
   Barbara Artmann wusste als ehemalige McKinsey-Beraterin um das Risiko. Sie ging es ein. Manchmal muss man das Glück ganz einfach auf seine Seite holen. Wer frechmutig ist und die Deckung verlässt, hat beste Chancen dazu. Und wird vielleicht sogar wie Barbara Artmann mit der Aufgabe seines Lebens belohnt.

Risikobereitschaft

„Es ist ein Risiko, nichts zu riskieren", sagt Frau Professor Susanne Böhlich (Magazin Human Resources Manager, Ausgabe Dezember 2012/Januar 2013, S. 48). Für sie „müssen

Unternehmen riskieren, neue Wege zu gehen, um die Generation Y zu begeistern." Stimmt, und nicht nur für die Generation der Jüngeren, sondern generell, um potenzielle Mitarbeitende aller Altersstufen für sich zu gewinnen.

Eine gesunde Risikobereitschaft ist gefragt, gerade auch wenn es darum geht, das Arbeitgeberimage ins richtige Licht zu rücken. Mit schon ziemlich viel Frechmut auf die Spitze getrieben haben dies die VBZ zusammen mit Werber Markus Ruf.

Am 19. Mai 2012 schalteten die VBZ in der leserstärksten Zeitung der Schweiz eine Anzeige, die alle Arbeitgebervorteile der VBZ für Bus- und Tramfahrerinnen auflistet. Und erst noch im Detail. Frechmutig dabei ist der Zeitpunkt der Publikation. Das ganzseitige Inserat wurde auf dem Höhepunkt einer medial geführten Auseinandersetzung mit einer Gewerkschaft geschaltet. Dabei ging es um punktuelle Verbesserungen der Anstellungsbedingungen von Tram- und Busfahrerinnen. Dabei lag deren Lohn und generell das ganze Anstellungspaket auch ohne Anpassungen schon sehr deutlich über dem Branchenniveau. Was lag also näher, als die guten Anstellungsbedingungen der VBZ in der ganzseitigen Anzeige (Abb. 8) ganz einfach Punkt für Punkt aufzulisten – inklusive der Löhne. Versehen mit einem augenzwinkernden Seitenhieb an die streikbereiten Sozialpartner durch die Bildsprache. So konnten die Verkehrsbetriebe im Konflikt mit der Gewerkschaft die Medienhoheit (zurück) gewinnen – und ganz nebenbei gleich auch noch mehrere Dutzend Bewerbungen generieren.

Vor der Schaltung des Inserats haben die VBZ die Chancen und Risiken dieser offensiven Vorgehensweise sorgfältig abgewogen. Gefahren gab es sehr wohl, zum Beispiel in der Veröffentlichung der konkreten Löhne und Lohnnebenleistungen und ihrer Wirkung nach innen. Die VBZ mussten dabei schnell entscheiden und die Risiken abwägen und letztlich mit einem Restmaß an Unsicherheit leben. Es hat sich gelohnt. Organisationsforscher Alfred Kieser bemerkt dazu in einem Interview mit dem Human Resources Manager (Kieser 2012, S. 52), dass das Risiko des Risikomanagements genau darin liege, dass man denke, die Risiken im Griff zu haben und dann umso stärker von unerwarteten Risiken überwältigt wird. Oder das Risikomanagement führt dazu, dass man keine größeren Risiken mehr eingeht und Innovationen reduziert." Wer den Traum der Beherrschbarkeit der Risiken träumt, wird bald in einem Albtraum aufwachen. Und überhaupt: Das Leben an sich ist lebensgefährlich. Das gilt auch im beruflichen Kontext.

Von der HR-Geberkonferenz zur Kommunikation auf Augenhöhe

Ich sitze im Zug nach Berlin. ICE 392, fast 8 Stunden Fahrt und viel Zeit zum Nachdenken. Plötzlich ein fast schon unanständiger Gedanke beim Zeitungslesen. Nein, kein Gedanke, ein Wort: „Geberkonferenz." Erstaunlicherweise noch nie als Unwort des Jahres nominiert, aber ein positiv aufgeladener Begriff klingt definitiv anders. Die internationale Gemeinschaft vergibt Gelder an die Bittsteller: An Mali. Oder Somalia. Und für den Tschernobyl-Sarkophag. Ein paar Milliarden lässt man da jeweils springen.

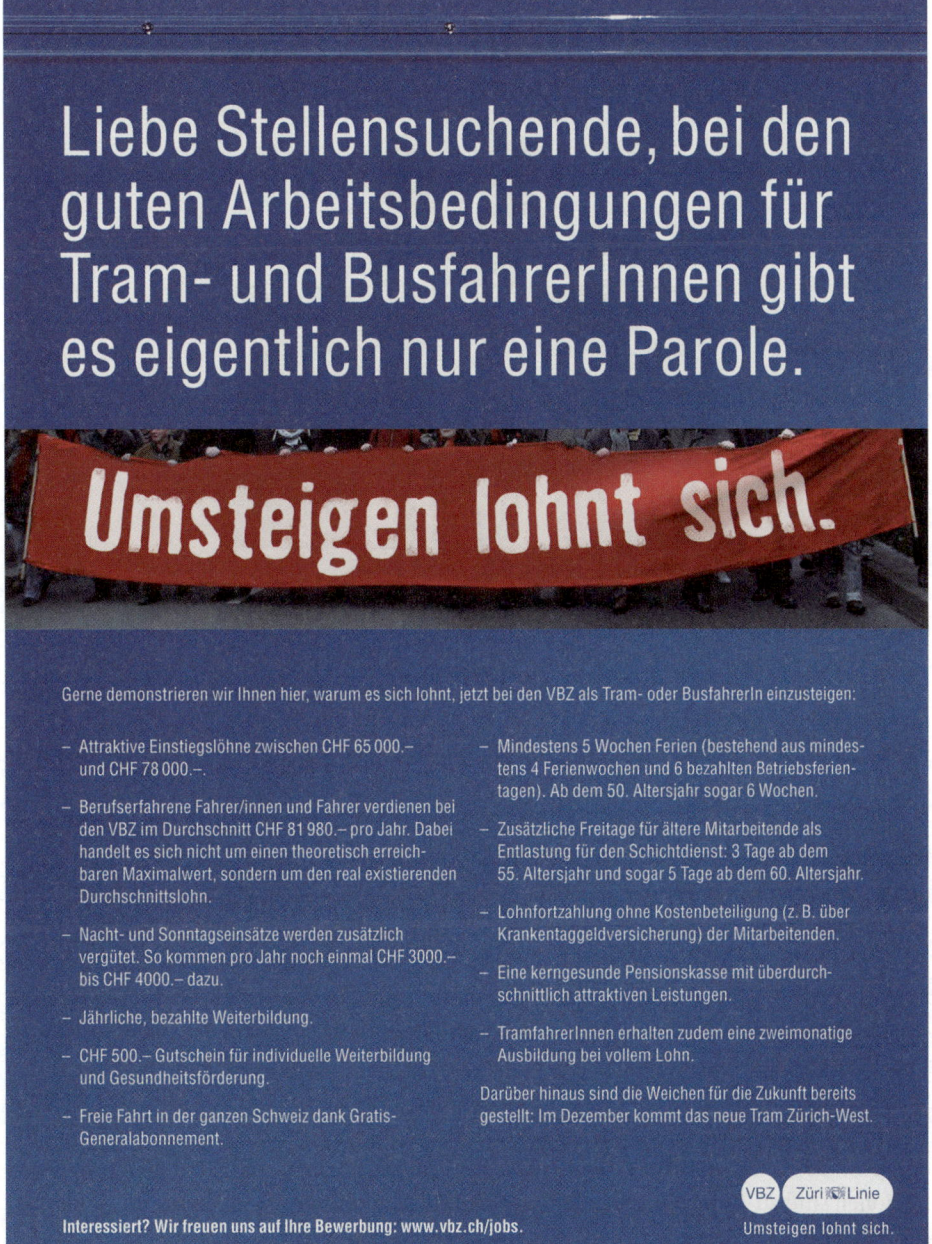

Abb. 8 Anzeige der VBZ mit der Auflistung ihrer Arbeitgebervorteile (Quelle: Verkehrsbetriebe Zürich)

Abb. 9 Die HR-Geberkonferenz mit dem Bewerber als Bittsteller (Quelle: Stephan Dietlicher)

Ich stelle mir vor, dass das unlängst wohl auch im Recruiting so war. Die HR-Geberkonferenz sozusagen: HR-Fürsten und Linienkönige hatten ein paar Stellen zu vergeben und empfingen stellensuchende Bittsteller (Abb. 9).

Früher war die HR-Welt noch in Ordnung. Der Beruf der Recruiterin muss ein Traumberuf gewesen sein. Die Nachfrage überstieg das Angebot und machte die Arbeit angenehm. Schon früher gab es das „Post and Pray-Prinzip" in der Personalgewinnung; mit dem Unterschied, dass damals die Bewerber die „Prayer" waren. An diesem Punkt scheint man in vielen Unternehmungen zu verharren. Der Umgang mit Bewerbern und Kandidaten ist noch immer von dieser Zeit geprägt, man spricht (und vor allem man denkt und handelt entsprechend) von Arbeit-*Nehmern* und Arbeit-*Gebern*. Die etwas andere Geberkonferenz. Eine Partnerschaft, ein Dialog gleichberechtigter Partner klingt weiß Gott anders.

Für Professor Armin Trost von der Hochschule Furtwangen ist gerade dieser Dialog auf Augenhöhe in den Jobinterviews und generell im Einstellungsprozess essenziell. Kein Wunder, denn der Wind auf dem Arbeitsmarkt hat gedreht. Viele Berufe, Branchen und ganze Regionen sind zu Arbeitnehmermärkten mutiert. In und um Zürich beträgt die Arbeitslosigkeit um die 3 Prozent. Das heißt frei übersetzt: Vollbeschäftigung. Das Zauberwort für alle Volkswirtschaftler ist das Horrorszenario für die Recruiterinnen. „Ich empfehle daher jedem Arbeitgeber, der um talentierte Kandidaten ringt, seinen Recruiting-Prozess zu überdenken und dabei die Perspektive eines Kandidaten einzunehmen, angefangen von der Ausschreibung bis hin zu den ersten Arbeitstagen im Unternehmen", rät Professor Armin Trost (Trost 2012, S. 151).

Dieses Talent Relationship Management versteht Trost als eine neue Denke in der Beziehung von Arbeitgebern und Talenten. In dieser neuen Arbeitswelt kommt es auf Geschwindigkeit, Transparenz und Wertschätzung im Umgang mit den Bewerberinnen an. Candidate Experiance heißt das Zauberwort, das nicht zufällig dem normalen Marketing und dort dem Erleben des Kunden im Rahmen eines Kaufprozesses entlehnt ist. Die Bewerberinnen steigen zu Kundinnen auf.

Auch Anne M. Schüller leitet ihre Überlegungen aus dem „normalen" Marketing ab. Die Expertin für Kundenloyalität ortet im Umgang mit den künftigen Mitarbeiterinnen ein großes Potenzial. Für sie gehören Absagen mit zur Königsdisziplin in der Candidate Experiance. Schüller rät: „Gehen Sie mit Bewerbern ebenso würdevoll um wie mit einem Kunden. Vielleicht wird er nicht Ihr Mitarbeiter, vielleicht auch nicht Ihr Kunde, doch er ist in jedem Fall ein nicht zu unterschätzender Multiplikator in Ihrer Branche. Behandeln Sie ihn inadäquat, so kann er dafür sorgen, dass aus seinem Umfeld keine Bewerbung mehr auf Ihrem Tisch landet. Sagen Sie ihm, warum es leider nicht geklappt hat, Sagen Sie ihm, wo seine Schwächen waren und wo andere Bewerber besser abgeschnitten haben. Dies ist natürlich mit Aufwand verbunden, aber der Bewerber fühlt sich nicht vor den Kopf gestoßen und wird Ihr Image als „erstrebenswerter Arbeitgeber" in den Markt tragen" (Schüller und Fuchs 2013, S. 145 f.).

Vertrauen ist oberstes Markengebot, Ehrlichkeit die Währung (Zschiesche und Errichiello 2013, S. 59). Sie zahlt direkt auf die Arbeitgebermarke ein. Mit dem Web 2.0 werden Verstöße gegen dieses Prinzip gnadenlos in das Licht der Öffentlichkeit gezerrt – und das ist gut so. Der Stellenwert von Arbeitgeberbewertungsportalen wie Kununu nimmt stark zu, Unternehmungen wie die Verkehrsbetriebe Zürich verzeichnen auf dieser Plattform längst fünfstellige Besucherzahlen. Empfehlungen sind das neue Gold in den knappen Arbeitnehmermärkten. Noch viel mehr dazu erfahren Sie aus erster Hand von Kununu-Gründer Martin Poreda in seinem Beitrag in diesem Buch.

Hand aufs Recruiterherz: Wie oft sind Sie bei den Absagen nicht ehrlich? Aus falsch verstandener Fürsorge oder aus Angst vor Beschwerden oder gar Anzeigen werden Ausreden vorgeschoben. Andere hätten dem Profil noch ein bisschen besser entsprochen. Und so. Dabei gilt doch auch hier: Ehrlich währt am Längsten. Aus meiner Erfahrung können die Allermeisten mit der Wahrheit umgehen, einige Ausnahmen bestätigen die Regel. Ich bin aber überzeugt, dass in ehrlichen Absagen echtes Potenzial für wertvolle Punkte auf der Sammelkarte für Arbeitgebersympathien steckt. Wer als Unternehmen Klartext spricht, sei es in der Personalwerbung oder eben in der Kommunikation mit den Bewerbern, schärft seine Arbeitgebermarke. Employer Branding ist eigentlich ja so einfach.

Bewerbungen sind ein Vertrauensbeweis

Der korrekte, sprich ehrliche Umgang mit Bewerberinnen und Bewerbern ist noch immer keine Selbstverständlichkeit. Unehrliche Absagen sind da noch fast das kleinste Übel. Überhaupt nicht auf eine Bewerbung zu antworten, scheint für gewisse Unternehmen und

Personaldienstleister normal zu sein. Einzelne informieren darüber sogar in den Stellenanzeigen offen und gänzlich ohne Scham. Für Barbara Artmann unglaublich: „Das ist eine
Frechheit". Wie wahr. Barbara Artmannn hat eine klare Haltung: „Bewerbungen sind ein
starker Vertrauensbeweis in die Marke Künzli. Diesen möchte ich rechtfertigen. Ich versuche, auch bei der Personalarbeit und im Recruiting bei jedem Schritt den Menschen in
den Vordergrund zu stellen. Weil wir ein starker Brand sind, erhalten wir oft sehr viele
Bewerbungen, wenn wir eine Stelle zu besetzen haben. Ich versuche, so persönlich und so
individuell wie möglich zu kommunizieren. Das gilt gerade auch bei Absagen – ich habe
sogar schon Dankesschreiben für meine Art, wie ich die negativen Botschaften überbringe,
erhalten."

Auch die VBZ versuchen, die jährlich rund 7000 Vertrauensbeweise, sprich Bewerbungen, mit einer wertschätzenden Transparenz bei den Absagen zu rechtfertigen. Selbst wenn
das manchmal weh tut oder zumindest unangenehm ist und die Medien daraus ein Thema
machen. Wie beim Thema Übergewicht bei Tram- und Busfahrerinnen. Bei deren Anstellung schreibt der Gesetzgeber umfangreiche gesundheitliche Checks vor. Eines der vorgegebenen Kriterien ist Übergewicht, das zu Schlafapnoe und Sekundenschlaf führen kann
und somit ein Ausschlusskriterium ist. Auch den Absagegrund Übergewicht machen die
VBZ bei Absagen transparent. Diese Ehrlichkeit ist für beide Seiten unangenehm. Trotzdem verstehen es die meisten Bewerberinnen und sind letztlich dafür sogar dankbar. Sie
sind es gewohnt, dass sich viele Firmen bei den Absagen hinter nichtssagenden Floskeln
verstecken um nicht zu sagen „schlicht lügen". Trotzdem wenden sich ab und zu Einzelne
an die Presse. Daraus lässt sich durchaus eine gute Schlagzeile texten. „Kein Platz für Di-
cke" titelte zum Beispiel der Winterthurer Landbote und war sich der auflagenfördernden
öffentlichen Empörung sicher. Damit muss man leben können. Und das Schöne dabei ist:
man kann! Ehrlichkeit zahlt sich auf Dauer aus und lässt einen morgens erst noch gut in
den Spiegel schauen. Oder um es mit Benjamin Franklin zusammenzufassen: „Für einen
leeren Sack ist es schwer, aufrecht zu stehen."

Vertrauen

Für Barbara Artmann ist Ehrlichkeit die Saat, aus der Vertrauen wächst. „Ehrlichkeit schafft
Vertrauen", bringt sie es auf den Punkt, „denn wer ehrlich ist, hat nichts zu verstecken."
Ehrlichkeit ist für Barbara Artmann eine tragende Säule in der Künzli-Kultur (Abb. 10).
„Ich kommuniziere klar und fast brutal direkt – in diesem Punkt bin ich vielleicht noch
keine Schweizerin", lacht sie. „Ich beziehe meine Mitarbeitenden in die Unternehmensent-
wicklung mit ein. Schwierige Entscheide sprechen wir dann im Führungsteam ab – und
manchmal halten wir gar eine Vollversammlung mit allen Mitarbeitenden ab. Dann entscheiden wir alle gemeinsam. Diese zusammen gefällten Entscheide geben viel Energie in
die Firma – und mir viel Kraft. So war es auch bei meinen Anfängen bei Künzli, als es um
das Unternehmen nicht gut stand. Ich habe meine Mitarbeitenden ehrlich informiert, ihnen drei Wege aufgezeigt und dabei meine Modellrechnungen transparent gemacht. So

Abb. 10 Ein unkomplizierter
Umgang und Spaß – Teil der
Künzli Kultur (Quelle: Künzli
SwissSchuh AG)

haben wir uns gemeinsam für den selbstbewussten Weg der Eigenständigkeit entschieden und dafür, transparent mit der damaligen finanziellen Situation umzugehen, an die Öffentlichkeit zu gehen und gleichzeitig Künzli selbstbewusst als Schweizer Marke zu positionieren. Wir sind stolz, zusammen hochwertige Schuhe in der Schweiz zu fertigen. Entgegen aller Trends. Wir sind einfach näher zusammengerückt."

Dieses Wir-Gefühl wird bei Künzli nicht nur bei schwierigen Momenten gelebt. Sondern auch wenn die Sonne scheint. Wie 2009, als die mutige Unternehmerin den Swiss Award in der Kategorie Wirtschaft gewann – den wohl wichtigsten Preis der Schweiz. „Nicht *ich*, wir" korrigiert mich Barbara Artmann. „Wir haben den Preis gewonnen und ich habe beim Schweizer Fernsehen darauf bestanden, dass die ganze 8-köpfige Führungsmannschaft den Preis abholt". Wir alle oder keine." Gab es auch Neider? „ Eigentlich nein, im Gegenteil. Ich habe in den 10 Jahren meines Wirkens immer ganz viel Sympathie, Zuneigung und Hilfe von Bevölkerung, Kunden und Behörden gespürt. Für diese Unterstützung bin ich extrem dankbar."

Eine gewisse Grundzuversicht und Vertrauen in die eigene Stärke sowie in diejenige Anderer sind unabdingbare Voraussetzungen, um auch im Personalmarketing erfolgreich zu sein. Diese Grundhaltung nimmt Abstand von der Vorstellung, mit DIN- oder anderswie genormten Systemen alles kontrollieren, beherrsch- und voraussehbar machen zu können. Vertrauen statt Kontrolle? Die Kapitulation führungsschwacher Philanthropen? Von wegen. „Vertrauen ist Kontrolle!": So bringt Reinhard K. Sprenger die verpflichtende Kraft von Vertrauen auf den ersten Blick vielleicht etwas überraschend auf den Punkt. Sicherlich, *Vertrauen ist eine Wette auf den Gewinn durch Vertrauen mit dem Risiko des Verlustes,* wie Deutschlands Managementautor Nummer 1 schreibt. Wer Vertrauen schenkt, macht sich zuerst einmal verwundbar. Und genau darin sieht Sprenger die verpflichtende Kraft des Vertrauens. „Wir Menschen suchen den Ausgleich. Geben und Nehmen müssen im Gleichgewicht sein, wenn wir uns entspannt fühlen sollen. Das ist Gesetz der Reziprozität.

Es ruft uns zu: Gleiche ein Geschenk aus! Wenn wir etwas bekommen – und sei es noch so schön oder wertvoll –, verlieren wir für einen Augenblick unsere Unabhängigkeit. Der andere hat etwas in uns investiert. Dadurch ist unsere Beziehung aus dem Gleichgewicht geraten. Wir fühlen uns dem Geber verpflichtet. Wenn wir für vertrauenswürdig gehalten werden, fühlen wir einen starken Druck, den wir nur mildern können, indem wir etwas zurückgeben. Das Schenken von Vertrauen ist eine Leistung, die, gerade weil sie nicht oder nur schwer einforderbar ist, Ansprüche erzeugt. Es ist wie eine Einzahlung auf ein imaginäres Beziehungskonto, das der andere mit einer Gegenleistung ausgleichen muss, will er nicht mit einer spürbaren inneren Schieflage leben." (Sprenger 2013, S. 180 ff.). Darum gilt: Vertrauen ist Kontrolle.

Barbara Artmann hatte ihre Aufgabe noch nicht gefunden, verließ die Deckung des sicheren Jobs und fand sie. Als Unternehmerin beendete sie einen jahrelangen Rechtsstreit, indem sie mutig vorwärts ging und ihrer Marke ein neues Gesicht verlieh. Was zeigt uns das? Das Gegenteil von Verstecken – hinter Paragraphen, zu kleinen Budgets, vermeintlichen Zwängen, Juristen, mangelnden Ressourcen, fehlendem Fachwissen oder dem „es war immer so-Teufel" – heißt Mut.

Übrigens: Barbara Artmann hat nie Fußball gespielt.

Die Lieblingstipps von Barbara Artmann und Jörg Buckmann

▸   **Werden Sie Missionarin.**

1. Werden Sie Missionarin: Stehen Sie ein für Ihre Überzeugungen, für alles, was
    Ihnen wichtig ist und wofür Sie gerne zur Arbeit gehen. Missionieren Sie für
    Ihre Ideen und für Ihr „wgidd"-Projekt (lesen Sie mehr darüber in der Essenz
    Leidenschaft). Verlassen Sie wenigstens ab und zu mutig die Deckung, sonst
    kommen Sie nicht ans Ziel.
2. Seien Sie guten Mutes und strahlen Sie das aus. Experimentieren Sie mit neu-
    en Verfahren, neuen Kommunikationskanälen und gehen Sie ganz bewusst
    neue Wege. Holen Sie so das Glück auf Ihre Seite.
3. Ehrlichkeit schafft Vertrauen, denn wer ehrlich ist, hat nichts zu verstecken.
    Schenken Sie anderen Ihr Vertrauen und zählen Sie auf die verpflichtende
    Kraft des Vertrauensvorschusses.
4. Was für den Menschen gut ist, ist auch für die Firma gut.
5. Betrachten Sie Bewerbungen als einen Vertrauensbeweis in Ihre Marke. Be-
    handeln Sie diese Zeichen des Vertrauens bitte auch entsprechend, indem
    Sie rasch, verbindlich und transparent kommunizieren. Das gilt vor allem
    auch bei den Absagen. Lassen Sie den Bewerberinnen, die für die Stelle
    nicht in Frage kommen, Wertschätzung durch Ehrlichkeit und klare Aussa-
    gen erfahren.

Die Galionsfigur der Essenz Mut: Barbara Artmann, CEO und Inhaberin Künzli Swiss-Schuh AG

Die studierte Psychologin Barbara Artmann legte eine Bilderbuchkarriere in verschiedenen internationalen Top-Firmen hin. Procter&Gamble, McKinsey oder Zurich lesen sich wie das „who is who" der Wirtschaftswelt. Zuletzt war sie bei der UBS als Bereichsleiterin für strategische Projekte im Asset Management zuständig. 2004 schlug sie eine ganz andere Richtung ein. Sie kündigte ihren gut bezahlten Job bei der Schweizer Großbank und kaufte mit der Künzli SwissSchuh AG eine Schuhfabrik mitten in der Schweiz und wurde Unternehmerin.

Die Marke Künzli ist eine Legende. 1927 gegründet, erfindet Kurt Künzli in den 50er-Jahren die „5er-Sportschuhschnürung", jene markanten fünf Streifen, die dem Fuß Halt und Künzli sein Markenzeichen gaben. Dieses Know-how nutzte das Schweizer Familienunternehmen fortan gezielt für die Expansion in den medizinischen Bereich, wo sich Künzli Stabilschuhe als medizinisches Hilfsmittel bei Bänder- und anderen Sportverletzungen einen Namen machten. Seit 2004 bietet Künzli nun auch trendige Edel-Sneakers an und positioniert sich als Schweizer Premium-Hersteller.

2004 übernimmt Barbara Artmann das kriselnde Unternehmen und findet als Unternehmerin ihre Lebensaufgabe. Damit beweist die gebürtige Bayerin eine große Portion Mut und in der Folge viel Unternehmergeist. Sie bekennt sich zum Produktionsstandort Schweiz, macht einen Schlussstrich unter einen jahrelangen Rechtsstreit um die fünf Streifen und verschafft der Traditionsmarke ein komplett neues Markengesicht: Neu sind fünf „Klötzli" (Quadrate) das Markenzeichen der Schuhe aus Windisch im Kanton Aargau. Die fünf quadratischen „Klötzli" sind dabei irgendwie ganz Künzli: Quadratisch wie die Schweizer Flagge, die magische Zahl 5, und „hübsch und schlau" wie die Künzli-Schuhe.

Barbara Artmann beschäftigt 30 Personen. Sie bringt das Traditionsunternehmen zurück auf die Erfolgsspur und wurde 2009 mit dem Swiss Award für Wirtschaft ausgezeichnet.

Literatur

Dahl, A. (2012). *Zorn* (S. 160). München: Piper Verlag. (Zitat im Vorwort)

Dobelli, R. (2011). *Die Kunst des klaren Denkens* (S. 109). München: Hanser Verlag.

Kieser, A. (2012). Magazin Human Resources Manager, Ausgabe Dezember 2012/Januar 2013, S. 52

Schmidt, H., & di Lorenzo, G. (2009). *Auf eine Zigarette mit Helmut Schmidt* (S. 32). Köln: Kiepenheuer & Witsch.

Sprenger, R. (2013). *An der Freiheit des andern kommt keiner vorbei* (S. 180). Frankfurt: Campus.

Schüller, A. M., & Fuchs, G. (2013). *Total Loyality Marketing* (S. 145). Wiesbaden: Springer.

Trost, A. (2012). *Talent Relationship Management* (S. 151). Heidelberg: Springer.

Zschiesche, A., & Errichiello, O. (2013). *Marke ohne Mythos* (S. 59). Offenbach: Gabal.

Dritte Essenz: Leidenschaft

Jörg Buckmann

▶ Einen Plan haben und hart daran arbeiten. Wenn nötig, hartnäckig sein, aber auch geduldig. Gut Ding will manchmal Weile haben.

▶ Neugierig und wissbegierig nach Neuem sein. Interessante Ideen oder erprobte Lösungen für sich entdecken und adaptieren.

Welche Farbe hat die Leidenschaft? Vermutlich rot, für mich auf jeden Fall. Rot steht für Energie, Kraft, Optimismus, Selbstbewusstsein, Feuer, Leidenschaft. Aber was hat das mit Business zu tun? Sehr viel. Denn Gefühle sind wichtig, auch im Geschäft und im Human Resources Management sowieso. Leidenschaft ist ein starkes Gefühl. Sie wirkt geradezu ansteckend. Darum sind gute Vorgesetzte und beruflich erfolgreiche Menschen leidenschaftlich. Denken Sie an den Anblick einer entrückten Pianistin, der in ihrem Tun regelrecht aufgeht. An Berufssportlerinnen, die sich nach oben oder nach einer Verletzung zurück kämpfen. An alle, die an „ihr Baby" glauben und ihr Ding, ihr Projekt, durchziehen.

wgidd-Projekte („wie-geil-ist-das-denn?"-Projekte)

Ich weiß, dass Ali Mahlodji Tom Peters, den Management-Vordenker der etwas anderen Art, mag. Dieser fragt in einem seiner farbigen, lebendigen Bücher:

Knallt „es"?
Prickelt „es"?
Macht „es" Sie schmunzeln?
und:
Ist „es" … Wow?

Jörg Buckmann ✉
Sonnenbergstraße 8, 5408 Ennetbaden, Schweiz
e-mail: joerg.buckmann@gmail.com

J. Buckmann (Hrsg.), *Einstellungssache: Personalgewinnung mit Frechmut und Können*, DOI 10.1007/978-3-658-03700-0_4, © Springer Fachmedien Wiesbaden 2013

Tom Peters meint damit Projekte, Ideen, Arbeit, die man mit viel Leidenschaft und Enthusiasmus verwirklicht. Für die man die Zeit vergisst und sonst noch so einiges. Für die es sich zu kämpfen lohnt. Er nennt sie „Wow-Projekte".

Für Ali Mahlodji ist *es* WHATCHADO. Für sein Baby musste der 32-Jährige zuerst einmal loslassen und einiges aufgeben. Der Sohn iranischer Einwanderer war jung, erfolgreich und verdiente zuletzt in einer online-Agentur mit Kunden wie Heineken Austria oder Red Bull gutes Geld. 2012 schmiss er alles hin und verwirklichte sein – ich nenne es adaptiert auf Alis unkomplizierte, direkte Sprache – wgidd-Projekt. Sein ganz persönliches „*wie-geil-ist-das-denn?"-Projekt*. Seine Vision, die er seit fast zwei Jahrzehnten, seit er sich als Teenager mit der Berufswahl befasste, mit sich herumgetragen hat: Jungen Menschen, nein generell allen, die sich beruflich erstmals oder neu orientieren, eine Plattform zu schaffen, welche die ganze Vielfalt an beruflichen Möglichkeiten und Werdegängen anschaulich macht. Eine Plattform, die inspiriert und neue, vielleicht auch ungewöhnliche berufliche Horizonte entdecken lässt. Er nannte sein Baby WHATCHADO und steckte Geld, Zeit und eine immense Leidenschaft in das Projekt. Die Idee wurde mit Preisen überhäuft, machte ihn zum Integrationsbotschafter und führte ihn bis zur UNO nach New York.

WHATCHADO ist ein Paradebeispiel für ein wgidd-Projekt. Es ist kaum möglich, nicht daran zu denken. Wgidd-Projekte sind 24-Stunden-Leidenschaften. Sie prickeln. Sie knallen. Und sie bringen zum Schmunzeln. Klingt einfach, ist es aber nicht. Oder nicht nur. Denn die DNA erfolgreicher wgidd-Projekte enthält auch ganz deutliche Spuren von Fleiß, Geduld und Neugier.

Fleiß

Bei Ali Mahlodji sieht alles so leicht und locker aus. Er ist Österreichs Hansdampf in allen HR-Gassen und -Bühnen. Vorträge in ganz Europa und Übersee, Präsentationen, Kongresse. Überall begeistert Ali seine Zuhörer von seiner Idee. Gleichzeitig berichtet er auf den Social-Media-Kanälen über seine Erlebnisse und akquiriert neue Kunden. Alles wirkt leicht, selbstverständlich, fast schon spielerisch. Doch hinter dieser schier unendlichen Leichtigkeit des Seins stecken harte Arbeit und Entbehrungen. Autobahnen, Flughäfen, klimatisierte Säle und solche mit abgestandener, schneidender Luft, anonyme Hotelzimmer, Kommunikation über Smartphone. Für Ali ist Fleiß selbstverständlich und „mitunter das Einzige, was man in Projekten wirklich selber steuern kann. Auf Fleiß zu verzichten, kann man sich nicht leisten. Denn Erfolg ohne Fleiß gibt's nicht – höchstens in Wirtschaftsmärchen."

Bestsellerautor Robert Greene sieht in der von Ali bei seinen öffentlichen Auftritten zelebrierten „Leichtigkeit des Seins" eine Voraussetzung für Erfolg und Macht. „Was Sie leisten, muss selbstverständlich und mühelos wirken", meint er in seinem 30. Gesetz, und: „Verbergen Sie, wie viel Plackerei, wie viel Erfahrung und wie viel clevere Tricks dahinterstecken. Wenn Sie loslegen, tun Sie es unangestrengt, als könnten Sie noch viel mehr leisten. Widerstehen Sie der Versuchung, zu enthüllen, wie hart Sie arbeiten – das wirft nur Fragen auf. Bringen Sie niemandem Ihre Tricks bei, sonst werden Sie gegen Sie verwandt" (Greene 2013b, S. 154).

Ali Mahlodji ist nicht nur selbsternannter „Chief Storytelling Officer", sondern gleichzeitig auch oberster Verkäufer seines wgidd-Projekts. Gute Verkäufer brennen, sind leidenschaftlich. Ali ist ein guter Verkäufer, ein sehr guter. Geschenkt wird nichts, möge die Idee noch so gut sein. Marketing, Verkaufstalent und Kommunikationsfähigkeiten steigen immer mehr zu den erfolgskritischen Kernkompetenzen im HR auf. Die beste Idee bleibt in der Schublade, wenn es nicht gelingt, das Feuer der Leidenschaft weiterzutragen. Fast schon unnötig zu erwähnen, dass sich Leidenschaft und geregelte Bürozeiten per se ausschließen. Wgidd-Projekte fesseln auch über die nine-to-five-Grenzen hinaus.

Geduld

Leidenschaft hat eine rohe Kraft in sich. Doch manchmal braucht es auch einfach etwas Geduld. Manche frechmutige Ideen müssen reifen wie ein guter Bordeaux im Kellergewölbe eines Chateaus. Wenn nicht bei einem selber, dann halt manchmal bei den für das Projekt wichtigen Verbündeten. Gewisse Ideen lohnen sich, in einer der Hinterkopfschubladen abgelegt zu werden und noch etwas reifen zu lassen. Auch bei laufenden Projekten muss ab und an das Tempo gedrosselt werden. Während der „Reifezeit" gibt es immer wieder Situationen, die den Geduldsfaden arg strapazieren. Und Menschen im Umfeld, die einen ganz schön nerven. Mir geht das auch so. In einer besonders nervigen Phase legte mir mein Chef ein Blatt Papier auf den Schreibtisch – und eine im Alltag wunderbar hilfreiche Lebensweisheit nahe.

Weisheitsgeschichte
Der tibetische Meister Atisha, ein bedeutender Reformer des Buddhismus, hatte einen indischen Diener, der sich ihm gegenüber sehr respektlos und verächtlich verhielt. An allem hatte er etwas auszusetzen. Mit seiner unablässigen Nörgelei machte er den anderen Schülern Atishas das Leben schwer. Deshalb sagten sie zu ihrem Meister: „Schick ihn doch weg. Entlasse ihn, er ist für dich und für uns nur ein Quälgeist!" Atisha antwortete: „Sagt das nicht! Ich bin froh, dass sich dieser Mann als Objekt für meine Geduldsübungen zur Verfügung stellt. Wie sollte ich diese Vollkommenheit üben, wenn ich ihn nicht hätte?" (Mannschatz 2012, S. 66)

Wenn nun also wieder einmal jemand Ihr Nervenkostüm gar strapaziert, denken Sie an Atisha und sagen Sie sich: „Ich danke Dir, dass Du Dich für meine Geduldsübungen zur Verfügung stellst." Sie werden bemerken, wie Ihnen diese neue Betrachtungsweise Distanz und einen entspannenden Perspektivenwechsel verschafft (Abb. 11).

Mit dieser Dankbarkeitsübung lässt sich manche Situation entkrampfen. Darum habe ich mir dieses Rezept für Geduld im Alltag zurechtgeschnitten und in mein Notizbuch geklebt. Auf die erste Seite. Seither stimmte ich mich ganz bewusst mental auf Meetings ein, die etwas nerviger zu werden drohen. Und es funktioniert – meistens jedenfalls.

Abb. 11 Atishas Geduldsübung etwas anders betrachtet (Quelle: VBZ/Aldona Kaczkowski workingbeauty.com)

Geduld zahlt sich aus. Ich denke dabei an die Anfänge meines wgidd-Projekts mit den Jobvideos bei den VBZ zurück. Dort bewerben sich seit 2010 alle Vorgesetzten mit einem Video persönlich bei den Stellensuchenden. Die Idee, konsequent gleich alle Stellen so zu bewerben, stand aber schon ein Jahr früher zur Debatte. Ich hielt sie für zu verwegen. Einzelne Stellen, ja, aber alle? Zu viel sprach dagegen, die Kosten, der Aufwand, die technische Umsetzung und die Vorgesetzten, die dazu wohl kaum bereit wären und auch nicht über ausreichend Extrovertiertheit verfügen. Doch der Samen einer großartigen Idee, eines wgidd-Projekts, war gepflanzt. Der Gedanke ließ mich nicht mehr los und die Geduld zahlte sich aus. Heute, knapp 100 Jobvideos später, ist diese verrückte Idee Alltag geworden.

Und Ali Mahlodji, dem man nachsagt, immer 40 Sachen gleichzeitig zu machen? „Stimmt", meint er dazu, „aber ich gebe immer nur bei zwei oder drei Sachen so richtig Gas. Bei den anderen dosiere ich die Geduld so, dass ich selber und mein Umfeld nicht überhitzen. Geduld heißt für mich Nachhaltigkeit, weil gute Lösungen Zeit brauchen, dann aber auch wirklich funktionieren."

Diese „Kunst des Timings" ist für Bestsellerautor Robert Greene eines seiner 48 Gesetze der Macht. Die Gabe, den richtigen Zeitpunkt (zum Beispiel für sein „wgidd"-Projekt) zu erwischen, ist für ihn gar ein Schlüssel zur Macht. „Wer sich beeilt, kommt manchmal schneller ans Ziel, doch überall können neue Gefahren entstehen, und die Eiligen sind ständig mit Krisenmanagement beschäftigt und müssen Probleme lösen, die sie sich selbst erst geschaffen haben. Im Angesicht der Gefahr ist es manchmal am besten, überhaupt nicht zu agieren – warten Sie ab, nehmen Sie bewusst Tempo heraus. Im Lauf der Zeit werden sich Gelegenheiten ergeben, von denen Sie nicht einmal geträumt hätten" (Greene 2013a, S. 180).

„Auf WHATCHADO will ich alle haben, ungeachtet ihrer beruflichen Stellung und ihres Backgrounds", sagt Ali Mahlodji. Ein Freund fragt: „Auch den Bundespräsidenten?" Ali: „Ja, klar, auch den Bundespräsidenten". Mehr als ein Jahr bewegte sich Ali im Umfeld von Heinz Fischer, Österreichs Staatschef. Fast jeden Tag hatte er dessen Sekretärin genervt. Viele in seinem Umfeld hielten ihn für verrückt, die Netteren zumindest für einen Träumer. Er versuchte es immer wieder, rief an, hakte nach, war immer freundlich, gab nicht auf. Im August 2012 kam der Anruf und Ali hatte ihn: den Termin beim Bundespräsidenten. Dieser beantwortete ganz normal die üblichen sieben WHATCHADO-Fragen. Heinz Fischer ist das Berufsporträt Nummer 550, ein beruflicher Werdegang von mittlerweile bald einmal 2000. Für Ali Mahlodji der Beweis, dass sich Geduld und Hartnäckigkeit früher oder später auszahlen. Für ihn ist zudem klar: „Manchmal gehört halt auch Leiden zur Leidenschaft dazu." Bei mir war es einfacher, mich vor die Whatchado-Kamera direkt vor dem Wiener Prater zu holen. Ich bin jetzt Videostory 1133.

Geduld haben, dran bleiben, hartnäckig sein Ziel verfolgen – das erinnert mich an meine „Lohngeschichte". Ich hole kurz aus: Teil der Arbeitgeber-Markenstrategie der VBZ ist die überdurchschnittliche Transparenz in der Personalwerbung. Durch Einblicke in die Realität eines städtischen Verkehrsunternehmens und der Aufbereitung aller relevanten Informationen rund um die Jobs sollen Vorurteile abgebaut und ein positives Bild der VBZ in den Köpfen der potenziellen Arbeitnehmerinnen aufgebaut werden. So wird die Employer Brand prägnant. Die informativen Jobvideos mit vielen Eindrücken über die künftige Chefin sind ein Meilenstein auf diesem Weg. Das „interaktive" online-Stelleninserat ein weiterer. Dort sind beispielsweise die Anstellungsbedingungen umfassend aufgeführt. Eine Lücke blieb, und zwar eine ganz Wesentliche: der Lohn. Ich ärgerte mich schon lange über die Mystifizierung des Lohns. Bei vielen HR-Kolleginnen hatte ich den Eindruck, dass Bewerber gefälligst froh zu sein haben, in einem derart tollen Unternehmen mit so fantastischen Arbeitskolleginnen (und Vorgesetzten sowieso) und unglaublich spannenden Aufgaben anheuern zu dürfen. Die Frage nach Geld grenzt da natürlich fast schon an eine Ehrverletzung. Dabei kann man es doch total entspannt nehmen. Der Deal heißt doch völlig simpel: Arbeit gegen Geld. Die Bewerberinnen müssen in dieser bisher einseitigen Geschäftsbeziehung vom ersten Moment im Bewerbungsprozess an zeigen, was sie anzubieten haben. Dieser Teil des Deals Arbeit gegen Geld ist also schnell transparent. Warum also zurückhalten mit der Information zum Lohn? Warum so einen Tanz um das goldene Kalb Lohn machen?

Ausgerechnet im Bankenland Schweiz mit seiner Tradition des Schweigens in Geldangelegenheiten mit diesem Tabu zu brechen – was für ein frechmutiger Gedanke. Im Sommer 2013 war die Zeit reif dazu. Einige Entwicklungen der letzten Jahre haben dazu beigetragen, dass die VBZ als erstes Schweizer Unternehmen dieser Größe diesen Schritt endlich wagten und bei jeder Stelle den Lohn gleich mit ausschreiben. So wird die Lohnfrage gelassener geführt. Dazu beigetragen hat vermutlich die zunehmend den Arbeitsmarkt dominierende Generation Y, welche ein anderes und vielleicht unverkrampfteres Verhältnis zum Geld hat. Österreich hat per Gesetz durchgesetzt, dass in der Stellenwerbung die (Mindest-) Lohnangaben Pflicht sind. Und in der Schweiz publiziert ein Zürcher Personaldienstleister schon seit einiger Zeit und mit besten Erfahrungen recht präzise Lohnangaben bei seinen Stellen.

10 Jahre, nachdem ich mit ganzseitigen Inseraten in der Fachpresse versucht habe, Flugbegleiterinnen auch durch die Nennung des Lohns zu den Schweizerischen Bundesbahnen zu locken, schreiben nun die VBZ die Lohnangaben in allen online-Stelleninseraten aus. Bei den Fahrern auf den Franken genau, bei den übrigen Stellen in Form der Lohnbandbreite, weil natürlich die konkrete Lohnofferte abhängig ist von den individuellen Erfahrungen und dem Wissen der Bewerberin. Viele Jahre ist diese Idee in mir gereift und ich habe den richtigen Zeitpunkt abgewartet. Geduld ist Teil von Leidenschaft und auch wgidd-Projekte brauchen bisweilen einen langen Atem.

Neugier

Viele von uns assoziieren Neugier mit etwas Negativem. Der Nachbarin, die ihre Nase in Angelegenheiten steckt, die sie nichts angehen. Mit Denunziantentum. Mit George Orwell oder vielleicht auch ganz konkret dem Abhörskandal um systematisch ausgewertete Daten aus Telefonaten und Social Media durch amerikanische Geheimdienste. Diese Art von Neugier meine ich nicht, ich spreche von der positiven Seite der Medaille, der Gier nach Neuem.

Albert Einstein kokettierte einst: „Ich habe keine besondere Begabung, sondern bin nur leidenschaftlich neugierig." Gerade in der Arbeitswelt von heute ist das Umschauen nach kreativen Lösungsideen für neue Herausforderungen gefragt. Neugier ist eine wichtige Voraussetzung für frechmutige Ideen im Personalmarketing. Sie mutiert in einer Wirtschaftswelt mit immer kürzeren Produktzyklen zu einer zentralen Fähigkeit unternehmerischen Denkens. Letzteres hat als Floskel seit Jahren permanente Hochkonjunktur in den Stellenanzeigen und wird gerne als Synonym für motivierte Mitarbeiter missbraucht. Für den Organisationsforscher Professor Alfred Kieser heißt unternehmerisches Denken jedoch mehr: „nämlich persönlich was Neues zu probieren und damit das Unternehmen voranzubringen, aber auch dafür Konsequenzen zu tragen" (Kieser 2012, S. 52). Pascal Couchepin war der Heinz Fischer der Schweiz – er war Bundespräsident. Sein Satz des Lebens lautet: „Die Frage ist der Windhund der Intelligenz". Die Logik: „Intelligenz ist die Fähigkeit, etwas zu verstehen. Um etwas zu versehen, muss man Fragen stellen. Menschen, die keine Fragen haben, sind sich immer absolut sicher. Doch im Grunde genommen sind sie dumm und tot" (Lukesch und Spörri 2008, S. 21). Und Johann Wolfang von Goethe wusste schon viel früher: „Wer nicht neugierig ist, erfährt nichts." Als Kinder entdecken wir die Welt mit tausenden von Fragen. Im Laufe der Zeit kommt uns diese

Stärke abhanden, ja vielleicht wird sie uns in Weiterbildungen, Kursen und unzähligen Meetings geradezu abtrainiert. Dabei hat verloren, wer nicht (mehr) fragt. Oder um es mit den Worten von Ali Mahlodji zu sagen: „Fragen sind ein irrsinnig effektives Tool." Für den Chief Storyteller von WHATCHADO gehört das Fragen schon seit Kindheitstagen zum Leben: „Wenn ich etwas nicht weiß, dann frage ich einfach." So einfach ist das. Implizit bedeutet das eine ausgeprägte Holschuld, wenn es darum geht, sich Wissen anzueignen. Das kann schon einmal auch als „neugierig" ausgelegt werden, so wie in Alis Jugend. Aber seine Eltern unterstützen ihn und sagten: „Bleib so und frag einfach nach, wenn Du etwas nicht weißt." Diese Neugier, dieses Fragen und Nachfragen ist heute die Kernidee der online-Berufsberatung aus Wien. Ali Mahlodji hat seine Neugier und das Fragenstellen zur Profession gemacht. Auf seiner Seite werden Berufserfahrene geradezu ausgefragt – um mit ihrem Werdegang und ihren Erfahrungen andere zu ermutigen, ihre eigenen beruflichen Horizonte zu öffnen. Herzstück von WHATCHADO ist ein ausgeklügeltes und einfach zu verstehendes Interessensmatching, das auf 19 Fragen beruht.

Die Auswirkungen der Finanzkrise stecken Vielen noch tief in den Knochen und uns Steuerzahlern im Portemonnaie. Mit ein Grund für die Probleme waren strukturierte (was für ein Hohn) Finanzprodukte, von deren Zusammensetzung und Komplexität selbst ihre zugegebenermaßen kreativen Erfinderinnen überfordert waren. Dabei sind richtig gute Lösungen einfach. Die Reduktion von Komplexität ist eine Kunst – nicht das Umgekehrte. Je komplexer die Projekte, desto wichtiger sind Fragen. Tom Peters rät: „Werden Sie Klassenbester in Dumme-Fragen-stellen". Das erscheint ziemlich simpel, aber vielleicht hätte die Finanzkrise in der Tat dadurch verhindert werden können.

Auch die Grundidee von WHATCHADO ist einfach: Bald 2000 Menschen aus ebenso vielen unterschiedlichen Berufen beantworten alle dieselben Fragen. Sieben davon auf Video, weitere 19 für das Matching-Tool. Diese Systematik ermöglicht es den Besucherinnen der Seite, ihre eigenen Interessen, Präferenzen und Erwartungen im Beruf mit jenen anderer Menschen abzugleichen und so komplett vorurteilsfrei viele überraschende und unerwartete Berufsbilder zu entdecken.

Einen Plan haben

Ali Mahlodji (Abb. 12) war so um die Vierzehn und ziemlich unentschlossen, als er vor der Berufswahl stand. Die Berufsberater konnten ihm ebenso wenig weiterhelfen wie die schönen Broschüren und die Tests. Alle diese Informationen waren ihm zu eingeschränkt, zu eindimensional. Aus den Gesprächen mit Erwachsenen hatte er den Eindruck, dass es da doch viel mehr Möglichkeiten geben muss als die paar Berufe, die ihm gut gemeint von den Berufsberatern ans Herz gelegt wurden. Er träumte von einer Art Wikipedia für berufliche Chancen und Lebensläufe. In dieser Zeit – so um 1995 – entstand die Idee zu WHATCHADO.

Abb. 12 Gründerzeitcharme.
WHATCHADO Co-Founder
Ali Mahlodji (*links*) und Jubin
Honarfar (Quelle: WHAT-
CHADO, Foto: Florian Auer)

▸   Ali, wie viele Ordner füllt Dein Konzept?

Ali Mahlodji: „Diesen Ordner gibt's nicht. Ich hatte meine Vision im Kopf und die Idee
mit meinen Kumpels diskutiert. An den Wochenenden haben wir dann an den Details
und der Umsetzung gefeilt. Irgendwann waren alle Urlaubstage aufgebraucht und ein Ge-
schäftsmodell gab es nicht. An diesem Punkt kam unser erster Kunde auf uns zu und wollte
uns für die Videos bezahlen. Das war die Geburtsstunde unseres Business Modells. Das
waren die Anfänge von WHATCHADO, mittlerweile haben wir aber schon konkretere
Vorstellungen, was wir da eigentlich tun.“

Lachen

Leidenschaft ohne Humor und Lachen, ohne das experimentelle, spielerische Element und
ohne eine gewisse Lockerheit wird letztlich auf seine erste Worthälfte reduziert: auf das
Leiden. Leidenschaft kann letztlich nur dann seine volle Kraft entfalten, wenn sie mit einer
Prise Humor gewürzt wird. So gehen neurowissenschaftliche Hypothesen davon aus, dass
Lachen Stresshormone reduziert, was einen positiven Einfluss auf das Immunsystem hat
(vgl. Itami et al. 1994, S. 565 ff.). Und das wiederum führt zu einer höheren Produktivität.
Oder wie es Künzli-Chefin Barbara Artmann nennt: „Geht es den Menschen gut, geht es
der Firma gut.“
„Du siehst aus wie ein Monster“, sagte kürzlich ein Vierjähriger zu mir. Ich lachte herz-
haft (und ich gebe es zu, schaute beim nächsten Spiegel etwas genauer hin). Nehmen wir
uns und alles, was wir tun, doch nicht so wichtig. Eigentlich müsste man, so denke ich, Kinder regelmäßig an Sitzungen teilnehmen lassen und sie ein bisschen kommentieren lassen.
Die ungeschminkte und direkte Art der Feedbacks wäre bestimmt ebenso wohltuend wie
entlarvend. Und würde wohl gleichermaßen zum Nachdenken wie zum Schmunzeln anregen.

Ali Mahlodji ist auch darum der perfekte Botschafter für Leidenschaft als eine der fünf Essenzen von Frechmut, weil er gerne und oft lacht. Und weil es ihm mit seinem Projekt zwar furchtbar ernst ist, er sich selber deswegen aber noch lange nicht zu wichtig nimmt. Auch dafür steht Ali Mahlodji, für das Lachen über sich selbst. Er inszeniert sich selber und Whatchado mit dem Gespür des Werbers, immer aber auch unkompliziert und mit Augenzwinkern. In Österreich fast schon legendär sind seine Präsentationen in Lederhosen. Ali Mahlodji paart ein zielgerichtetes Vorgehen mit Leidenschaft für „sein Ding" und Humor und Lockerheit. Es ist sein Erfolgsmix. „Man darf das Leben nicht zu ernst nehmen. Ich kann da nur auf den CEO von Siemens Indien in Bangalore, Gerd Höfner, verweisen, der hat in seinem WHATCHADO-Interview den Meister vom Kung Fu Panda zitiert. So etwas finde ich cool!"

Die Lieblingstipps von Ali Mahlodji und Jörg Buckmann

▸ **Welches ist Ihr ganz persönliches „wgidd"-Projekt?**

1. Was wollten Sie schon immer mal machen, verändern, umsetzen – was ist Ihr ganz persönliches „wie-geil-ist-das-denn?"-Projekt?. Nein, jetzt nicht sofort an die Wenns und Abers denken. Ausprobieren und noch heute damit starten. Oder morgen. Aber sicher nicht später.
2. Arbeiten Sie wie ein Besessener an Ihrem wgidd-Projekt. Und dosieren Sie: Gas geben, wo es angezeigt ist (also fast immer). Und sich in Geduld üben, wo dies mit Blick auf Ihr Ziel vielversprechender erscheint.
3. Seien Sie neugierig, so richtig scharf auf Neues, bisher Unbekanntes. Fragen Sie ganz einfach und holen Sie sich die Informationen, die Sie brauchen.
4. Achten Sie auf einfache Lösungen.
5. Nehmen Sie selbstverständlich alles rund um Ihr wgidd-Projekt total wichtig. Lachen Sie genau darum oft und viel und wenn es denn sein muss auch laut. Aber auf jeden Fall auch über sich selber.

Die Galionsfigur der Essenz Leidenschaft: Ali Mahlodji, Founder, CEO und Chief Story Officer, WATCHADO GmbH, Wien

Ali Mahlodji, Wiener mit persischen Wurzeln, ist Founder und Chief Storyteller von WHATCHADO. Und dieser Mann ist ein echter Allrounder. Alles mal ausprobieren zu wollen hat ihn dazu getrieben, sage und schreibe 42 verschiedenen Jobs nachzugehen bis er seinen Kindheitstraum, die Gründung der Plattform WHATCHADO, verwirklichte.

Vom Bauarbeiter über Apothekenaushilfe bis zum Ticketabreißer war da alles dabei. Als ehemaliger Schulabbrecher hat er sich hochgearbeitet und die Vielfalt des Arbeitsmarkts am eigenen Leib erfahren.

In den letzten Jahren vor der Gründung seines Start-ups war er als Consultant und Key Account Manager für internationale Großprojekte bei der Siemens AG tätig und hat über mehrere Jahre hinweg das technische Sales Team von Sun Microsystems mit aufgebaut. Anschließend hat er bei der Online Agentur Super-Fi große digitale Medienprojekte geleitet und berufsbegleitend Business Administration & Software Engineering studiert und einen Bachelor in Information- and Communicationsystems am FH Technikum Wien angehängt. Kurz, er war mal ein richtiger Anzugträger.

Und dann kam Thailand.

Dort auf Urlaub hat er beschlossen, sein Leben über den Haufen zu werfen und endlich das Herzensprojekt, das schon seit seiner Kindheit in ihm schlummerte, zu verwirklichen. Als er heimgekommen ist, hat er sein Spießerleben über Bord geworfen und seinen Job gekündigt um seiner Leidenschaft nachzugehen und sein Baby WHATCHADO mit Freunden großzuziehen. Dass dieses Baby ein Jahr nach der Firmengründung schon weit über 1000 Videos online und 23 Mitarbeiter haben sollte, wagte damals niemand zu träumen. Und diesen Anfängen bleibt sich Ali immer bewusst, eben daraus schöpft er wohl seinen Enthusiasmus und seine Dankbarkeit für das, was sich so gut entwickelt hat. Denn ganz am Anfang standen nur eine Vision, ganz viel Herzblut und ein Team überzeugter Freunde, die das Handbuch der Lebensgeschichten in die Welt setzen wollten. Ihr Slogan? „We love what we do!"

Literatur

Greene, R. (2013a). *Power: Die 48 Gesetze der Macht*. München: Carl Hanser Verlag. Gesetz 35

Greene, R. (2013b). *Power: Die 48 Gesetze der Macht*. München: Carl Hanser Verlag. Gesetz 30

Itami, J., Nobori, M., & Teshima, H. (1994). Laughter and immunity. *Japanese Journal of Psychosomatic Medicine*, 565–571.

Kieser, A. (2012). *Magazin Human Resources Manager 2012/2013*, 52.

Lukesch, B., & Spörri, B. (2008). *Starke Worte*. Gockhausen: Wörterseh.

Mannschatz, M. (2012). *Buddhas Anleitung zum Glücklichsein. DTV* (4. Aufl., S. 66). München: Deutscher Taschenbuchverlag.

Vierte Essenz: Ego

Jörg Buckmann

▶ Sein Wirken und sich selber unbescheiden ins Schaufenster stellen. Aufmerksamkeit schafft neue Kontakte und öffnet Türen.

▶ Eine fast schon unverschämte Lust entwickeln, etwas Aufsehenerregendes zu tun – und sich den Erfolg in den schönsten Farben ausmalen.

„Spinnt der?", werden Sie sich vielleicht fragen. Vermutlich zu recht, aber lassen wir das. Wie kann man bloß das „sich selber in den Mittelpunkt stellen" als erstrebenswerte Eigenschaft darstellen, ja zum Erfolgsfaktor im Personalmarketing hochstilisieren? Aber sicher, warum nicht? Natürlich verstehe ich jedes Stirnrunzeln, na ja, sagen wir fast jedes. Kein Zweifel, Egoismus ist die Wurzel des Übels für einige der Probleme unserer Zeit. Eine hässliche Krake mit vielen Tentakeln die da heißen: übersteigertes Selbstbewusstsein, Arroganz, Gier, Rücksichtslosigkeit, Abschottung, Selbstverliebtheit. Die Folgen: Das Swissair-Grounding zum Beispiel. Die Banken- und Finanzkrise und in ihrem Sog die Euro-Krise. Goldene Fallschirme. Falsche Doktortitel. Die Berlusconisierung der Politik. Dabei bleibt die unappetitliche Form des Egoismus nicht nur den Teppichetagen vorbehalten. In Zürich sind sogar die selbsternannten Gralshüter der Solidarität – Gewerkschaften – untereinander so heillos zerstritten, dass nicht einmal mehr eine externe Mediation hilft. Ursache: Gewerkschaftsbosse auf Egotrip.

Die Team-Hängematte

Betrachten wir das sympathische Gesicht des Ego. Sprechen wir von einer Art gesundem, wohldosiertem und nützlichem Egoismus. Dazu müssen wir zuerst einmal gemeinsam

Jörg Buckmann ✉
Sonnenbergstraße 8, 5408 Ennetbaden, Schweiz
e-mail: joerg.buckmann@gmail.com

J. Buckmann (Hrsg.), *Einstellungssache: Personalgewinnung mit Frechmut und Können*,
DOI 10.1007/978-3-658-03700-0_5, © Springer Fachmedien Wiesbaden 2013

groß Reinemachen und aufräumen mit einigen Mythen rund um Teamarbeit und vermeintlichem Egoismus.

Ehrlich gesagt, mich nervt manchmal das Teamgeschwätz. Nehmen wir beispielhaft den Teamsport schlechthin, Fußball. Da dreschen nach dem Spiel der spielentscheidende Torschütze, der überragende Mittelfeldstratege oder der sensationell haltende Torwart fast schon gebetsmühlenartig ihre Phrasen vom geschlossenen Auftreten der Mannschaft und der tollen Form der Mitspieler. Glauben Sie das den Diven in den kurzen Hosen etwa? Ich nicht, mindestens nicht in der fast schon sektiererischen und vermutlich von Kommunikationstrainern eingebläuten Form. Was bitteschön hindert denn den Einzelnen im Sport wie auch im normalen Berufsleben daran, sich über die eigene gute Leistung zu freuen? Dass diese im Kontext eines Teamumfelds zustande gekommen ist, liegt doch auf der Hand. Und dass ein Spieler alleine das Spiel nicht gewinnen kann, wissen wir alle auch.

Dabei wird doch treffsicheren Stürmern anerkennend „ein starker Zug zum Tor" attestiert. Spielgestalter werden zu Regisseuren, die „das Spiel in die Hand nehmen". Und Torhüter in Hochform entscheiden schon mal ein Spiel „im Alleingang". Nichts anderes als ein gesunder, erfolgsentscheidender Eigensinn, der wiederum auch der Mannschaft dient.

Ist der Teamgedanke denn nicht die Basis für Erfolg im Sport wie im Beruf? Ist Teamfähigkeit die Mutter aller Erfolgsbilanzen? Ach, Teamfähigkeit. Können Sie etwa den Begriff noch hören? Können Sie mir beispielsweise ein Stelleninserat zeigen, bei welchem die abgedroschene Plattitüde von der teamfähigen Wunschkandidatin oder dem (vorzugsweise jungen) dynamischen Team nicht auch noch aufgeführt wird?

Der Sportpsychologe Hans Eberspächer räumt mit der romantischen Mär, dass das Team über allem steht, auf: „Ein Team leistet nichts, seine Mitglieder alles." Für ihn lebt und produziert ein Team, weil seine Mitglieder leben und produzieren, ihr Bestes geben und sich zum Wohl des gemeinsamen Ziels einbringen. In dieser Reihenfolge. In seinem lesenswerten Buch „Ressource Ich" führt er weiter aus: „Das Beste für das Team zu geben mündet leider oft in die gern erhobene Forderung an die Mitglieder, sich selbst gewissermaßen hintanzustellen. Dieses Verständnis aber greift zu kurz, denn wenn man auch nur kurz drüber nachdenkt und genauer hinschaut, fällt auf, dass Mitglieder zunächst in erster Linie das Beste und alles für sich geben (sollten) und dann erst für das Team. Nur in dieser Reihenfolge können sie ihren Beitrag einbringen" (Eberspächer 2009, S. 213).

Und es kommt noch dicker. Menschen neigen nämlich dazu, in Teams ihre Leistung nicht voll auszuschöpfen. In der Gruppe ruhen sich Einzelne in der Team-Hängematte aus. Das Phänomen ist alt und längst erforscht. Vor über hundert Jahren wies der französische Ingenieur Max Ringelmann nach, dass die Leistung einzelner Personen beim Tauziehen mit zunehmender Teamgröße abnimmt, um rund 50 Prozent bei einer Achter-Seilschaft. Dieses soziale Faulenzen („Social Loafing") lässt sich auch im Berufsleben feststellen, in Sitzungen oder bei aufgeblasenen Projekten etwa. Auch dort bringen Teams oft nicht die erhoffte Leistung, obwohl die Bündelung der individuellen Kompetenzen der einzelnen Teammitglieder dies eigentlich erwarten lassen würde. Das Gegenteil tritt ein: Die Teammitglieder leisten in ihrer Summe weniger, als wenn sie einzeln arbeiten würden. Sie halten sich meist unbewusst zurück. „Social Loafing tritt auf, wo die Leistung des Einzelnen nicht direkt sichtbar ist, sondern mit der Gruppe verschmilzt", beschreibt Rolf Dobelli diesen Denkfehler, den man, so der Autor, besser andern überlassen sollte. Und er verweist gleich auf eine weitere interessante Auswirkung von Social Loafing: „In Gruppen halten wir uns nicht nur mit unseren Leistungen zurück, sondern auch mit Verantwortung. Niemand will Schuld an den schlechten Ergebnissen sein. Man versteckt sich hinter den Beschlüssen der Gruppe. Aus demselben Grund tendieren Gruppen dazu, höhere Risiken einzugehen als Einzelpersonen. Diesen Effekt nennt man Risky Shift, also eine Verlagerung hin zum Risiko. Gruppendiskussionen führen nachweislich dazu, dass riskantere Entscheidungen beschlossen werden, als die Personen allein für sich gefällt hätten" (Dobelli 2011, S. 137 ff.).

Die Haltung, zuerst einmal an sich selber zu denken, sein Bestes für sich selber zu geben und auf die eigene Leistung zu fokussieren, ist also mitnichten asozial oder egoistisch. Sie ist nichts anderes als der Nukleus von Teamarbeit und Erfolg. Weil die eigene Leistung wichtig ist für den Erfolg aller, rückt auch das Marketing für die eigene Person, das Ego-Marketing, in ein neues Licht.

Ego-Marketing

Als Robindro Ullah als junger Wirtschaftsmathematiker ins HR bei der Deutschen Bahn (DB) einstieg, hatte er in seinem damaligen Chef einen großen Förderer und Fürsprecher. Und von ihm erhielt er eine wichtige Lektion in Ego-Marketing, ohne sich damals dessen bewusst zu sein. „Robindro, egal was die Leute über Dich schreiben oder denken. Achte darauf, dass sie Deinen Namen richtig schreiben." Erst einige Zeit später erinnerte sich Robindro an diese Worte. Ausgerechnet im ersten großen Fachartikel über den jungen Berufsmann Ullah war sein Name falsch geschrieben. So etwas passiert ihm heute nicht mehr, der gebürtige Hamburger weiß längst, seine Marke zu pflegen. Er achtet auf seine Online-Reputation, auf sein digitales Erscheinungsbild im Netz.

▶ Robindro, bist Du ein Narzisst?

Robindro Ullah: „Nein, das bin ich nicht. Ich wollte nicht bekannt werden, das ist einfach so gekommen. Aber es ist mir schon wichtig zu wissen, welche Wirkung ich mit meinen Ideen, mit meiner Arbeit, erziele. Ich mache halt einfach gerne, was ich tue. Und darum erzähle ich auch gerne darüber. Ich will natürlich, dass möglichst positiv, auf jeden Fall aber korrekt und inhaltlich richtig berichtet wird. Und natürlich versuche ich auch, das aktiv zu steuern und zu beeinflussen. Von der breiten Wahrnehmung profitiert mein Arbeitgeber, gleichzeitig wird auch meine Person bekannter."

▶ Aber ein wenig eitel bist Du schon, oder?

Robindro Ullah: „Ja, klar, definitiv, schließlich achte ich ja auch auf mein Aussehen und meine Wirkung, wenn ich morgens aus dem Haus gehe. Warum sollte mir mein Erscheinungsbild in der Öffentlichkeit und im Netz egal sein? Und darum achte ich jetzt – unter anderem – auch darauf, dass mein Name richtig geschrieben ist."

Das macht Robindro Ullah richtig gut. Er ist eine „Menschen-Marke" geworden. Fast 15.000 Suchtreffer listet Google im Sommer 2013 für seinen Namen. Was erfolgreiche Produkte und Unternehmen ausmacht, gilt auch für Menschen: Wer erfolgreich sein will, muss auffallen und aus der grauen Masse herausstechen. Darum ist es für den Mittdreißiger aus Hamburg auch keine Beleidigung, wenn er von einer Fachjournalistin wegen seiner häufigen Auftritte an Veranstaltungen und seiner Präsenz in den Medien schon mal als Celebrity-Personaler bezeichnet wird.

Wie Ego-Marketing funktioniert, wusste ein gewisser Pietro Aretino schon vor fast 600 Jahren. „Selbst wenn man über mich herzieht, bekomme ich mein Quantum an Ruhm", sagte dieser und veröffentlichte, um Beachtung zu finden, satirische Schriften über den Papst. Diese Anekdote erzählt Robert Greene in seinem Bestseller „Power. Die 48 Gesetze der Macht". Sein sechstes Gesetz lautet denn auch: *Mache um jeden Preis auf Dich aufmerksam.* „Alles wird nach seinem Äußeren beurteilt. Was man nicht sieht, zählt nicht. Sorgen Sie dafür, dass Sie niemals in der Menge verschwinden oder übersehen werden. Heben Sie sich ab. Fallen Sie um jeden Preis auf. Ziehen Sie Aufmerksamkeit auf sich, indem Sie sich größer, interessanter, und geheimnisvoller machen als die graue Masse." Und weiter: „Die Gesellschaft verlangt nach überlebensgroßen Figuren, nach Leuten, die sich vom allgemeinen Mittelmaß abheben. Haben Sie deshalb keine Angst vor Qualitäten, die Sie von anderen unterscheiden, und lenken Sie die Aufmerksamkeit auf sich. Pflegen Sie die Kontroverse, sogar den Skandal. Es ist besser, angegriffen oder sogar verleumdet als ignoriert zu werden" (Greene 2013, S 39–41). Soweit muss man ja nicht unbedingt gehen, um Aufmerksamkeit zu gewinnen. Es geht natürlich auch eine Spur diskreter und stilvoller.

Wer Ego-Marketing betreibt, gibt sich selber und seinem Unternehmen ein Gesicht. Diese Visibilität ist wichtig. Seit 2010 bewerben sich die Vorgesetzten der Verkehrsbetriebe Zürich (VBZ) persönlich per Video bei ihren künftigen Mitarbeitenden. Als ich realisierte, wie gut unsere Idee funktionierte, habe ich sie niedergeschrieben und Fachzeitschriften und Veranstaltern von Tagungen zugeschickt. So auch Professor Christoph Beck, Buchautor, einem der führenden HR-Köpfe in Deutschland und Veranstalter des Recruiting-Convents, einer Art Szene-Treff der Personalmarketer. Seine Einladung an die Veranstaltung rückte die Verkehrsbetriebe als überraschend innovative Unternehmung – und mich selber – ins Scheinwerferlicht. In den folgenden Monaten berichteten fast alle Fachzeitschriften darüber, unzählige weitere Vorträge in der Schweiz, Österreich und Deutschland steigerten die Bekanntheit weiter, ich verfasste Beiträge für Fachbücher, wurde in den Medien zu Personalmarketingthemen zitiert und schließlich in den Vorstand des Bundesverbands der Personalmanager (BPM) gewählt. Die Zürcher Verkehrsbetriebe und ihr frechmutiges Vorgehen waren plötzlich in aller Munde. Es folgten verschiedene Auszeichnungen und Awards. Klar, letztlich sind es überzeugende Ideen, die den Erfolg ausmachen. Aber nicht nur. Im Dienstleistungsmarketing – am Personalmarketing sehr nah – werden die klassischen vier P's (Price, Product, Place, Promotion) um ein entscheidendes fünftes P ergänzt: dem P für People (oder Personalpolitik) (Springer Gabler 2013). Und genau das habe ich mit dem frechmutigen Vorgehen der VBZ gemacht: Ich stehe als Mensch und somit als fünftes P für unsere Idee und unser Produkt „Stelle" hin und habe unserem Konzept und mir durch das Klinkenputzen in den Vortragssälen zur Bekanntheit verholfen.

Die frechmutige Pflege des eigenen Egos stärkt also das fünfte „P" im Marketing. Und überhaupt zeigen sich viele Parallelen zwischen Ego- und „normalem" Marketing für Produkte oder Dienstleistungen. So steht vor der Pflege und dem Ausbau der Marke die Auseinandersetzung mit dem Profil des Produkts, also hier mit den eigenen Stärken, Schwächen und Werten. Darum ist gutes Ego-Marketing nicht oberflächlich. Nach dieser Analyse und dem „in sich gehen" kann die Markenpflege im Job, beim Netzwerken im realen Leben und immer mehr auf Social Media Plattformen erfolgen. Das ist Arbeit, viel Arbeit. Ohne Fleiß kein Preis. Das gilt auch, wenn es um die eigene Markenbildung geht. Rita Naef, Schweizer Kommunikationsberaterin, ortet genau hier ein Problem, sie sieht „in der Bequemlichkeit eines der großen Hindernisse im gekonnten „Ego-Marketing" (Kofler und Güntert 2012, online).

Ego-Marketing schafft Aufmerksamkeit, erhöht die Reputation und ist nach Robert Greene ein Machtfaktor. „Stimmt", sagt Robindro Ullah, „und es bewirkt den Turner-Effekt."

Der Turner-Effekt

Wer seine Ideen, Projekte oder Stellen professionell, kreativ, mit Herzblut und aus der grauen Masse herausragend vermarktet, schafft Aufmerksamkeit für seinen Arbeitgeber – und für sich selbst. Die Reputation, das Ansehen in der Öffentlichkeit, in der Branche und auch im Unternehmen selber steigt. Robindro Ullah hat das selbst erlebt und vergleicht es mit einem muskelbepackten Turner (Abb. 13). Einem Turner? „Ja genau, Turner sind ja oft unglaubliche Muskelpakete. Diese sehr gut definierten Körper sehen nicht nur gut aus, sondern sie ermöglichen erst die kräfteraubenden Übungen. Und vor allem sind sie auch ein Schutz vor Verletzungen, zum Beispiel bei einem Sturz vom Reck. Genau diese Schutzfunktion stelle ich auch im Unternehmen fest. Mit den Erfolgen und Feedbacks von außen wird man plötzlich auch im Unternehmen stärker wahrgenommen. Damit steigen die Reputation, das Image und oft auch die Wertschätzung. Man gilt mehr und mehr als Experte, die interne Akzeptanz steigt. Man kennt den Effekt ja oft auch von Beratern. Deren externe Meinung und Inputs werden oft höher gewichtet als das interne Wissen. Der Prophet im eigenen Haus gilt manchmal zu wenig. Ich habe dies bei der Deutschen Bahn selber gemerkt, mit meiner Bekanntheit stieg auch das interne Standing an."

Die Muskeln der Reputation bilden nach dem Turner-Effekt von Robindro Ullah eine Art symbolisches Kapital und bieten, wenn auch nicht gerade Narrenfreiheit, so doch einen gewissen Schutz. Man kann sich mehr erlauben – was wiederum dazu führt, dass man auch eher bereit ist, etwas zu riskieren. Man weiß ja um den Muskelpanzer. So werden auch eher

Abb. 13 Jörg Buckmann
(*links*) und Robindro Ullah
demonstrieren den Turner Effekt (Quelle: Robindro Ullah)

mal frechmutige Ideen ausprobiert, die man ohne den Schutz dieser Reputationsmuskeln nicht versucht hätte.

Einen solchen Versuch wagte Robindro Ullah 2008 mit seiner Idee mit den „Poken". Noch heute schwärmt er davon, einem seiner leidenschaftlichsten „wie geil ist das denn?"-Projekte. „Das Pokenrecruiting war eine meiner genialsten Ideen, die leider eine klassische Bauchlandung erlitten hat. Der Poken war 2008 auf den Markt gekommen und sollte eine Art elektronische Visitenkarte darstellen, die man mit anderen Pokenbesitzern austauschen konnte. Heute würde man vermutlich Xing-Handshake dazu sagen. Über das Zusammenbringen von Menschen (Bewerbern) die Bindung zum Unternehmen erhöhen, da diese sich gegenseitig binden: „He, hast du schon was von Firma xy gehört? – ja, fange morgen an, melden sich bestimmt auch noch bei dir … " – das war mein Gedanke. Gepaart mit einem gebrandeten Gadget, hätte das funktionieren können. Leider hat sich der Poken auf dem deutschen Markt nicht durchgesetzt, was die Idee dann leider zu spüren bekam."

Wer wagt, gewinnt. Das gilt halt nicht immer, macht aber nichts. Wer nie etwas probiert, wird auch garantiert nie einen Treffer landen. Oder um es mit Eishockeylegende Wayne Gretzky zu sagen: „Sie verfehlen 100 Prozent der Schüsse, die Sie nie abgeben." Mit dieser Aussage agiert Gretzky außerhalb des Eisfelds mindestens so treffsicher wie in seinen besten Aktivzeiten.

Ego-Branding ist Employer Branding

Unter dem fast schon inflationär verwendeten Begriff des Employer Branding versuchen Unternehmen, ihre Bekanntheit als attraktive Arbeitgeber zu erhöhen. Man möchte sich in den Köpfen der Zielgruppen als attraktive Marke, als bevorzugter Arbeitgeber, einnisten. Bei dieser Arbeitgeberpositionierung übernehmen die bestehenden Mitarbeiter eine

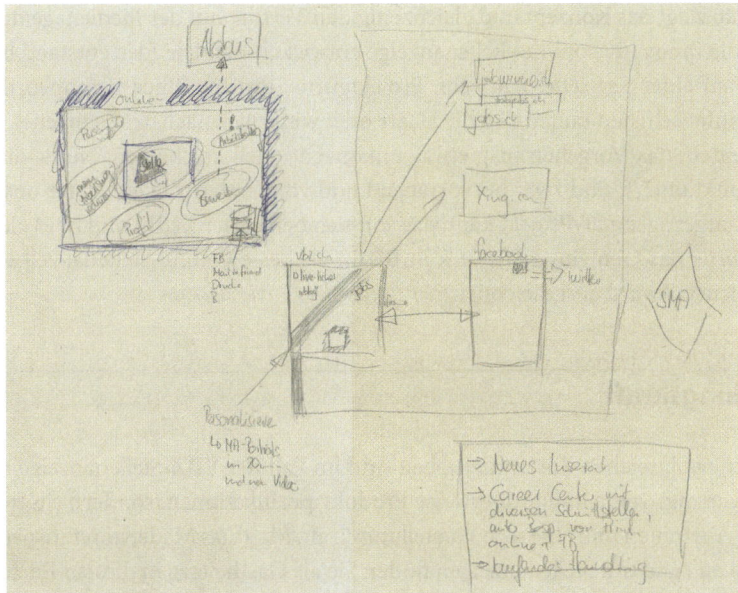

Abb. 14 Das Konzept der ersten Online-Stellenanzeige der VBZ entstand beim Mittagessen auf einem Tischset (Quelle: Verkehrsbetriebe Zürich)

Hauptrolle. Mit ihrem Verhalten in der Arbeit, an der Schnittstelle zu Kundinnen, aber auch in dem, was und wie sie auch privat kommunizieren, prägen sie das Image ihrer Arbeitgeberin entscheidend. Die Mitarbeiterinnen sind Teil der Employer Brand, ein wichtiger Mosaikstein im facettenreichen Gesamtkunstwerk der Arbeitgebermarke. Jede Mitarbeiterin ist mit dem, was sie tut oder nicht tut, Teil der Arbeitgebermarke, eine Markenbotschafterin. Im Positiven wie im Negativen. Mitarbeiterinnen, die ganz bewusst an ihrem Ego, also an sich, ihrem Netzwerk und ihrer Wirkung arbeiten, strahlen als Markenbotschafterinnen positiv auf das Unternehmensimage ab – und übernehmen dadurch nicht nur Verantwortung für sich selber, sondern auch für die Arbeitgebermarke. In Verbindung mit der Erkenntnis, dass erfolgreiche Teamarbeit bei sich selber beginnt, löst sich dadurch das Ego-Marketing aus der negativ besetzten Egoisten-Ecke. Ich behaupte: Wer an sich und seinem Ego arbeitet, ist ein wunderbarer Teamplayer und denkt ausgeprägt unternehmerisch!

Die Bekanntheit, das Netzwerk und die Visibilität einer Mitarbeiterin schafft Vertrauen und kann Türen öffnen. Das Unternehmen gut vernetzter Markenbotschafterinnen wird nicht nur für potenzielle künftige Arbeitnehmerinnen interessant, sondern auch für Geschäftspartner und Lieferanten, die sich attraktive Unternehmen als Kunden auf die Fahne schreiben wollen. Gut vernetzte Markenbotschafter sind Türöffner, auch für neue Produkte. So kann sich die Firma als First Mover, als innovatives und gegenüber Neuem aufgeschlossenes Unternehmen und Arbeitgeberin profilieren – und oft auch von guten Konditionen profitieren (Abb. 14).

Das Foto zeigt das Konzept und gleichzeitig den *Vertrag* mit der Medienagentur, die für die VBZ die innovative online-Stellenanzeige entwickelt hat. Die Idee entstand beim Mittagessen, auf einer Serviette. Ich weiß, Projektgurus, Project Office Verantwortliche und Meilensteinfetischisten raufen sich die Haare oder wittern, je nach dem, ein fettes Geschäft. Einverstanden, das Vorgehen mag etwas unkonventionell erscheinen. Nur – die Stellenanzeige funktioniert, und zwar hervorragend und vom ersten Tag an. Unter uns: welches klassisch aufgezogene IT-Projekt kann das von sich behaupten? 2012 und 2013 gleich noch einmal wurde das Gemeinschaftswerk in Berlin als beste Online-Stellenanzeige mit dem HR-Excellence-Award ausgezeichnet.

Vorstellungskraft

Basis einer erfolgreichen Zusammenarbeit sind im Fall der VBZ-Stellenanzeige nicht aufwendige Vertragswerke und ordnerweise Produktspezifikationen, sondern ein tragfähiges Netzwerk, Vertrauen und eine rege Vorstellungskraft. Matthias Mäder von Prospective (seine Gedanken rund um Stellenanzeigen finden Sie als Gastbeitrag in diesem Buch) und ich haben uns ganz einfach überlegt, was unsere Stellenanzeige können und welchen Nutzen sie den Interessierten bringen sollte. Dafür braucht es erst einmal Fantasie und Ideen – und den Frechmut, diese zu realisieren. Vor allem aber haben Matthias und ich uns ausgemalt, wie die fertige Anzeige dereinst aussehen soll. Wie schön, ja wie aufregend und wie anders sie sein würde. In unseren Köpfen war sie in diesem Augenblick in einem Zürcher Restaurant schon entstanden. Und so kam es dann auch ein paar Monate später in der Realität.

Vorstellungskraft. Die Wortkombination sagt fast schon alles. Die Vorstellung, wie es sein wird ist eine Kraftquelle vom Allerfeinsten. Etwas Aufsehenerregendes zu tun und sich das Resultat in den schönsten Farben auszumalen, gibt Energie. Fast ohne Ende. Wie jedes andere Projekt auch, ist so ein Buch zu schreiben nicht immer ein Spaß. Zeitdruck, Schreibstau, Projekte im Hauptjob. Ich male mir aus, wie mein Buch ausschauen wird. Mit meinem Namen darauf. Die Reaktionen in meinem Umfeld. Wenn daraus zitiert wird. Wenn ich es in den Händen halte, wenn ich es verschenken (und noch viel lieber verkaufen) kann. *Mein* Buch. Fantastisch.

Aufsehenerregend. Lassen Sie sich jedes der beiden Worte auf der Zunge zergehen. Aufsehen. Erregend. Träumen Sie auch von so einem Projekt (wenn nein, dann überlegen Sie sich um Himmels willen eines)? Malen Sie sich aus, wie es sein wird, wenn Sie den virtuellen „go live"-Schalter drücken. Nichts hindert Sie daran, es zu Tun und ihr persönliches „wie-geil-ist-das-denn?"-Projekt zu starten. So wie Markus Ruf, als er seine eigene Agentur gründete und danach zwei Mal Werber des Jahres wurde, so wie Barbara Artmann, die sich ihre Edel-Sneakers neben Armani vorstellte, so wie sich Ali Mahlodji mit Whatchado seinen Jugendtraum erfüllt oder wie Hans-Christoph Kürn im nächsten Kapitel schildert, wie er als Lokomotive immer wieder neue Dinge ausprobiert und dabei schon einmal so ganz nebenbei eine Jobplattform (mit-)gründet.

Sich ausgemalt, wie es sein würde, hat sich Robindro Ullah, als er bei der Deutschen Bahn die Gelegenheit hatte, sein Recruitingteam neu aufzustellen – er nannte seine Vorstellung „Recruiter NG". Das Kürzel NG steht für Neue Generation. Es ist weit mehr als eine nette Wortkreation, es steht für die teilweise komplett neuen Fähigkeiten, die das Fischen in den seichten Gewässern der Arbeitsmärkte heute verlangt.

▸   Robindro, was hat es mit dem Recruiter NG auf sich?

Robindro Ullah: „Mit der Berufsbezeichnung Recruiter werden seit einigen Jahren Personalreferenten mit Schwerpunkt Personalgewinnung/Rekrutierung bezeichnet. In jüngster Zeit wird in vielen Publikationen vom Recruiter 2.0 oder gar 3.0 gesprochen – einem vermeintlichen „Update" des bisherigen Recruiters. Bei genauerer Betrachtung der Funktionen des Recruiters stellt man aber schnell fest, dass dessen Aufgaben damals lediglich zum Arbeitsgebiet des „allgemeinen" Personalers zählten. Neue Mitarbeiter zu finden, war neben der Personalentwicklung und -betreuung nur eine Aufgabe unter vielen auf der wöchentlichen To-do-Liste des Personalreferenten. Nicht nur der Personalmarkt hat sich verändert, auch die Technisierung des Alltags macht vor Recruitern nicht Halt. Bewerbermanagementsysteme, Internetanwendungen, Social Media und neue Gadgets stellen heutige Recruiter vor die Herausforderung, sich in einem kontinuierlichen Prozess mit technischen Themen auseinanderzusetzen. Auch soziale Umgangsformen unterliegen diesem Wandel, gleichzeitig wird der Recruiting-Bereich immer dialoglastiger und marketingorientierter. Der Recruiter muss also, um junge Talente zu erreichen, die Netzwerke im Social Web kommunikativ bedienen können und technisch auf der Höhe sein. Letztlich muss er zum Spezialisten auf den Gebieten:

- Kommunikation (Social Media, crossmediale Strategien, Storytelling),
- Umgang mit Technik, Apps und Gadgets,
- Online Reputation Management,
- Social Media,
- Innovation und Kreativität in der Kreation von Anspracheformaten und
- Navigation durchs eigene Unternehmen

werden und damit tatsächlich ein Recruiter einer neuen Generation, ein R-NG."

Robindro Ullah ist stolz auf seine aufsehenerregende Idee, die komplett in seinem Kopf entstanden und von ihm entwickelt wurde. „Mein Von-vorne-bis-hinten-Baby" nennt es Ullah, „es war das bislang Coolste in meinem Berufsleben. Ein Konzept zu entwickeln und es dann mit Leben zu füllen, Menschen zu suchen, die meine Überlegungen teilen und zusammen etwas tolles Ganzes geben." Und er verhehlt nicht, dass ihm die öffentliche Anerkennung, unter anderem auch in Form eines HR Excellence Awards, schmeichelt. Und das ist gut so – von seinem Ego-Projekt profitiert seine damalige Arbeitgeberin, die Deutsche Bahn, noch heute.

Die Lieblingstipps von Robindro Ullah und Jörg Buckmann

▸   **Achten Sie darauf, dass Ihr Name richtig geschrieben wird.**

1. Seien Sie durchaus etwas eitel und pflegen Sie Ihre Marke. Achten Sie darauf, dass Ihr Name richtig und generell darauf, was über Sie geschrieben wird, und …
2. … sorgen Sie vor allem dafür, dass überhaupt über Sie geschrieben wird! Treten Sie aus der grauen Masse heraus und machen Sie sich sichtbar. Werden Sie eine Celebrity-Personalerin.
3. Werden Sie eine Turnerin! Schaffen Sie Aufmerksamkeit und legen Sie sich Muskeln der Bekanntheit zu. So schützen Sie sich vor Verletzungen.
4. Nutzen Sie den Spielraum Ihrer Reputation für frechmutige Ideen im Personalmarketing. Sie können es sich erlauben!
5. Scheitern gehört zum Leben dazu. Auch aus Dingen, die nicht funktionieren, lassen sich immer Lerneffekte gewinnen.

Die Galionsfigur der Essenz Ego: Robindro Ullah, Head of Employer Branding and HR-Communication, VOITH GmbH

Für Robindro Ullah ist klar: „Wer im HR arbeiten will, sollte Mathematik studieren." Ganz so absolut meint der 1978 geborene studierte Wirtschaftsmathematiker das natürlich nicht. Aber immerhin konnte er viel Erlerntes aus seinem Studium nutzen, als er 2007 bei der Deutschen Bahn die Verantwortung für das konzernweite Hochschulmarketing übernahm. Mit Social Media, Bewerbermanagementsystemen und Co. zeigte sich schnell, dass sein Mathematikstudium nicht umsonst gewesen ist.

Knapp drei Jahre später widmete er sich dem Aufbau einer neuen Abteilung und damit auch einer neuen Zielgruppe: Der Generation Grey. Auf dem Programm stand bis 2012 die Personalentwicklung für Ältere in Kombination mit einer entsprechenden Geschäftsentwicklung.

Bis 2013 leitete er danach den Bereich Personalmarketing und Recruiting Region Süd der Deutschen Bahn. In dieser Funktion war er für die Besetzung von knapp 1500 Positionen verantwortlich und formte sein RNG-Team.

Sein letzter Wechsel führte ihn zur Voith GmbH nach Heidenheim, einem großen mittelständischen Maschinenbauer. Dort übernahm er Mitte 2013 die globale Verantwortung für die Themen Employer Branding und HR Communication.

Social Media und neue Wege in der Personalgewinnung prägen den beruflichen Werdegang des gebürtigen Hamburgers. Er gilt als einer der profiliertesten Personalmarketer Deutschlands. Er hat immer wieder Neues ausprobiert und war Vorreiter in der Anwendung von Technologien, die andere noch nicht mal in der Theorie gehört hatten. Seine Foursquare-Personalmarketingaktion 2009, bei der er ein standortbasiertes Netzwerk zur Vermarktung einer Recruitingattraktion im Berliner Hauptbahnhof verwendete, ist eines von vielen Beispielen, die ihrer Zeit weit voraus waren. Auch die Integration von mobilen Endgeräten hatte er bei seinen Aktionen stets im Blick. So brachte er bereits 2007 die ersten QR-Codes auf Recruitingflyer und 2011 eine der ersten Augmented Reality Stellenanzeigen auf den Bewerbermarkt.

Dass er mittlerweile zweimal als Social Media Innovator ausgezeichnet wurde, ist da fast schon selbstverständlich.

Literatur

Dobelli, R. (2011). *Die Kunst des klaren Denkens* (S. 137–139). München: Hanser Verlag.

Eberspächer, H. (2009). *Ressource Ich* (S. 213). München: Hanser Verlag.

Greene, R. (2013). *Power. Die 48 Gesetze der Macht*. München: Carl Hanser Verlag.

Kofler, K., & Güntert, A. (2012). Unternehmen BILANZ 06/12 04.04.2012 http://www.bilanz.ch/unternehmen/selbstvermarktung-das-ego-projekt.

Springer Gabler Verlag. *Gabler Wirtschaftslexikon* Stichwort: Dienstleistungsmarketing, online im Internet: http://wirtschaftslexikon.gabler.de/Archiv/769/dienstleistungsmarketing-v9.html.

Fünfte Essenz: Tun

Jörg Buckmann

▸ Beteiligte zu Verbündeten machen, darüber hinaus nur so viel Absichern wie unbedingt nötig. Lieber aus dem Offside zurückgepfiffen werden als mauern.

▸ Nicht auf den Budgetsegen hoffen und jammern, sondern mit Kreativität und Weitsicht die nötigen Mittel beschaffen.

„Wenn Sie Öl finden wollen, müssen Sie bohren" (Peters 2011, S. 257). Mir gefällt das *Primat des Tuns* von Tom Peters: So was von logisch. Von nichts kommt nichts. Diese Grundhaltung impliziert und legitimiert Fehlversuche als wichtige Wegbegleiter des Erfolgs und von Frechmut im Personalmarketing. Im Fußball werden schlitzohrige Stürmer oft ein halbes Dutzend Mal aus dem Offside zurückgepfiffen, um dann beim x-ten Versuch genau richtig zu stehen, den entscheidenden Schritt schneller zu sein und eiskalt zuzuschlagen. Woran erinnert man sich nach Spielschluss: An die kurzfristig ärgerlichen Offsidepfiffe oder an die Tore? Eben. Die Treffer schreiben Geschichte. Nichts anderes.

„(Personal-)Werbung ist Diktatur", pflegt mein Chef gerne zu sagen, um damit seine Entscheide auf dem kurzen (oft sehr kurzen) Dienstweg zu erklären. Recht hat er, denn „Marke ist kein demokratisches System. Marke handelt autoritär. In einer Zeit, in der das aufgeklärte Individuum auch noch beansprucht, als ein solches wahrgenommen zu werden, d. h. seine Meinung abgeben zu dürfen und zu allem gefragt zu werden, ist Marke tatsächlich ein Anachronismus. Ein Perspektivenwechsel zeigt, dass eine konsequent und daher autoritär geführte Marke wirtschaftlich besser läuft" (Zschiesche und Errichiello 2013, S. 121 f.). Wenn man zu viele Leute nach ihrer Einschätzung einer Werbemaßnahme fragt, wird die beste Idee zerredet und letztlich in den Sand getreten. Werber Markus Ruf bestätigt das: „Verzichten Sie auf Pre-Tests", lautet einer seiner Praxistipps zur Essenz „Frech". „Wenn Menschen aufgefordert werden, ihr volles Augenmerk auf eine Kampagne

Jörg Buckmann ✉
Sonnenbergstraße 8, 5408 Ennetbaden, Schweiz
e-mail: joerg.buckmann@gmail.com

J. Buckmann (Hrsg.), *Einstellungssache: Personalgewinnung mit Frechmut und Können*,
DOI 10.1007/978-3-658-03700-0_6, © Springer Fachmedien Wiesbaden 2013

Abb. 15 So wollten die VBZ 2012 einen Fahrschulbus bedrucken – sie eckten damit intern an (Quelle: Verkehrsbetriebe Zürich)

zu richten, werden sie oft zum Musterschüler und suchen eifrig nach Kritikpunkten, die sie bei normalem Werbekonsum gar nicht stören würden. Oft werden gerade jene Punkte kritisiert, die eine Kampagne erst überraschend und eigenständig machen – also entscheidend sind für ihren Erfolg im Markt."

Oft lohnt es sich also, bei Entscheiden einen heißen Reifen zu fahren. Diese ziemlich saloppe Formulierung passt wunderbar zu einer Werbeidee für die Fahrschulbusse der VBZ. Einer davon hätte 2012 in dieser aufsehenerregenden Form Passantinnen zum Schmunzeln und Interessentinnen zum Bewerben animieren sollen (Abb. 15).

… *hätte*, denn ich musste dieses „wgidd"-Projekt im letzten Moment stoppen. Die Fahrlehrerinnen legten Widerspruch ein. Warum bloß? Einen Teil ihrer Fahrausbildung absolvieren die angehenden Busfahrerinnen zusammen mit den Fahrlehrerinnen in Wohnquartieren. Dort üben sie das Parkieren und Wendemanöver unter eingeschränkten Platzverhältnissen. Nicht immer zur Freude der Anwohnerinnen. Dementsprechend unzufrieden waren die Ausbildnerinnen über die ins Auge gefasste auffällige Bemalung ihres Arbeitsplatzes. Ich fasse mich kurz: Ich wurde aus dem Offside zurückgepfiffen.

Beteiligte zu Verbündeten machen. Die Erfolgsformel, die Barbara Artmann bei Künzli als eines ihrer Führungsprinzipien vorlebt, wurde von mir im wahrsten Sinne des Wortes sträflich, nämlich bei Strafe der Nichtumsetzung, vernachlässigt. In der Werbung dürfte dies aber doch die viel zitierte Ausnahme sein, welche die Regel bestätigt. Meist ist genau dieses Schaffen von Tatsachen im diktatorischen Werbealleingang der zielführende Weg für frische Ideen in der Personalwerbung. Aber eben, keine Regel ohne Ausnahme, wie Beispiel zeigt. Weil es aber den Königsweg in dieser Disziplin nicht gibt, sind das Gefühl für die Situation und taktisches Geschick die Währung. Und selber gemachte Erfahrungen helfen entscheidend mit, dieses Gespür für das situativ richtige Vorgehen zu schärfen. So gesehen war auch dieses Beispiel ein Gewinn.

Just do it

Hans-Christoph Kürn ist so ein Machertyp mit dem nötigen taktischen Gespür. Einer, der für seine Sache brennt. Und die heißt Personalmarketing und Recruiting. Seit mehr als zehn Jahren beschäftigt und fasziniert den Siemens-Manager dieses Thema. Es begeistert ihn noch heute wie am ersten Tag. Und das spürt man. Dieser Mann hat Energie für zwei. Kürn steht für Tun. Oder, wie er sein Credo nennt: „Just do it". Hans-Christoph Kürn ist unkompliziert, freundlich, jovial. Aber auch ein Ungehorsamer, wie er selber sagt. „Ich habe mich nicht gebeugt, wenn mir ‚von oben' unbegründet Steine in den Weg gelegt wurden. Aber ich beuge mich sofort und gerne, wenn mein Team, wenn Studentinnen oder andere Zielgruppen unseres Personalmarketings Einwände bringen oder mir mit guten Argumenten von einem Vorhaben abraten."

Hans-Christoph Kürn vergleicht sich mit einer Lokomotive. Er freut sich, wenn er anderen wieder einmal einen Schritt voraus ist. „Dann geht es mir gut", bekennt er. „Ich will zusammen mit meinen Leuten Vorreiter sein. Es bereitet mir Freude." So wie damals, als er für wenig Geld in einem, wie er es nennt, „Berliner Hinterhofstudio" Audio-Podcasts zum Bewerbungsprozess bei Siemens produzieren ließ und diese ohne weitere Absprache im Weltkonzern online stellte. Als es seine Chefs merkten und diese ihnen unbekannte Technologie für einen ziemlichen Schwachsinn befanden, war es zu spät. Bis zu 70.000 Abrufe pro Woche waren ein zu starkes Argument. Oder als er als einer der Ersten in Deutschland mit einer Siemens-Fanpage auf Facebook experimentierte, den Dialog mit den Zielgruppen aufnahm und mit der Einführung erneut vollendete Tatsachen schuf. „Wir haben einfach mal angefangen", erinnert er sich. Viele zogen nach, Kürn war mal wieder Lokomotive.

Manchmal kann auch Visionär Kürn nicht vorausahnen, was er lostritt. Eine seiner Aufgaben bereits vor der Jahrtausendwende war es, die Stelleninserate unternehmensintern von den Anschlagbrettern zu holen und in das damals noch neue Medium Intranet zu integrieren. Aus heutiger Sicht nicht gerade ein „wgidd"-Projekt, damals aber ein wahrer Kraftakt. Die Technologie war Vielen suspekt, der Betriebsrat stemmte sich dagegen und Stellen in der Postverteilung und der Druckerei gingen verloren. Aber auch unnötige Papierberge, administrative Leerläufe und aufwendige Verteilaktionen. „Immer freitags", erinnert sich Kürn, „liefen die Druckereien heiß und Berge von Papier wurden zwischen den Standorten herumgeschickt und verteilt." Kürn setzte sich durch und erkannte schon damals das immense Potenzial der elektronischen Medien (Abb. 16).

Was im und mit dem Internet passiert, ist für Kürn schlicht eine digitale Revolution. Die Dynamik der digitalen Medienwelt mit ihren rasanten Veränderungen und den immer wieder neuen Möglichkeiten fasziniert ihn. „Im digitalen Raum ist alles im Fluss, die Entwicklung ist rasend schnell und hört einfach nie auf. Wenn man etwas umgesetzt hat, ist das Web schon wieder einen Schritt weiter. Irgendwie hechelt man der Entwicklung laufend hinterher." Das frustriert den vitalen Berggänger Kürn aber keinesfalls, sondern inspiriert ihn. So auch zum logischen Folgeschritt nach der Implementierung des internen „Human Resources Market": Hans-Christoph Kürn erdachte sich kurzerhand auch den externen Stellenmarkt digital. Wie konsequent Kürn schon damals marketingorientiert an seine Zielgruppen dachte, zeigt der Screenshot aus 1999 (Abb. 17): Vorbildlich prominent platziert war die Rubrik „Wir über uns", in welcher Siemens ihre Arbeitgebervorteile listete. Etwas, was selbst heute noch viele Unternehmen nicht verstanden haben. Dabei wird, 15 Jahre weiter, überall die „Employer Value Proposition – Sau" durch die Personalmarketinggas-

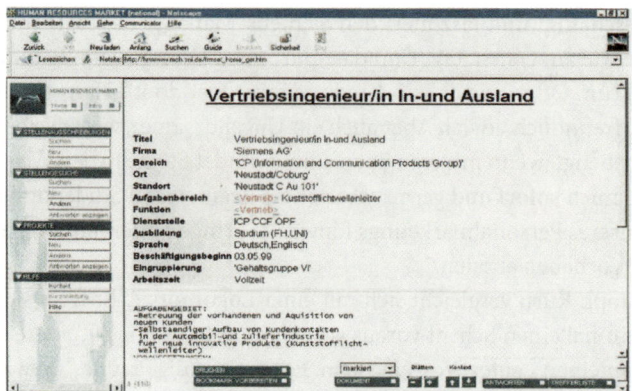

Abb. 16 Siemens-interner Human Resources Market, 1999 (Quelle: Siemens)

Abb. 17 Die Karriere-Website
von Siemens im Jahr 1999
(Quelle: Siemens)

sen getrieben. Mit Verlaub: Diesen Begriff kannte damals keiner und Hans-Christoph Kürn
hat ihn auch nicht erfunden – aber schon damals ganz einfach praktiziert. Typisch Kürn.

Wenig später schaltete er Deutschlands erste Online-Stellenanzeige auf einer externen
Plattform und erinnert sich: „Ich war live dabei, als wir in den Räumen unseres IT-Partners
in Eschborn bei Bier und Pizza an der Anzeige tüftelten und sie dann online stellten. Eine
verrückte Zeit." Kürn wurde so zum Wegbereiter einer Industrie, die heute mit Jobbörsen Millionenumsätze macht. Ausgerechnet Geburtshelfer Kürn sieht für sie tendenziell
schwarz: „In fünf Jahren werden wohl viele Anbieter verschwunden sein und die Umsätze
sinken. Ganz einfach deshalb, weil das ,Post and Pray-Prinzip' in knappen Arbeitsmärkten
immer weniger funktioniert. Künftig, ach was, schon heute ist es Aufgabe des HR, spannende Menschen, sprich potenzielle Mitarbeiter, im digitalen Raum aufzuspüren, mit ihnen in
Blogs und Foren zu diskutieren und in Kontakt zu treten. Das Human Resources und seine Recruiter müssen pro-aktiver werden und ihr wohliges Schneckenhaus verlassen. Sie
müssen extrovertierter werden und ganz im Sinne von Frechmut ihr Ego schärfen."

Panzerknacker

Comics habe ich schon als Kind sehr gemocht. Der geizige Dagobert Duck und die Panzer-knacker, die es auf sein Geld abgesehen hatten, gehörten dazu. Warum ich mich im Kontext mit Frechmut daran erinnere? Das Gejammer über fehlende Budgets für gute Personalwer-bung scheint eine Art Berufskrankheit im Human Resources Management zu sein, viele spielen diesen Blues virtuos. Sind die Personalmarketingtresore wirklich so leer? Ich glaube es nicht. Doch staune ich immer wieder, wie wenig finanziellen Spielraum auch hierar-chisch weit oben angesiedelte HR-Manager haben. Oder angeblich nicht haben. Oder nicht haben wollen. Ich bin mir nämlich nicht immer ganz sicher, inwiefern sich hinter dem Jam-mern um (vermeintlich) fehlende Budgets eine bequeme Ausrede versteckt. Um nichts tun zu müssen. Um nichts wagen zu müssen. Um sich keine Mehrarbeit aufzubürden. Manch-mal erfahre ich dann von den gleichen Kolleginnen, dass sie ureigenste HR-Aufgaben wie die Besetzung von Stellen im Fachbereich oder im Middle-Management für Zehntausende von Franken oder Euro an Personaldienstleister outsourcen. Eine für mich unverständli-che Allokation der Mittel. Und noch ein Gedanke: Selbstverständlich erhält man Budget nicht einfach so. Auch nicht im HR. Wer auf einen warmen Geldregen hofft, um dann viel-leicht etwas Aufsehen erregendes im Personalmarketing zu tun, wird ewig warten. Wer aber mit einem starken Konzept oder einer zum kopfverdrehen schönen Idee in der Ta-sche für Unterstützung und finanzielle Mittel wirbt, hat ganz andere, bessere Karten. Um Unterstützung werben? Exakt, ja, und verkaufen, begeistern, wirbeln. Zuerst intern – und dann nach außen zu den Zielgruppen.

Eine Portion Kreativität ist nicht nur bei der Ausgestaltung frechmutiger Personalgewin-nungsideen gefragt, sondern auch bei deren Finanzierung. Oft braucht es nicht einmal den ganz großen „Hosenlupf", also den ultimativen Kraftakt. Manchmal lassen sich durch das Verschieben von nicht benötigten Mitteln anderer Kostenarten ganz einfach die nötigen Fi-nanzen beschaffen. Und mal ganz unter uns: Schöpfen Sie ganz generell Ihre budgetierten Mittel für die Personalbeschaffung wirklich aus? Schenken Sie den Forecasts im Personal-controlling frühzeitig Ihre Aufmerksamkeit? Schauen Sie rechtzeitig in die Glaskugel der Jahresrechnung. Mit einer vorausschauenden Planung lassen sich Werbemaßnahmen für das Folgejahr vorziehen und vorhandene Mittel optimal ausschöpfen. Und wer auf digitale Kommunikation setzt, spart noch immer viel Geld, auch wenn die Kosten für die webba-sierten Medien in den letzten Jahren gestiegen sind.

Manchmal sind es aber auch überraschend einfache Vorgehensweisen, die weiterhel-fen. Das Gespräch suchen mit den Zuständigen der Finanzabteilung zum Beispiel. Ihnen das Problem schildern und sie um Unterstützung bitten. Es ist ja ganz einfach und so, wie man es den Kindern beibringt: Wenn du etwas willst, musst du halt fragen. Dabei hilft es natürlich, wenn man gute Beziehungen schon vorher aufbaut und pflegt. Dieses Bezie-hungsmanagement gerade in die Finanzwelt, die mancher Personalerin fremd erscheinen mag, ist für frechmutige Personalwerbung geradezu essenziell. Überhaupt ist die Vernet-zung intern wie extern ein wirkungsvoller Türöffner und ein Turbo in der Problemlösung. Nicht nur wenn es ums Geld geht.

Vernetzen: Geben ist seliger denn nehmen

Vernetzung. Für Hans-Christoph Kürn ist es eines der Schlüsselwörter unserer Zeit. Im Nachgang zur erfolgreichen Einführung des intranetbasierten „Human Resources Market" haben sich bei ihm viele Personalverantwortliche gemeldet, um von seinen Erfahrungen bei Siemens zu profitieren. Kürn gibt gerne Auskunft und teilt sein Wissen. Damit beherzigt er die Grundvoraussetzung für langfristig erfolgreiches Netzwerken: Geben ist seliger denn nehmen. Auch für weniger bibelfeste Personalerinnen gilt die Prämisse, dass tragfähige Netzwerke darauf beruhen, dass die Teilnehmerinnen ihr Wissen verschenken, dadurch Vertrauen gewinnen und schließlich dann auch selber von der Offenheit und dem Know-how anderer Kontakte profitieren. Eine solche Einstellung ist für Barbara Liebermeister ein entscheidender Schritt zu einem nachhaltigen Kontaktmanagement. Ihre Grundregel: „Nicht ich bin der derjenige, der von dem neuen Kontakt profitieren will. Ich biete meine Unterstützung an. Das verleiht Souveränität." (Human Resources Manager, April 2013, Seite 18)

Wie weit tragfähige Netzwerke führen können und die Unternehmen von gut verdrahteten HR-Verantwortlichen profitieren können, erzählt Hans-Christoph Kürn am Beispiel der Jobplattform *Jobstairs*: „In meinem Netzwerk sind viele Kolleginnen und Kollegen anderer großer Unternehmen aus Deutschland. Gemeinsam haben wir ein immenses Volumen an Stelleninseraten, die Insertionskosten gehen in die Millionen. Eines Tages haben wir diese Zahlen unter uns offen gelegt. Dann haben wir uns erste Gedanken zu einer eigenen Jobplattform gemacht, über die wir unsere eigenen Stellen selber und natürlich viel günstiger schalten könnten. So entwickelten wir in unserem Netzwerk unsere ‚eigene' Stellenbörse. Heute ist Jobstairs sehr erfolgreich auf dem Markt etabliert." So ziehen die Unternehmen von Kürn und seinen Mit-Netzwerkerinnen einen konkreten Nutzen aus den oft in einem unkonventionellen Rahmen entwickelten frischen Personalmarketingideen wie der von Jobstairs.

Vernetzung bringt Hans-Christoph Kürn aber auch mit der digitalen Kommunikation und mit den Sozialen Medien in Verbindung. So nutzt er Facebook ganz gezielt, um seine realen Netzwerke zu pflegen und die Verbindungen nicht abreißen zu lassen. Kürn philosophiert aber auch über eine andere Form der Vernetzung, die der Generationen: „Seit Jahrhunderten orientieren sich die Jungen an den Alten. Diese Logik ändert sich mit den neuen Medien und den Kommunikationsformen immer mehr. Jetzt sind es die Älteren, die sich an den Jungen orientieren, sich an die Kommunikation über Smartphones gewöhnen und die sozialen Netzwerke erobern. Das finde ich toll."

„Ich wurde oft verprügelt"

Hans-Christoph Kürn ging mit seinem unkonventionellen aber letztlich erfolgreichen Vorgehen bei den Podcasts, beim Aufbau der Siemens-Fanpage auf Facebook oder den Online-Stelleninseraten Risiken ein. Er schaffte ganz einfach vollendete Tatsachen, bevor die unvermeidlichen Bedenkenträger realisierten, was vorging. Er übernahm Verantwortung, zeigte Gesicht und vor allem Haltung. Das klingt nach dem Abenteuerspielplatz Personalmarketing, könnte man nun versucht sein, zu glauben. „Ich wurde auch oft verprügelt", sagt Hans-Christoph Kürn in seiner direkten Sprache ganz unverblümt. „So untersagte man mir beispielsweise eine gewisse Zeit lang, bei externen Veranstaltungen zu referieren. Man unterband schlicht und einfach und ohne nachvollziehbare Begründung meine Rolle als Markenbotschafter von Siemens. Was für ein Blödsinn." Kürn ärgerte sich – und nahm sich fortan einfach einen Urlaubstag und referierte ohne offizielle Charts seines Arbeitgebers. „Dass ich von Siemens bin, wussten eh alle", schmunzelt er. Und Kürn erinnert sich auch an jene Zeit, als man ihm verbot, sich in seinem Netzwerk für Jobstairs zu engagieren. Eine eigene Stellenplattform würde nicht zum Kerngeschäft von Siemens gehören, wurde ihm beschieden. Zwei Jahre später und um die Erkenntnis des großen Potenzials der Idee reicher bat man ihn, nun doch wieder aktiv mitzumachen.

Hans-Christoph Kürn ließ sich nicht beirren und lebte seine Leidenschaft weiterhin aus. Er bewies in den schwierigeren Zeiten seines Schaffens beim Großkonzern aus München seine Nehmerqualitäten und eine große Portion Gelassenheit. Frei nach Nietzsche: „Was mich nicht umbringt, macht mich stärker."

▶ Hans-Christoph, ist Deine Geschichte und die „vollendete-Tatsachen-schaffen Taktik" ein Plädoyer für eine „Don't talk, shoot!"-Maxime in der Personalarbeit?

Hans-Christoph Kürn: „Ach was, ich bin doch nicht der John Wayne der HR-Szene. Es gibt Sachzwänge oder auch unternehmenspolitische Rahmenbedingungen, die gegeben sind. Und natürlich gibt es immer Grenzen, die man nicht überschreiten soll. Aber an ihnen zu rütteln, sie infrage zu stellen, würde manchem gut anstehen. Denn das Schöne dabei ist: Es macht gigantischen Spaß, etwas zu probieren und zu experimentieren. Dabei geht man halt immer auch ein gewisses Risiko ein. Dafür sind wir ja auch bezahlt."

Musterbrecher

Als „Experimentieren statt duplizieren" beschreibt Professor Hans A. Wüthrich, Autor des Buches *Musterbrecher,* die frechmutige Denke Kürns. Dieser ist mit seiner ungebrochenen Lust am Experiment geradezu ein Vorzeige-Musterbrecher. Wüthrich ist sich sicher: „Experimente sind ein mächtiges Mittel, um am konkreten Musterbruch zu arbeiten. Das Experiment unterscheidet sich vom klassischen Projektdenken fundamental. Experimente sind ergebnisoffen – und nicht dogmatisch vorstrukturiert. Sie entstehen im betroffenen System und zeigen dort ihre irritierende Wirkung. Es erfordert den Mut des Managements, sich auf einen Prozess mit unbekanntem Ende bewusst einzulassen und aus diesem zu lernen. Dieser Mut fehlt häufig, da das Denken in der gewohnten Projektlogik mit Kick-Offs und Meilensteinen sowie Konzeptions- und Implementierungsphasen nicht nur jahrelang trainiert wurde, sondern vor allem auch risikoloser erscheint. Wer als Führungskraft Best

Practices nach allen Regeln der Projektkunst kopiert, muss keine Angst haben, dass er im Falle eines Scheiterns zur Rechenschaft gezogen wird. So spielt es keine Rolle, wenn man feststellen muss, dass trotz wohlklingender Projektnamen – diese sind beliebig austauschbar – Veränderungen nicht gelebt werden. Einen anderen, weil experimentellen Weg beschreiten Musterbrecher." (Wüthrich et al. 2009, S. 269 f.).

Wie wahr. Gerade im Human Resources Management fehlt es an solchen Musterbrechern und Musterbrecherinnen. An Entdeckerinnen, Experimentiererinnen, Ausprobiererinnen. Denn insgesamt betrachtet, löbliche Ausnahmen bestätigen die Regel, fristen Personalwerbung und -kommunikation in den Personalmarketingwüsten Deutschlands, Österreichs und der Schweiz noch immer ein stiefmütterliches Dasein. Das erstaunt. Sind denn Fachkräftemangel und der von McKinsey ausgerufene „War for Talents" nichts weiter als potemkinsche Dörfer der Medien oder gar der Personaldienstleisterindustrie? Wenn ein Fachkräftemangel existiert, ja warum geht man ihn dann nicht professioneller, kreativer und frechmutiger an? Meine Unterstellung: Der Medienhype um den Fachkräftemangel bietet vielen Personalerinnen eine willkommene Begründung (in diesem Zusammenhang die nettere Form des Ausdrucks „faule Ausrede") für nicht besetzte Stellen. Weil davon letztlich eine ganze Industrie, die der Personaldienstleister, profitiert, befeuert sie das Thema gerne mit Studien und Umfragen, die den Mangel an Fachkräften weiter dramatisieren. Natürlich herrscht in vielen Berufsfeldern längst ein realer existierender Mangel an Nachwuchs und klar, mein Einwurf ist eher eine schlecht versteckte Provokation denn eine fundierte These. Doch Fakt ist nun einmal, dass in vielen Unternehmen zwischen der Werbung für die Produkte und der Werbung für Arbeitsplätze Welten klaffen. Mit zu offensichtlich ungleichen Ellen wird zwischen „normalem" Sales und dem Sales der freien Stellen, sprich der Personalgewinnung, gemessen. Verkaufsverantwortliche, die ihre Zahlen nicht bringen, sind schnell weg. In der HR-Werkstatt hingegen wird nach bestem Wissen und Gewissen und zu oft noch immer mit den alten „Waffen" aus der HR-Welt des letzten Jahrhunderts in den „War for Talents" gezogen. Die mittels pdf-Konvertierung zu online-Anzeigen mutierten Stelleninserate aus den 1960-er Jahren lassen grüßen.

Die Innovationskraft im Arbeitgeberauftritt ist oft bedenklich nahe an der Grasnarbe. Sichtbare Veränderungen kommen nur schleppend in Gang. Die Lust, Neues auszuprobieren, ist erst punktuell spürbar und die Risikobereitschaft noch wenig ausgeprägt. Deutliche Zeichen dafür, dass der Leidensdruck im Human Resources vielerorts noch nicht sehr groß ist. So lässt es sich in den HR-Amtsstuben noch immer bequem und nahezu sorglos aushalten. Mit ein Grund für wenig Bewegung im Personalmarketing mag zusätzlich sein, dass viele Unternehmungen nach wie vor sehr erfolgreich sind und, Eurokrise hin oder her, Milliarden verdienen. Für Professor Alfred Kieser steht fest: „Es ist ganz schwer, auf neue Technologien zu setzen, wenn man erfolgreich ist." (Kieser 2012, S. 52). Angesichts der demografischen Entwicklung eine gefährliche Abwartetaktik.

Unbeeindruckt von der insgesamt noch tiefen Innovationskraft in der Personalwerbung rollt eine gewaltige Demografiewelle heran und trifft mit roher Kraft auf die gemütlich eingerichteten Wohlfühloasen des Personalmarketings. Sie hinterlässt einen immer deutlicher spürbaren Fachkräftemangel. Bei den Verkehrsbetrieben Zürich ist dieser schon seit längerer Zeit deutlich spürbar. Der Druck nimmt zu. Das Zürcher Traditionsunternehmen hat eine überdurchschnittlich alte Belegschaft von 47 Jahren, satte 6 Jahre über dem Schweizer Mittelwert (2. Quartal 2012, Bundesamt für Statistik). Im Jahr 2012 haben die Pensionierungen im Vergleich zu den beiden Vorjahren um 60 % zugelegt. Der entsprechend verschärfte Rekrutierungsdruck zeigt sich nicht nur bei den überall gesuchten hochqualifizierten Fachkräften, sondern ganz ausgeprägt auch bei den Fahrberufen, also bei den Tram- und Buspilotinnen. Über 100 Tram- und Buscockpits besetzen die VBZ jährlich neu. Tram- und vor allem Busfahrerinnen als Engpassfaktor. Auch das ist ein Gesicht des Fachkräftemangels in diesen Zeiten.

Schon 2009 stellten die Verkehrsbetriebe Zürich fest, dass sie für Bewerberinnen aus dem Osten Deutschlands eine attraktive Arbeitgeberin sind. Die Bewerbungen nahmen spürbar zu, ohne dass die VBZ in diesem Arbeitsmarkt speziell aktiv gewesen wären. Diese Beobachtung führte zum naheliegenden Entscheid, das offensichtlich vorhandene Potenzial in den „neuen" Bundesländern aktiver zu nutzen. Mit einem einfachen Konzept: Anstelle von Stellenanzeigen wurden Informationsveranstaltungen direkt vor Ort in Leipzig und Dresden durchgeführt, um interessierte Busfahrerinnen aus erster Hand über die Jobs bei den VBZ und das Leben in der Schweiz zu informieren. Nicht gerade die hohe Personalmarketingschule, sondern viel eher gesunder Menschenverstand.

In Zürich sind die VBZ seit über 130 Jahren fest verankert und genießen viele Sympathien in der Bevölkerung. Was das Unternehmen tut (und manchmal auch nicht tut), findet meist öffentliche Beachtung. Im Osten Deutschlands wiederum ist die Abwanderung in wirtschaftlich stärkere Regionen Deutschlands und Europas ein Brennpunkt medialen Interesses. Die logische Folge: Das Vorgehen der VBZ stieß auf ein enormes Medieninteresse. In Deutschland wie auch in der Schweiz berichteten Zeitungen, online-Medien, Radio und Fernsehstationen schon im Vorfeld und dann an den Veranstaltungen selbst über die Rekrutierungsaktivitäten der VBZ. Ein Team des Schweizer Fernsehens fuhr mit nach Deutschland und die deutsche BILD-Zeitung titelte: „Dieser Schweizer jagt Dresdner Busfahrer" (Abb. 18).

Die unabhängige Medienagentur Argus beziffert den Anzeigenäquivalenzwert – also den Wert der unbezahlten, medialen Berichterstattung – auf 216.800 Franken. Dieses auch kommunikativ pro-aktive Vorgehen war dabei nicht ganz risikolos. Die öffentliche Meinung ist nur schwer beeinfluss- oder steuerbar. In Sachsen ist die Abwanderung von Fachkräften und der damit verbundene Brain-Drain ebenso ein Thema wie in Zürich die negativen Auswirkungen der Zuwanderung, beispielsweise Wohnungsnot oder die überlastete Verkehrsinfrastruktur. So gab es in online-Foren durchaus kritische Stimmen („haben wir nicht genug Arbeitslose?") und eine rechtspopulistische Splitterpartei reichte gar eine Petition ein, wonach es den VBZ zu untersagen sei, außerhalb der Schweiz Personal anzuwerben. Wer seinen Kopf aus der Deckung hält, muss ab und an auch eine steife Brise aushalten können. Auch das erfrischt.

Die Zahlen geben den VBZ Recht: Die Besuche auf der Job-Site der VBZ von Anfang März bis Ende Juli 2009 stiegen auf fast das Dreifache des Vorjahresmittels dieser Periode an. Die vielen Klicks auf die Website spiegelten sich auch in den eingehenden Bewerbun-

Abb. 18 PR-wirksames Personalmarketing – Jörg Buckmann in der deutschen BILD-Zeitung (Quelle: BILD-Zeitung, Dresden, 4. März 2009.)

gen im Bereich Bus wieder. Während 2008 durch das ganze Jahr hindurch 633 Dossiers eintrafen, verzeichnete das Personalmanagement im Kampagnenjahr 1267 Bewerbungen. Der Clou dabei: Das frechmutige Vorgehen wirkt nachhaltig. Die Erfahrungen der letzten Jahre zeigen, dass der permanent hohe Bedarf an Busfahrerinnen durch die große mediale Aufmerksamkeit längerfristig in den Köpfen verankert wurde. Die forcierte Mund-zu-Mund-Propaganda tut ihr übriges. Jeder vierte Fahrer wird von einem Arbeitskollegen angeworben.

Einstellungssache

Wer etwas tut, wer agiert statt nur reagiert und eine Macherin ist, hat die richtige Einstellung. Das Schöne dabei ist: Seine eigene Einstellung kann man wählen. Die Fischverkäufer in „Fish", dem ungewöhnlichen Motivationsbestseller aus den USA, machen das vor. Einer von ihnen sagt: „Wenn du machst, was du machst – was bist du in diesem Moment? Bist du ungeduldig und gelangweilt oder bis du weltberühmt? Als jemand, der weltberühmt ist, wirst du ganz anders auftreten" (Lundin et al. 2001, S. 86).

Mit einer selbstbewussten, leidenschaftlichen und kämpferischen Einstellung ausgestattet ist Wendy Davis. Die wahrhaft standfeste US-Senatorin verhinderte mit einer elfstündigen Rede ein geplantes Gesetz der republikanischen Übermacht, das Abtreibungen in Texas praktisch verunmöglicht hätte. Die Demokratin machte sich eine Bestimmung zu eigen, wonach Abgeordnete eine Abstimmung so lange verhindern können, wie sie zu reden imstande sind. Die Bedingungen sind jedoch hart, wie Andreas Mink in der NZZ am Sonntag berichtete: Die Rede ist im Stehen und ohne Stütze oder Unterbrechung zu absolvieren. Essen Trinken und selbst ein Gang zur Toilette sind strikt verboten. In rosaroten Laufschuhen ergriff also Davis am Dienstmorgen, den 25. Juni 2013 um 11:18 Uhr das Wort und redete und redete und redete fast 11 Stunden lang. So verhinderte sie mit ihrem Filibuster, ihrer Dauerrede, die rechtzeitige Abstimmung über die Vorlage und brachte diese zu Fall (vgl. NZZ am Sonntag, 30. Juni 2013). Wenn das nicht frechmutig ist. Das gezielte Anwenden von stundenlangen Ermüdungsregen als Verzögerungs- und Zermürbungstaktik hat in Amerika Tradition, die längste Rede dauerte im Jahr 1957 mehr als 24 Stunden. Als Vorbereitung soll Senator Strom Thurmond sogar in die Sauna gegangen sein, um während seiner Rede den Drang zur Toilette zu unterdrücken. Filibustern als taktisches Instrument kennt man auch in Deutschland. Der damalige Bundesinnenminister Otto Schily sagte auf jeden Fall einst immerhin über 5 Stunden vor dem so genannten Visa-Ausschuss aus, wobei die Quellen uneins sind über die genaue Länge. Der Film- und Literaturkritiker Hellmuth Karasek schreibt von 5 Stunden und 18 Minuten. „Ungedopt und nur unter Zuhilfenahme von Schlucken stillen Wassers" (Karasek 2008, S. 41), wie der scharfe Beobachter und Professor für Theaterwissenschaft präzisiert. „Diesen unglaublichen Rekord konnte er nur bewerkstelligen, stemmen leisten und vollbringen, indem er nicht nur ausführlich Akten zitierte, sondern auch die Zitate meist doppelt vorlas. Von 129 eng bedruckten Seiten weiß der Spiegel zu berichten, die der Politiker seelenruhig vorlas (Gebauer 2005, online).

Nun, der Kontext solcher Filibuster zu langweiligen und ausufernden Reden im HR-Umfeld ist natürlich rein zufällig. Und mögen Endlosreden als bewusste Taktik noch so nervtötend sein und das Demokratieverständnis etwas gar ausreizen – das Stehvermögen von Wendy Davis und ihren Kollegen würde auch in der HR-Welt manch einem gestandenen HR-Manger gut anstehen.

Auch Hans-Christoph Kürn ist einer, der für seine Sache einsteht und Stehvermögen beweist. Seine Arbeitswochen sind lang, da ändern auch die vorbildlichen Arbeitszeitmodelle von Siemens nichts. Kein Problem, für Kürn eine Sache der Einstellung. „Ich habe einfach riesigen Spaß am Job, ich mache ihn aus und mit Leidenschaft." Aber wohl nicht mehr allzu lange, schließlich ist Kürn bereits ein „Sechziger". Oder, Hans-Christoph? Von wegen, Kürn lacht: „Wenn ich 65 bin? Ja dann mache ich einfach weiter!"

Die Lieblingstipps von Hans-Christoph Kürn und Jörg Buckmann

▸   **Geben ist seliger denn nehmen.**

1. Vernetzen Sie sich mit anderen spannenden Menschen. Aber denken Sie daran, ob real und im Netz: Geben ist seliger denn nehmen. Der Mecano: Zuerst Wissen verschenken, so Vertrauen gewinnen, und dann vom Know-how anderer profitieren.
2. Just do it. Machen Sie einfach mal, experimentieren Sie und versuchen Sie sich als Musterbrecher. Neue Wege zu beschreiten macht Spaß.
3. Schaffen Sie Tatsachen. Mit jeder Frage zuviel steigt das Risiko, dass jemand nein sagt. Schaffen Sie stattdessen einfach unwiderrufliche Tatsachen, wenn Sie von Ihrer Idee überzeugt sind.
4. Die schlechte Nachricht vorab: Es ist ein Risiko, etwas zu tun. Und nun die gute: Langfristig ist es das größere Risiko, nichts zu tun. Tröstlich: Das Leben an sich ist lebensgefährlich.
5. Wenn Sie kein Budget haben, beschaffen Sie sich das Geld. Das Hoffen auf den Budget-Lottosechser ist naiv. Weibeln und wirbeln Sie stattdessen an den richtigen internen Stellen für Ihre Ideen.

Die Galionsfigur der Essenz Tun: Hans-Christoph Kürn, Head Social Media and e-Recruiting, Siemens AG

Hans-Christoph Kürn studierte an der Ludwig Maximilians-Universität München Soziologie und Volkswirtschaftslehre. Der Vater dreier erwachsener Söhne ist seit 1986 in verschiedensten Funktionen im Bereich Human Resources bei der Siemens AG beschäftigt. Hier hat er sich schon mit den unterschiedlichsten Facetten der Personalarbeit beschäftigt. So befasste er sich ebenso mit gesellschaftspolitischer Grundsatz- und Bildungsarbeit, mit dem Aufbau der HR-Organisation in den neuen Bundesländern, mit Fragen der Personalorganisation bis hin zur Personalentwicklung. Seit über 10 Jahren ist Hans-Christoph Kürn in Personalmarketing und -recruiting aktiv. Heute zeichnet er bei Siemens verantwortlich für das E-Recruiting, für Social Media, Employer Brand und Webpräsenz.

Kürn gilt als einer der profiliertesten Personalmarketer und als Visionär. Als einer der Ersten erkannte er die Möglichkeiten des Word Wide Web und nutzte sie für das Personalmarketing. Er ist ein gefragter und gern gesehener und gehörter Redner und macht sich laufend Gedanken zur Entwicklung im Recruiting. Auch privat nutzt der vielseitig Interessierte die Möglichkeiten neuer Kommunikationsmittel und von sozialen Medien. Dass selbst sein Auto eine eigene IP-Adresse hat, erstaunt dabei kaum mehr.

Literatur

Gebauer, M. (2005). Spiegel online. http://www.spiegel.de/politik/deutschland/visa-ausschuss-schilys-lahme-show-a-365351.html

Karasek, H. (2008). *Vom Küssen der Kröten und andere Zwischenfälle* (S. 41). Hamburg: Hoffmann und Campe.

Kieser, A. (2012). *Magazin Human Resources Manager, 2012/2013*, 52

Lundin, S., Paul, H., & Christensen, J. (2001). *Fish! Ein ungewöhnliches Motivationsbuch*. Redline Wirtschaft (S. 86). Wien: Ueberreuter.

NZZ am Sonntag, 30. Juni 2013. Zürich: Verlag Neue Zürcher Zeitung

Peters, T. (2011). *The little big things* (S. 257). Offenbach: Gabal.

Wüthrich, H., Osmetz, D., & Kaduk, S. (2009). *Musterbrecher* (S. 269 f.). Wiesbaden: Springer Gabler Verlag.

Zschiesche, A., & Errichiello, E. (2013). *Marke ohne Mythos* (S. 121). Offenbach: Gabal.

Teil II
Können

Einleitung: Frische Ideen für Personalmarketing und Employer Branding

Jörg Buckmann

Frische Ideen rund um die Personalgewinnung basieren auf der richtigen Einstellung – auf Frechmut. Das allein reicht aber noch nicht, einverstanden. Es braucht auch Können und Know-how, um daraus richtig gute Vorgehensweisen, Instrumente, Konzepte und Ideen zu entwickeln. Ideen, die bei den Zielgruppen ankommen und zur Einstellung der gesuchten Talente führen.

Auf den folgenden Seiten stellen Ihnen 13 Fachleute ihr geballtes Fachwissen zur Verfügung und verraten Ihnen, wie Sie deren Konzepte für Ihre frechmutige Personalgewinnung einsetzen können.

Die ersten Erfolgsbeispiele beginnen bei der Frage nach der Positionierung, den Werten der Arbeitgebermarke und ihrem Versprechen an künftige und bestehende Mitarbeiterinnen. Der Faktor Mensch zählt in der Personalgewinnung immer mehr. Er gibt dem Unternehmen ein Gesicht, Kontur und lädt es mit Emotionen auf. Und letztlich werden die Mitarbeiterinnen in knappen Arbeitsmärkten auch als Botschafterinnen unentbehrlich.

Darauf basierend werden die Hausaufgaben im Personalmarketing gemacht. Es geht um die eigene Karriere-Webseite, dem zu Hause in der Personalwerbung. Um richtige Online-Stellenanzeigen und um Video – und somit darum, die Möglichkeiten des Web 2.0 endlich zu nutzen. Dazu gehört auch der starke Trend hin zur mobilen Nutzung dieser Services.

Nach der Pflicht dann die Kür: Die Nutzung von Social Media – in virtuellen Plattformen und im „richtigen" Leben steht im Mittelpunkt. Es geht um den Nutzen von Blogs als Kommunikationsdrehscheibe im Arbeitgeberauftritt und in der Personalwerbung. Und letztlich geht es darum, das Ganze GROSS zu denken und die unterschiedlichen Kanäle wirkungsvoll zu kombinieren.

Jörg Buckmann ✉
Sonnenbergstraße 8, 5408 Ennetbaden, Schweiz
e-mail: joerg.buckmann@gmail.com

J. Buckmann (Hrsg.), *Einstellungssache: Personalgewinnung mit Frechmut und Können*, DOI 10.1007/978-3-658-03700-0_7, © Springer Fachmedien Wiesbaden 2013

Employer Branding: Innen beginnen

Ralf Tometschek

Zusammenfassung

Employer Branding wird leider häufig immer noch als neuer Modebegriff für das gute alte Personalmarketing gesehen: Frische Inserate hier, neuer Karriere-Webauftritt da und ein wenig Facebook obendrauf, fertig. Doch progressiv gedacht, ist Employer Branding vor allem das Halten des Versprechens, wer das Unternehmen als Arbeitgeber ist: Einzulösen an allen Kontaktpunkten im gesamten Lebenszyklus der Bewerber bzw. Mitarbeiter. Wesentlich ist daher das interne Employer Branding: Denn nur wer innen beginnt, das Arbeitgeber-Versprechen zu leben, kann nach außen strahlen. Am Beispiel der TPA Horwath zeigen sich alle wesentlichen Schritte, die ein Unternehmen gehen kann, um zu einer modernen Employer Brand zu werden.

Was heißt hier eigentlich Employer Branding?

Employer Branding wird in vielen Unternehmen leider immer noch als neuer Modebegriff für das gute alte Personalmarketing gesehen. Halten Sie es etwa auch noch damit? Frische Inserate hier, neuer Karriere-Webauftritt da und ein wenig Facebook obendrauf – passt schon. Vorsicht: Falle!

Achtung – Definition: Progressiv gedacht, ist Employer Branding vor allem das Halten des Versprechens, wer Sie als Arbeitgeber sind. Und zwar das Versprechen sowohl an Bewerber als auch in logischer Folge an alle Mitarbeiter, die schon für Sie arbeiten. Einzulösen an allen Kontaktpunkten im gesamten Lebenszyklus Ihrer Bewerber beziehungsweise Mitarbeiter:

Ralf Tometschek ✉
Identitäter, Mariahilferstraße 119, 1060 Wien, Österreich
e-mail: ralf.tometschek@identitaeter.at

J. Buckmann (Hrsg.), *Einstellungssache: Personalgewinnung mit Frechmut und Können*, DOI 10.1007/978-3-658-03700-0_8, © Springer Fachmedien Wiesbaden 2013

KONTAKTPUNKTE = KNACKPUNKTE

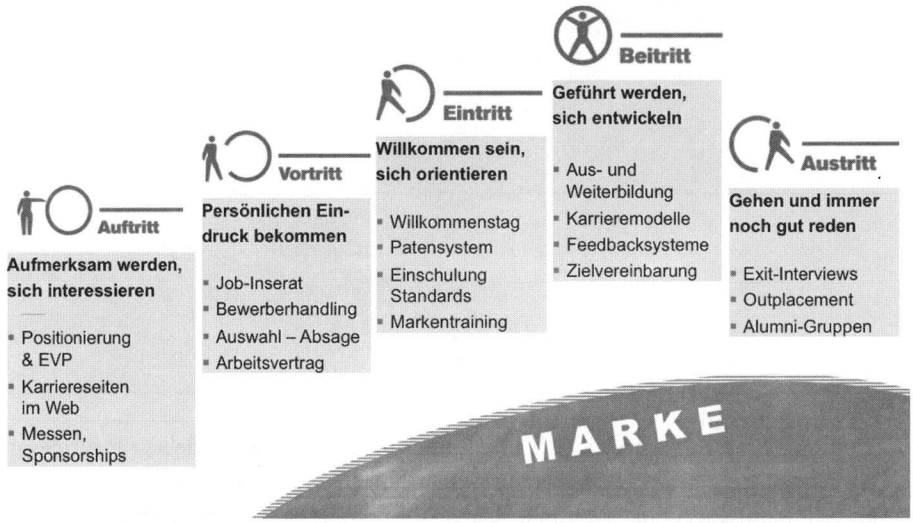

Abb. 19 Kontaktpunkte, die zu Knackpunkten werden – hält das Arbeitgeberversprechen, was es verspricht? (Quelle: IDENTITÄTER)

- vom Personalmarketing bis zum Recruiting,
- vom Onboarding über die Mitarbeiterentwicklung und Karrierewege
- bis zum Ausscheiden des Mitarbeiters.

Ja selbst darüber hinaus, wenn Sie etwa Ehemaligen-Stammtische organisieren oder unterstützen. Denn natürlich sind auch Ihre Ex-Mitarbeiter im besten Fall wertvolle Fürsprecher Ihres Unternehmens (Abb. 19).

Employer Branding – logische Entwicklung in der Markengeschichte

Die genannte Definition zeigt Ihnen auch die Entwicklung, die das Phänomen Marke generell über die Jahre durchgemacht hat: Nach den Herstellermarken der 50er und den noch stark durch die Werbung geprägten Markenpersönlichkeiten der 70er und 80er dominieren heute starke Unternehmensmarken, die in einer globalen, oft austauschbaren Waren- und Dienstleistungswelt den entscheidenden Sympathie-Unterschied machen. Für Kunden wie für Bewerber. Auch deshalb, weil die Unternehmensgrenzen sich durch die moderne Kommunikation immer mehr öffnen und Kunden wie Bewerber ein transparenteres Bild ihrer Unternehmenskultur bekommen.

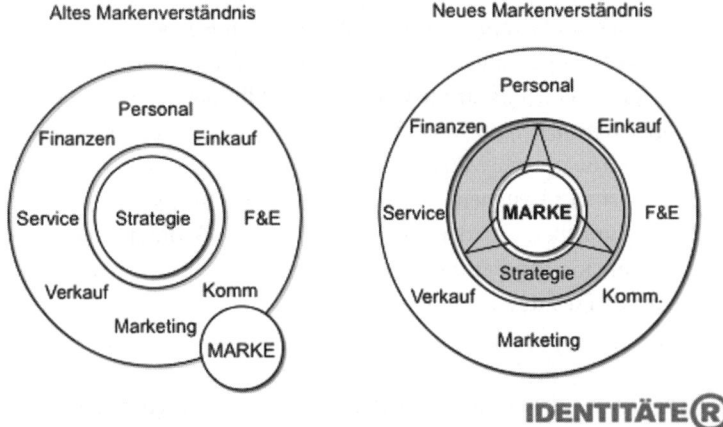

Abb. 20 Alle sind Markenbotschafter – ob Einkauf, ob Service, ob Personal … (Quelle: Hrsg. Krobath und Schmidt 2010, S. 32)

Das umfassend gedachte Prinzip des Employer Branding setzt also auf der Unternehmensmarke auf. Wichtig dabei: Die Arbeitgebermarke ist keine eigenständige Marke neben der Marke. Denn Marke ist und bleibt unteilbar. Employer Branding ist nur die Perspektive auf die Marke als Arbeitgeber, die Arbeitgeber-Positionierung.

Wem gehört eigentlich die Marke?

Sie kennen das: Es wird gefragt, wo denn ein bestimmtes Thema im Unternehmen eigentlich anzusiedeln sei. Und nicht selten eifern innerhalb einer Organisation dann Hierarchien und Bereiche darum, wer denn nun dafür wirklich prädestiniert ist. Beim Thema Marke schien das lange Zeit klar zu sein: Irgendwo in Marketing, Werbung oder Kommunikation – dort gehört die Marke hin. Nicht mehr!

„new school" – die Marke als emotionaler Leitstern
Marke nur im Sinne von Logo und Kampagne zu sehen, ist längst „old school". Erfolgreiche Unternehmen rücken die Marke heute aus der Peripherie der Marketing- oder Werbeabteilung ins Zentrum ihrer strategischen Überlegungen. Marke wird damit zur Chefsache, Marke wird damit aber vor allem zum emotionalen Leitstern und Gradmesser für alle im Unternehmen, selbst für die Chefs. Denn was ist Marke? Marke ist vor allem ein Versprechen, das von allen im Unternehmen gehalten werden will – nach innen, wie nach außen. Und die Positionierung als Arbeitgeber ist dafür eine wichtige Perspektive (Abb. 20).

Mitarbeiter als Markenbotschafter und „Verteidiger des Glaubens"

Die Antwort auf die Frage, wem denn nun die Marke im Unternehmen gehöre, lautet also: Die Marke gehört allen im Unternehmen. Jedem einzelnen Mitarbeiter, der als solcher für diese Marke steht – bei seinen Kollegen, bei den Kunden. Jeder Mitarbeiter ist Markenbotschafter, allen voran die Führungskräfte in ihrer Vorbildfunktion. Jeder im Unternehmen ist IDENTITÄTER, der mit seinen Taten die Identität der Marke prägt.

Denken Sie mal darüber nach: Mitarbeiter wie Chefs – sie kommen und gehen, die Marke aber bleibt noch länger bestehen. Daher fordert Adam Morgan in seinem Buch „The Pirate Inside" wohl zurecht, dass jeder im Unternehmen das Wohl der Marke vor alles andere stellen müsse, auch wenn das „von oben" nicht immer gerne gesehen wird (Morgan 2004, S. 9). Frechmut? Frechmut!

Employer Branding – 20 % Außenmarketing, 80 % Kulturarbeit

Zusammengefasst: Employer Branding ist mehr als nur das außenorientierte Personalmarketing. Mit diesem tragen Sie zwar das Arbeitgeberversprechen in die Welt und zeigen mit Ihrem Auftreten und Ihren Angeboten bereits, dass es hält. Wesentlich ist aber das Halten des Arbeitgeberversprechens im Unternehmen, beim Mitarbeiter: Ob Sie dann Internes Employer Branding dazu sagen, Internal Branding oder Internes Marketing – tausend Rosen! Es gilt: Machen macht den Unterschied.

Welches Versprechen steckt in Employer Branding?

Es ist nicht zu viel versprochen, wenn man sagt: Leben Sie Employer Branding wie eben definiert, wirkt es sich langfristig positiv auf Ihr Unternehmen aus. Denn wenn Sie eine Employer Brand entwickeln, umsetzen und messen, dient das vor allem auch dem bewussten Gestalten der Unternehmenskultur und leistet damit einen wesentlichen Beitrag zu Markenwert, Image und Erfolg. Dreh- und Angelpunkt ist also die Kultur – die von Mitarbeitern weltweit regelmäßig in Befragungen zu wichtigen Faktoren für die Arbeitgeberattraktivität zur absoluten Nummer Eins gewählt wird – noch vor dem lieben Geld.

Wenn Sie Ihre Arbeitgeberpositionierung auch konsequent nach innen leben, dürfen Sie sich unterschiedliche positive Effekte erhoffen. So bestätigen Mitarbeiter von Unternehmen mit einer umfassenden Employer-Brand-Strategie, dass sich ihre Identifikation gestärkt und die Zufriedenheit verbessert hat. Das wiederum stärkt die Bindung und Loyalität dieser Mitarbeiter, deren Know-how im Unternehmen gehalten werden kann.

Gelebte Kultur ist auch gut für die Kasse

Die langfristige Investition ins Entwickeln der Mitarbeiter sieht einen höheren Return On Investment, zusätzlich werden die Kosten durch geringere Fluktuationsraten und niedrigere Krankenstandszahlen gesenkt. Gleichzeitig steigert sich durch die Identifikation das Commitment zu Vision, Werten und Zielen des Unternehmens, was auch eine stärkere Motivation und bessere Arbeitsergebnisse verspricht.

Attraktive Arbeitgeber ziehen auch vermehrt potenzielle Mitarbeiter an, die Auswahl an qualifizierten und kulturell zum Unternehmen passenden Mitarbeitern erhöht sich. Stichwort: cultural fit. Viele Unternehmen berichten davon, dass sich der Gesamtaufwand des Personal-Beschaffungsprozesses deutlich senkt.

Wie kann man Employer Branding „innen beginnen"?

Alle Theorie ist grau, Farbe gewinnt sie allein in der Praxis. Daher erfahren Sie hier in Form einer best practice, wie es gehen kann – denn: Jedes Unternehmen tickt anders, Ihres sicher auch. Das Fallbeispiel bietet Ihnen aber sicher einige Anregungen, die Sie sehr leicht für Ihre Arbeit übernehmen oder abwandeln können.

TPA Horwath – auf dem Weg zu einem starken Employer Branding

TPA Horwath ist ein Steuerberatungs- und Wirtschaftsprüfungsunternehmen in Österreich sowie in Mittel- und Südosteuropa. Die TPA Horwath Gruppe erstreckt sich neben Österreich über zehn weitere Länder und beschäftigt rund 1000 Mitarbeiter. Ihre Dienstleistungen umfassen Steuerberatung, Wirtschaftsprüfung und Unternehmensberatung.

Mitte 2011 beschließt die Unternehmensleitung, im Personalmarketing neue Schritte zu gehen. Die zu diesem Zeitpunkt erst vor kurzem ins Unternehmen eingestiegene neue HR-Leiterin, Elisabeth Triebert, ruft mich an. Auch sie schätzt den Ansatz „innen beginnen" und will ihn gemeinsam mit mir als externen Berater umsetzen.

Wo beginnen, mit „innen beginnen"? Beim Commitment der Führung.

Da das Employer Branding mit dem Commitment der Unternehmensleitung steht und fällt, ist der erste Schritt das Gespräch mit den Chefs. Nur wenn diese überzeugt sind, dass sich die zeitliche und monetäre Investition lohnt und wenn sie ihre Vorbildrolle wahrnehmen wollen, dann ist ein Projektstart sinnvoll. Ob der Leidensdruck durch den bereits bestehenden Mangel an Fach- und Führungskräften der letzte Auslöser für die „Go-Decision" ist oder die zutiefst persönliche Überzeugung, dass Marke der neue Kompass für erfolgreiche Unternehmensstrategien ist – geschenkt. Aber hinter dem Prinzip und der Umsetzung muss die Führung stehen. Punkt.

Bei TPA Horwath bedeutet dies: Gemeinsam mit Elisabeth Triebert präsentiere ich Mitte 2011 die Bedeutung des Themas, den Nutzen fürs Unternehmen, die Marke und anhand früherer Case Studies auch plakative Beispiele zum Prozess. Publikum: Die 20 österreichischen Partner und mehrere Partner der Central Eastern Europe (CEE)-Töchter. Abschließend geben wir dem Management einen Ausblick zum gedachten Prozess sowie den Zeit- und Kostenrahmen. Nach kurzer Zeit erhalten wir grünes Licht.

Fokusgruppen – niemand kennt das Unternehmen besser als die Mitarbeiter

Der nächste Schritt beim „innen beginnen" liegt nahe: Wir gehen auf die Menschen zu, die das Unternehmen aus vielen Perspektiven von innen heraus gut einschätzen können – die Mitarbeiter. Selbstverständlich kann man dazu bestehende interne Informationen sichten wie etwa Mitarbeiterbefragungen, Onboarding-Interviews, Exit-Interviews. Das ist eine erste gute Mischung aus quantitativen und qualitativen Ergebnissen. Leider sind sie in diesem Umfang nicht immer in Unternehmen vorhanden.

Mein liebstes Instrument, um für eine Arbeitgeber-Positionierung den roten Faden des Positiven aus Mitarbeitersicht einzufangen: Fokusgruppen. Warum? Weil sich hier Mitarbeiter vor einem externen Moderator öffnen und authentisch wiedergeben, wie sie das Unternehmen Tag für Tag erleben, was sich gewandelt hat seit dem Bewerbungsgespräch, wo sie Stärken und Schwächen der Marke und des Arbeitgebers sehen und viele Dinge mehr.

Die richtigen Zielgruppen für Fokusgruppen auswählen

Wesentlich ist die Zusammensetzung der Fokusgruppen: Stellen Sie sicher, dass die für Ihr Unternehmen strategisch wichtigen Mitarbeitergruppen genauso vertreten sind wie die Engpassfunktionen. Einen guten theoretischen Einblick dazu gibt Ihnen Armin Trost, wenn er Zielgruppen fürs Talent Management beschreibt (Trost 2012). Generell kann natürlich ein Querschnitt aller Mitarbeiter in den Fokusgruppen Platz finden.

TPA Horwath – Kernzielgruppe junge Talente

TPA Horwath nennt seine Junior Consultants als eine der Hauptzielgruppen. Das sind Mitarbeiterinnen und Mitarbeiter, die weniger als drei Jahre im Unternehmen sind. Da diese in Österreich meist nach drei Jahren die Prüfung zum Steuerberater ablegen, kommt es danach immer wieder auch zu einer beruflichen Neuorientierung im Sinne eines neuen Arbeitgebers. Die „Lehrjahre" sind nun vorbei, man packt die Gelegenheit beim Schopf und sieht sich einmal um, wen es sonst noch so gibt als Arbeitgeber. Hier zählt besonders bei den Talenten dann ein hoher Bindungsgrad an die Marke TPA Horwath.

Weil Firmen schlanke Prozesse schätzen, versuche ich so gut es geht, bestehende Formate für die Zielgruppen-Befragung zu nutzen. Im Falle TPA Horwath schlägt Frau Triebert vor, ein turnusmäßiges Treffen zu nutzen, das alle zwei Jahre für die Junior Consultants ausgerichtet wird. Das Treffen kurz umrissen: An drei Tagen treffen sich diese zum länderübergreifenden Austausch zur inhaltlichen Entwicklung ihrer Kompetenzen. Dieses Mal ist als Ort der Plattensee in Ungarn vorgesehen. Im Juli 2011 treffen sich die Juniors dort, um unter anderem ein Planspiel in verschiedenen Gruppen durchzuspielen. Die restliche Zeit verbringen sie abwechselnd in unseren Employer-Branding-Fokusgruppen, in denen wir die jungen Talente zu TPA Horwath als Arbeitgeber befragen – durchgängig englischsprachig, damit keine babylonische Sprachverwirrung aufkommt.

Fokusgruppenergebnisse – ein erster roter Faden

Ich konzentriere mich in den Fokusgruppen eher auf Fragen, die nach dem Positiven suchen – ich leite diesen Gedanken aus der Methode der Wertschätzenden Befragung ab (Appreciative Inquiry). Wollen wir doch eine Positionierung finden, die dem Bewerber Vorteile und Nutzen näherbringt. Dennoch: Auch die Schwächen haben ihren Platz, etwa bei der klassischen offenen Anfangsfrage: „Wo sehen Sie die Stärken und Schwächen des Unternehmens, der Marke, als Arbeitgeber?" Weitere Fragen beziehen sich auf Themen wie Eigen- und Fremdimage des Unternehmens oder auf die für die Unternehmens- und Arbeitskultur typischen Denk- und Handlungsweisen. Wesentlich scheint mir dabei, die Diskussion der Mitarbeiter untereinander zuzulassen und sich nur manchmal mit vertiefenden Fragen einzubringen – etwa, wie gewisse Aussagen genau gemeint wären oder welche Gefühle im Spiel sind. Gut, wenn man wie ich im Projekt bei TPA Horwath zusätzlich professionelle Projektpartner an Bord hat, Gerd Beidernikl und Silvia Rechberger, Spezialisten für Marktforschung im HR-Bereich, haben mich unterstützt.

Erste Ahnung: TPA Horwath – das rasche Wirksamwerden des Einzelnen

Die Stärken kanalisieren wir zu ersten Korridoren von Richtungen, in die eine Arbeitgeber-Positionierung laufen könnte. Die Schwächen nehmen wir als Anregung auf – vor allem, um für das Projekt Employer Branding auch zu „quick wins" zu kommen. Mitarbeiter honorieren das und wissen, dass manches an Verbesserungsvorschlägen schneller umzusetzen ist und manches eben erst längerfristig.

Bei TPA Horwath kristallisiert sich schon in den Fokusgruppen mit den Junior Consultants ein positives Muster heraus: Das schnell eigenständige und verantwortungsvolle Arbeiten eines neuen Mitarbeiters im Vergleich zur stark angeleiteten Arbeit bei einem der multinationalen Großbetriebe der Branche. Die Ergebnisse der länderübergreifenden Fokusgruppen mit den Juniorberatern decken sich weitestgehend mit denen weiterer Fokusgruppen, die wir noch in Österreich mit Senior Consultants und weiteren Zentralfunktionen regional durchmischt durchführen. Bei den Schwächen zeichnet sich vor allem Verbesserungspotenzial in der internen Kommunikation und der Führungsarbeit ab.

Zwei Positionierungs-Workshops mit der Projektgruppe

Alle Ergebnisse fließen anschließend in die Diskussion mit dem Management ein. Zunächst als Ergebnispräsentation im ersten von zwei Workshops im September 2011, die wir mit dem Projektteam durchführen. In dieser Gruppe sind auf Partnerebene die beiden österreichischen Projektsponsoren sowie weitere Auslandspartner dabei und zentrale Funktionen wie Marketingleitung und natürlich Frau Triebert als HR-Leiterin. Beide Workshops werden in englischer Sprache gehalten, der zweite zum Teil mit Video-Konferenz in einige CEE-Länder.

Die Fokusgruppenaussagen werden erst reflektiert, nachdem die Führungscrew der Projektgruppe selbst ähnliche Fragen zu den Kernstärken und Schwächen beantwortet hat. Sie können sich vorstellen: Hier gibt es schon einmal etwas Diskussionsbedarf, vor allem, wenn sich das Selbstbild von Management und Mitarbeitern unterscheidet. Im Projekt bei TPA Horwath ergeben sich wenig abweichende Einschätzungen, eher eine Bestätigung des Erfolgsmusters aus Mitarbeitersicht. Ergänzend greifen wir bei TPA Horwath noch auf eine Fremdstudie zurück, die das Unternehmensbild in der Kernzielgruppe der Studenten hinterfragt, um auch das Außenbild abzugleichen.

Positionierung – die Employer Value Proposition (EVP)

Was macht ein gutes Arbeitgeber-Versprechen aus? Aus meiner Sicht sind es drei wesentliche Kriterien, die Sie beachten sollten:

Cultural Fit – spiegelt die Kernaussage Haltung und Werte des Unternehmens?
Authentizität & Ambition – nicht mehr versprechen, als man glaubhaft halten kann.
Klischeebruch – hilft das Versprechen, alte Vorurteile zu durchbrechen?
Die kulturelle Passung der Mitarbeiter gewinnt immer mehr an Bedeutung. Bekannt geworden sind Stehsätze wie: „Culture eats strategy for breakfast" oder vielleicht noch treffender „Hire for attitude, train for skills". Wir können Mitarbeitern neue Fähigkeiten leichter beibringen als neue Grundeinstellungen im Leben und zur Arbeit.

Soll das Versprechen nur Bestehendes umfassen, um authentisch zu wirken? Aus meiner Erfahrung kann man durchaus auch in die Zukunft weisen mit dem Arbeitgeber-Versprechen. Voraussetzung: Sie können zumindest das eine oder andere Pilot-Projekt, „Leuchttürme", für die geplante Veränderung vorweisen.

Und schließlich der Bruch mit alten Vorurteilen: Viele Unternehmen tragen alte Images wie einen Rucksack mit sich herum, obwohl sie intern längst auf der Höhe der Zeit agieren. Klischees eben, die über viele Jahre in der Öffentlichkeit und damit auch beim Bewerber entstanden sind. Sind keine Klischees zu überwinden? Mit welchem Thema können Sie dann überraschen?

Zumindest zwei dieser drei Kriterien sollten in einer EVP stecken.

Wer sind wir als Arbeitgeber – worin sind wir relevant anders als die anderen?

Die Workshops mit der TPA Horwath Projektgruppe behandeln die oben genannten drei Themen auf der Basis aller bisher vorliegenden Einschätzungen und denen der Projektgruppe selbst: Cultural Fit, Authentizität & Ambition sowie Klischeebruch. Die Manager durchlaufen dabei einige strategisch-kreative Übungen, mit denen wir Kernstärken herausarbeiten. Unter anderem verwenden wir dazu den Kano-Raster. Diese Methode hilft uns, zwischen Hygiene-Faktoren, Leistungseigenschaften und entscheidenden Begeisterungsfaktoren zu unterscheiden. Auch nach dieser Übung zeigt sich bei TPA Horwath wieder der rote Faden:

informieren   involvieren   inspirieren

Abb. 21 Mit den drei Erfolgskriterien, verbunden mit Piktogrammen, definieren wir ein prägnantes Markenbild, das die TPA Horwath Unternehmenskultur beschreibt (Quelle: TPA Horwath)

Kern des Versprechens ist demnach das Thema des „personal impact", wie bereits durch die Ergebnisse aus den Fokusgruppen skizziert. Bei TPA Horwath fühlen sich Mitarbeiter nicht als „kleine Rädchen" in einem großen Getriebe, sondern als wichtigen Teil des Unternehmens – jeder findet hier das Ergebnis seiner eigenen Tätigkeit im Gesamtergebnis wieder. Unterstützend zu dieser Employer Value Proposition (EVP) des „personal impact" entwickeln wir drei Erfolgskriterien, die TPA Horwath ausmachen (Abb. 21).

Informieren: Zum Kunden hin beschreibt das die Hauptleistungen: Prüfen & beraten – für sinnvolle Kundeninformationen. Informieren nach innen meint: Sinnvolle interne Kommunikation, die das Geschäft stützt und die Unternehmenskultur entwickeln hilft.

Involvieren: Je mehr sich TPA Horwath Mitarbeiter beim Kunden involvieren, desto mehr und sinnvollere Informationen können sie ihm geben und das Geschäft mit ihm ausbauen. Involvieren nach innen: Je mehr es gelingt, die Mitarbeiter in die Ziele und Strategien zu involvieren, desto besser werden ihre Talente entwickelt.

Inspirieren: Die Informationen, die TPA Horwath den Kunden aufbereitet, müssen so gut sein, dass die Kunden in ihrer Geschäftsstrategie bzw. Organisation inspiriert werden. Inspirieren nach innen: Je mehr TPA Horwath für Inspiration bei Führungskräften und Mitarbeitern sorgt, desto bessere Markenbotschafter werden diese bei Kunden und möglichen Bewerbern bzw. Talenten sein.

Im November 2011 präsentiert die Projektgruppe den EVP-Vorschlag und die drei Erfolgskriterien als Basis der Arbeitgeber-Positionierung an die Partner und erhält kurze Zeit später die Freigabe.

Alle Führungskräfte ins Boot holen – in einem Raum, an einem Tag

Ich nutze gerne die Energie der Großgruppe, um das Neue ins Unternehmen zu bringen. Und so liegt es nahe, dass ich als nächsten Schritt nach dem Entwickeln der Arbeitgeber-Positionierung einen Großgruppentag für alle Führungskräfte im Unternehmen vorschlage. Die Erfahrung zeigt: Nur, wenn alle Führungskräfte im Boot sind und zu ihrer Vorbildrolle stehen, wird der wichtige interne Teil des Employer Brandings greifen. Frau Triebert von TPA Horwath sieht das genauso und lädt mich ein, einen solchen Tag für ihre Führungsgruppe zu gestalten und zu moderieren. Er soll im März 2012 stattfinden. Teilnehmer: 75 Partner und Führungskräfte, die in dieser Konstellation auch zum ersten Mal einen Tag miteinander verbringen. Wichtig: Vertreter aus den CEE-Ländern sind als Gäste dabei, um ein ähnliches Format im eigenen Land anzuregen und durchzuführen. In der Programmgestaltung wirkt sich das zum Beispiel so aus: Am Vormittag, der überwiegend der Präsentation des neuen Employer Brandings und dem Feedback-Geben dazu gewidmet ist, sitzen die Partner noch an eigenen Tischen. Am Nachmittag, der sich um Führungsleitlinien und Ideenfindung sowie Maßnahmenplanung dreht, mischen wir die Partner dann unter die Führungskräfte. So kann pro Tisch ein Tischsprecher offen Feedback geben, ohne dass sich einzelne Führungskräfte im Detail vor den Partnern äußern müssen. Und so können die Führungskräfte bei der Diskussion um Führungsleitlinien und Umsetzungsideen fürs Employer Branding unbeschwert Tuchfühlung mit den Partnern aufnehmen.

Ein Tages-Auftakt als erste Intervention – Stimmen aus dem Hintergrund

Der Employer Branding-Day, so der offizielle Veranstaltungstitel, beginnt dann überraschend: Mit Stimmen aus dem Hintergrund, die vom Band kommen. Diese Stimmen stehen für die Fragen, welche die unsere gerade angekommenen Führungskräfte wohl beschäftigen, während sie gerade dasitzen und auf den Beginn warten: Von „Auf welches Zeitverrechnungskonto schreibe ich diesen Tage jetzt eigentlich?" über „Ach, der Meier trägt Krawatte, hätte ich doch auch eine nehmen sollen?" bis zu „Was ist denn bitte dieses Employer Branding jetzt eigentlich – haben wir nicht andere Probleme?".

Die Intervention trifft ins Schwarze, schon bei den Fragen kommt gute Stimmung auf, die Führungskräfte fühlen sich abgeholt in ihrer Rolle und es wird honoriert, dass neben einem neuen Format der Großgruppe dabei auch gleich Raum für ein augenzwinkerndes Miteinander geschaffen wird. Die aufgeworfenen Fragen beantworten dann die beiden projektverantwortlichen Partner von TPA Horwath, die ich dazu zu Beginn in lockerer Interview-Form befrage.

Chance zum Feedback, ohne die Strategie in Frage zu stellen

Für die Einstimmung zum Thema Employer Branding sorgt mein kurzer Impulsvortrag, danach präsentiert einer der beiden verantwortlichen Partner das neue TPA Horwath Employer Branding. Sofort daran schließt eine Feedback-Runde an. Die Teilnehmer sitzen an runden 10er-Tischen, auf denen weiße Papier-Tischtücher angebracht sind. Auf diese schreibt jeder Teilnehmer nun mit grünem Stift, was ihm an der Strategie gefällt, womit er einverstanden ist. Mit rotem Stift schreibt er aufs Tischtuch, wo er noch Stolpersteine sieht auf dem Weg zum Ziel. Ein Tischsprecher, den jeder Tisch wählt, sammelt dann die Tischmeinungen und präsentiert diese im Dialog mit mir als Moderator (Abb. 22).

Führungsrichtlinien

Der zweite Teil des Tages dient dazu, mit den drei Erfolgskriterien, die bald als die drei „i" in den unternehmenseigenen Sprachgebrauch eingehen, die Diskussion zu konkreten Führungsleitlinien anzuregen. Ziel: Einfache „Ich" Sätze, die beschreiben, was man als Führungskraft machen kann, um gut zu informieren, zu involvieren und zu inspirieren. Die acht Tischgruppen mischen sich dazu neu durch und jede Gruppe kommt mit je einem Flipchart zu jedem der drei „i" zurück ins Plenum. Nach kurzer Präsentation und Diskus-

Abb. 22 Die TPA-
Führungscrew in intensiver
Diskussion zum neuen Em-
ployer Branding (Quelle: TPA
Horwath)

sion beziehungsweise dem Klären von Verständnisfragen verabschieden wir die Skizzen
als gute Grundlage für einen professionell gestalteten Entwurf von zehn klaren Führungsrichtlinien. Dieser wird später mit Partnern und Führungskräften in einer Feedbackschleife
abgestimmt und freigegeben.

Ideenforum für die Umsetzung des neuen Employer Brandings

Letzter Punkt des Tages ist ein Brainstorming für kurz-, mittel- und langfristige Ideen
zur Umsetzung des neuen Employer Brandings. Auch hier arbeiten die gemischten Gruppen aus Partnern und Führungskräften weiter, eine Plenumspräsentation mit einer kurzen
Feedback-Session der projektverantwortlichen Partner schließt diesen Teil ab. Nach einer
Skalenaufstellung zum Verdeutlichen des individuellen Commitments der Führungskräfte
schließt der erste Employer-Branding-Day bei TPA Horwath. Auftrag an die Führungskräfte: Die neue Positionierung zu den Mitarbeitern tragen und gemeinsam mit ihnen Ideen
für das Verankern in der Unternehmenskultur suchen – innerhalb einer definierten Frist.

Führungskräfte informieren, involvieren und inspirieren die Mitarbeiter

Die Führungskräfte nehmen diese Verantwortung in ihren Abteilungen dann auch wahr.
Sie präsentieren die neue Positionierung und laden die Mitarbeiter gleich zu einem ersten
Brainstorming ein. Zentrale Frage: „Was können wir in unserer Abteilung tun, um besser zu
informieren, involvieren und inspirieren?". Sie präsentieren den Mitarbeitern in der Folge
auch die Führungsleitlinien, die Führungskräfte wollen sich an den zehn Sätzen messen lassen. Daher sind diese ab diesem Zeitpunkt auch im Intranet zur Erinnerung veröffentlicht.
Später gibt es „Goodies" wie Kaffeetassen mit den drei „i", die jeweils mit den Mitarbeiter-
Vornamen personalisiert sind und Schlüsselbänder mit den Piktogrammen der drei „i". Die
Bereiche beziehungsweise Abteilungen setzen in eigenem Ermessen Maßnahmen um und
melden ihre Erfolge dabei an die Unternehmensleitung zurück. Die ersten Erfolge und besten Maßnahmen werden intern kommuniziert, um weitere Ideen anzuregen.

Frau Triebert analysiert mit ihrem HR-Team zum Beispiel alle Personalprozesse nach den drei „i" und adaptiert sie bei Bedarf – die Mitarbeitergesprächsbögen beispielsweise werden sogar komplett erneuert. So wird das Thema Führung stärker berücksichtigt – im Gespräch gibt es jetzt ein konkretes Führungsfeedback, das sich auf die Führungsrichtlinien bezieht. Ebenso überarbeitet das HR die Gesprächsleitfäden für Exit-Interviews. Im Intranet entsteht eine eigene Rubrik „Personal", in der HR-Themen besser und prominenter kommuniziert werden. In jeder Unternehmensrede (zum Beispiel bei der Weihnachtsfeier, Tagungen etc.) wird auf die drei „i" Bezug genommen. Im Oktober 2013 findet die erste unternehmensweite Mitarbeiterbefragung statt, um die Mitarbeiter noch mehr zu involvieren. Am Junior Consultants-Event 2013 gibt es einen Kulturworkshop zu den drei „i".

Auch die CEE-Länder implementieren die neue Positionierung, einige davon gestalten einen Employer Branding Day nach dem Vorbild der Veranstaltung in Österreich. Andere wählen eigene Formate, um die 3 „i" vorzustellen und Prozesse in den Abteilungen eventuell neu zu organisieren.

Nach dem „innen beginnen" folgt der externe Roll out

Erst nachdem die Positionierung intern kommuniziert und integriert ist, folgt die Umsetzung im klassischen Personalmarketing an Bewerber – etwas mehr als ein Jahr später. Das Arbeitgeber-Versprechen wird durch die Werbeagentur kreativ übersetzt: Endlich entfalten! Die Key Visuals zeigen dabei Menschen, die sich sprichwörtlich gerade entfalten: Ihr Oberkörper dehnt sich aus, wie bei einer Ziehharmonika. Der Gedanke dahinter: In manchen Unternehmen fühlt man sich kleiner als man tatsächlich ist, bei TPA Horwath ist das anders. Hier kann man sich „endlich entfalten" und ist entsprechend „mehr" beziehungsweise „größer" – das spiegelt das Thema des „personal impact" (Abb. 23).

Das Key Visual wird in verschiedensten Medien umgesetzt:

- Arbeitgeber-Imageanzeigen
- Arbeitgeber-Imagebroschüre
- drei Zielgruppenfolder (Bewerberzielgruppen)
- Messestand
- Roll-ups
- Powerpoint-Präsentationen
- Karriere-Website und Sujets auf Job-Portalen

Der Grundstein für umfassendes Employer Branding ist damit gelegt. Die kommende Mitarbeiterbefragung wird der erste unternehmensweite Gradmesser für die neue Positionierung und die Veränderung der Unternehmenskultur sein.

Abb. 23 Aktuelle Anzeigen-Sujets der Image-Kampagne im Employer Branding von TPA Horwath (Quelle: TPA Horwath)

Eigentlich logisch – Ausstrahlung kann nur von innen kommen

An Stelle eines Fazit ein frechmutiger Appell – nehmen Sie Ihre Rolle als Markenbotschafter aktiv war! Ob Sie in einer HR-Funktion tätig sind oder aus Marketing und Kommunikation kommen: Machen Sie es wie Frau Triebert und beginnen Sie dabei innen. Denn nur, wenn das Top-Management und die Führungskräfte das Arbeitgeber-Versprechen nach Kräften einhalten, wird Ihr Unternehmen langfristig als attraktiver Arbeitgeber gesehen werden. Nur dann werden auch Mitarbeiter neue Mitarbeiter fürs Unternehmen begeistern. Ich wünsche Ihnen dazu viel Kraft und Energie!

Autorenbeschreibung: Ralf Tometschek

Frechmut ist für mich eine starke Ansage, die wie ein guter Markenkern paradox wirkt – indem sie einerseits Zugehörigkeitsgefühl auslöst, aber gleichzeitig auch für Abgrenzung sorgt.

Ralf Tometschek sieht als Markenberater in der Marke einen Werthaltungs-Kompass, an dem sich Unternehmensstrategie und -kultur ausrichten. Fokus: Mitarbeiter als Markenbotschafter entwickeln, damit die Marke von innen strahlt und auch als Arbeitgebermarke attraktiv wird. Nach 15 Jahren Arbeit in der Werbung gründet er 2001 wortwelt® und 2004 IDENTITÄTER® mit – zwei Beratungsmarken, die heute in Österreich als Synonym für Brand Language und Employer Branding stehen.

Kontakt: http://www.xing.com/profile/RALF_TOMETSCHEK

Literatur

Krobath, & Schmidt (Hrsg.). (2010). *Innen beginnen* (S. 32). Wiesbaden: Gabler.

Morgan (2004). *The Pirate Inside, 2004* (S. 9). London: John Wiley & Sons.

Trost (2012). *Talent Relationship Management*. Berlin-Heidelberg: Springer.

Faktor Mensch: Mit dem Teamgedanken werben

Patrick Mollet

Zusammenfassung

Bei allen Diskussionen um Trends im Personalmarketing und die Zukunft des Recruitings geht oft der Faktor Mensch vergessen. Dabei ist man sich eigentlich einig, dass die innere Einstellung eines Mitarbeiters mindestens so wichtig ist wie seine fachlichen Fähigkeiten. Genauso werden aber auch die Teammitglieder vernachlässigt, welche künftig lange Arbeitstage mit dem neuen Kollegen verbringen werden. Man fragt sie nicht, welche Erwartungen sie an den Kandidaten haben, und man nutzt auch ihre beruflichen und privaten Netzwerke nicht, um die passenden Talente zu rekrutieren. Wohin die Reise gehen kann, zeigen erste Beispiele von innovativen Unternehmen.

Wenn heute ein Unternehmen an der Börse mehr wert ist als die Bilanzsumme, dann ist dies durch das Potenzial, das die Anleger im Business sehen, erklärbar. Das Potenzial wird sehr stark durch Intangible Assets wie Rechte, Patente, aber vor allem durch die Marke beeinflusst. Und bei dienstleistungsorientierten Unternehmen ist dies zu einem großen Teil auch der Employer Brand. Dazu gilt es aber, den Employer Brand umfassend zu verstehen:

Es geht im Employer Branding immer um Menschen:

- Unternehmensimage (Reputation)
- Unternehmenskultur (Differentiation)
- Mitarbeitergewinnung (Recruiting)
- Mitarbeiterbindung (Retention)
- Leistung und Ergebnis (Performance)

Anders als bei Starbucks oder Apple kann ich einen Arbeitgeber nicht einfach mal ausprobieren oder testen. Entsprechend wichtig ist das Image dafür, ob ich das Unternehmen

Dr. Patrick Mollet ✉
Eschenring 2, 6300 Zug, Schweiz
e-mail: patrick.mollet@eqipia.com

J. Buckmann (Hrsg.), *Einstellungssache: Personalgewinnung mit Frechmut und Können*, DOI 10.1007/978-3-658-03700-0_9, © Springer Fachmedien Wiesbaden 2013

überhaupt als potenziellen Arbeitgeber in Betracht ziehe. Und dabei ist jeder Mitarbeiter ein eminent wichtiger Markenbotschafter, denn Menschen machen Marken.

Während Produkte zumeist über klare Positionierungen verfügen, ist es für die Arbeitgebermarke viel schwieriger, dem potenziellen Bewerber klar zu machen, was ihn beim Unternehmen erwartet und warum er sich bei genau diesem Unternehmen bewerben soll. Ein zentrales Differenzierungsmerkmal ist somit die Unternehmenskultur. Und wodurch wird diese geprägt und gelebt? Durch die Menschen.

Recruiting ist nur ein Teil, ich muss meine mit viel Aufwand gesuchten, gefundenen, evaluierten und überzeugten Mitarbeiter auch halten können (Retention).

Stimmt alles zusammen, werden Leistung und Ergebnis automatisch maximiert.

Sie werden gemerkt haben, auf was ich hinaus will: Egal welchen Bereich vom Employer Branding wir anschauen, schlussendlich dreht sich alles um die Menschen. Die Menschen, welche bereits für mich arbeiten, und die Menschen, welche ich gerne an Bord hätte.

Das gleiche gilt auch für den Bewerber: Was bringt mir der beste Job, wenn ich mein Team nicht leiden kann? Diese meine Werte nicht teilen? Beziehungsweise ich die Werte des Unternehmens nicht teile?

„Wir riefen Arbeitskräfte und es kamen Menschen"

Umso erstaunlicher ist es aber, dass im Recruiting der Faktor Mensch eigentlich oftmals ausgeklammert wird. Gerade Großunternehmen strukturieren und standardisieren den Bewerbungsprozess immer weiter: Der CV muss über eine mehrstufige, komplexe Erfassungsmaske eingegeben werden, welche möglichst keinen Spielraum für Individualität zulässt. Das erste Screening der Lebensläufe findet dann irgendwo nach einer Checkliste in Indien, Pakistan oder Argentinien statt. Dabei wird zum Beispiel geschaut, welche Abschlussnote erzielt wurde, unabhängig davon, welches Anforderungsniveau und damit welches Renommee die Ausbildungsstätte hat. „Skill-based Recruiting" in Reinform. Vom Schweizer Autor Max Frisch stammt der geflügelte Spruch „Wir riefen Arbeitskräfte und es kamen Menschen", mit dem er zu Zeiten der italienischen Gastarbeiter kritisierte, dass man in ihnen nur die Arbeitsleistung und nicht den Menschen sieht. Im übertragenen Sinn stimmt dies auch heute noch: Neue Mitarbeiter werden analysiert, als ob ein neuer Laptop evaluiert würde, dessen Bildschirmgröße, Prozessorleistung und Akkulaufzeit genau definiert und verglichen werden können. Viel entscheidender ist aber doch, dass ein neuer Mitarbeiter zur Unternehmenskultur und den gelebten Werten passt, oder? Also „Value-based Recruiting".

Ich persönlich hatte bei Vakanzen in den eigenen Unternehmen immer etwas schwammige Jobbezeichnungen. Mir wurde jeweils bewusst, dass wir in einem Bereich eigentlich irgendwie zusätzliche Ressourcen bräuchten. Ich habe mir aber nicht die Mühe gemacht, ein detailliertes Anforderungsprofil geschweige denn ein genaues Tätigkeitsgebiet zu definieren. Entsprechend viele Bewerbungen (mindestens verhältnismäßig) mussten wir anschließend bearbeiten. Hier hätten wir sicher noch sauberer umschreiben müssen, was wir denn von einem Bewerber erwarten. Worauf ich aber hinaus will: Wir haben nicht nur viele Bewerbungen erhalten, ich habe auch immer sehr viele Bewerbungsgespräche geführt. Denn entscheidend war für mich immer primär der Mensch, nur sekundär sein CV. Den CV hatte ich vor dem Erstgespräch oftmals nur überflogen, um ein paar Eckwerte anzuschauen. Viel lieber machte ich mir einen persönlichen Eindruck vom Menschen. Deshalb bin ich auch nicht unbedingt ein Freund von einem Screening per Telefon, denn nur die Stimme ist mir zu wenig aussagekräftig.

Die Erstgespräche dauerten bei mir aber konsequenterweise manchmal auch nur 30 Minuten: Wenn ich merke, dass der Kandidat einfach nicht ins Team und zur Unternehmenskultur passt, muss ich das Gespräch auch nicht aus Höflichkeit auf 1,5 Stunden ausdehnen. Klar, Sie werden nun einwerfen, dass man in 30 Minuten Gespräch kein abschließendes Urteil über den Cultural Fit machen kann. Das ist richtig und trotzdem falsch, denn der Vorwurf stammt von Leuten, die normalerweise Leute aufgrund von 2–3 A4-Seiten mit chronologisch gelisteten Stichworten (genannt CV) aussortieren.

Meine Rekrutierungen orientierten sich am Grundsatz „Hire for Attitude, Train for Skill". Wichtig ist, dass ein Bewerber zum Team und zur Unternehmenskultur passt (oder etwas schöner formuliert: unsere Werte teilt), die fachlichen Fähigkeiten können wir ihm grundsätzlich auch später noch beibringen. Klar, der Web-Entwickler, der Debitorenbuchhalter, der Supply-Chain-Manager müssen ihr jeweiliges Handwerk verstehen. Aber ob einer noch ein zusätzliches Berufsjahr Erfahrung mitbringt oder schon aus der Branche kommt, ist (überspitzt formuliert) sekundär.

> **Beispiele für Value Based Recruiting**

- Das Möbelhaus IKEA hat seinen Rekrutierungsprozess umgestellt: Zuerst müssen die Werte passen und erst in der zweiten Runde schaut man die Ausbildung und Erfahrung an. Und zwar nur noch bei denjenigen Kandidaten, bei denen man überzeugt ist, dass sie zur Unternehmenskultur von IKEA passen.
- Bei Google und Zappos bewerben sich Interessenten im Normalfall nicht auf offene Vakanzen, sondern generell für das Unternehmen. Im Rahmen des Bewerbungsprozesses wird geklärt, wo die Person idealerweise eingesetzt werden kann.
- Die Britische National Skills Academy for Social Care hat festgestellt, dass die hohe Fluktuation im Gesundheitswesen vor allem auf ein fehlendes Werte-Verständnis zurückzuführen ist. Daraufhin hat sie ein Toolkit für das Recruiting von Pflegepersonal basierend auf Werten entwickelt.

Das Team einbeziehen

Nun gilt es aber natürlich zuerst auch einmal zu erkennen, welche Werte man denn bei einem neuen Mitarbeiter sucht. Und welche Werte man ihm quasi als Arbeitsumfeld anbietet. Hat man diese Werte definiert, geht es darum, sie in einer geeigneten Form dem

Bewerber zu kommunizieren, am besten schon beim Erstkontakt auf der Website oder auf der Stellenanzeige. Dies ist natürlich nicht per se etwas Neues, die meisten Unternehmen versuchen im Rahmen ihres Employer Brandings ein Image zu transportieren und die Unternehmenskultur für den Bewerber greifbar zu machen. Deswegen sind ja auch Videos im Personalmarketing so populär, weil sie eben (mindestens theoretisch) ein authentisches Bild vom Unternehmen abgeben. Entsprechend werden da dann reale Mitarbeiter portraitiert, die von ihrem Arbeitgeber schwärmen. Aber ist dies denn wirklich authentisch? Und ist denn dies auch die einzige/beste Möglichkeit, Mitarbeiter in die Rekrutierung einzubinden?

Womit wir beim eigentlichen Thema sind: Warum spielen die Mitarbeitenden und damit das künftige Team des Bewerbers kaum eine Rolle im klassischen Bewerbungsprozess? Der Standard ist immer noch, dass der Bewerber sein künftiges Team erst ganz am Schluss des Prozesses kurz kennenlernt, wenn überhaupt. Unternehmen wie Umantis, wo das Team quasi-demokratisch seinen künftigen Chef selber wählt, sind ganz klar Exoten. Dabei muss doch das Team künftig 40–50 Stunden pro Woche mit dieser neuen Person zusammenarbeiten.

Warum wird denn die Rekrutierung noch immer einfach an das HR delegiert? Der Manager geht zu seinem Personalverantwortlichen, zusammen klären sie die Anforderungen, dann schaltet der Recruiter die immer gleich langweilige und wenig aussagekräftige Stellenanzeige auf und wartet auf die eintrudelnden Bewerbungen. Diese werden dann vorsortiert und der Manager kriegt eine Shortlist von fünf bis zehn CVs. Hat man mit den Teammitgliedern geklärt, welche Erwartungen sie an die künftigen Kollegen haben und welche Eigenschaften dieser mitbringen soll? Hat man mit ihnen definiert, welches ihre Rolle ist beim Suchen und Finden des perfekten Kandidaten? Irgendwie geht man immer davon aus, dass das HR Zugang zu den gesuchten Profilen hat. Doch was macht ein herkömmlicher Recruiter? Er schaltet die Stellenanzeige auf den bewährten Jobbörsen auf und hofft auf die richtigen Bewerbungen – „post & pray" nennen wir das.

Wenn man die Mitarbeiter schon zu Botschaftern (zum Beispiel in Arbeitgebervideos) machen will, warum sie denn nicht auch aktiv in die Rekrutierung einbeziehen? Auch für den Bewerber ist das künftige Team ein entscheidender Faktor. Nochmals meine Frage von oben: Was bringt mir der beste Job, wenn es mit dem Team nicht klappt? Nicht umsonst sagt man ja so schön: „Mitarbeiter wählen einen neuen Arbeitgeber wegen des Jobs, aber verlassen das Unternehmen wegen den Leuten". Bislang war es nur so, dass der Bewerber sich mit dem arrangieren musste, was ihm das Unternehmen aktiv an Informationen anbot und dies war selten etwas zu seinem künftigen Team. Natürlich kann der Bewerber heute auf Xing und LinkedIn nach Profilen von Mitarbeitern im entsprechenden Unternehmen suchen. Aber er sieht immer noch nicht konkret, mit welchen Personen er konkret im Team zusammenarbeiten wird.

Eigentlich sollte man ja meinen, dass mit dem Boom der sozialen Medien von Xing über LinkedIn bis Facebook und Twitter der Faktor Mensch viel wichtiger geworden wäre. Zwar sprechen Berater schnell von authentischer Kommunikation auf Augenhöhe. Aber im Endeffekt treten dann nur die Personalmarketing-Verantwortlichen als Person in Erscheinung und versuchen, dem anonymen Unternehmen ein Gesicht zu geben. Aufgrund vieler Gespräche weiß ich, dass man immer versucht, die Mitarbeiter vor zu vielen Anfragen und Interaktionen mit Bewerbern zu schützen. Dabei wären doch die aktuellen Mitarbeiter die besten Botschafter, die man sich als Arbeitgeber wünschen kann.

Das Team hinter der Stellenanzeige

Während sich also die gesamte Recruiting- und Personalmarketingwelt konstant verändert und laufend neue Tools und Ansätze aufpoppen, blieb ein Element seltsamerweise unangetastet: Die Stellenanzeige. Sie sieht noch immer aus wie vor 50 Jahren und ist eine statische Textwüste nach dem immer gleichen Schema. Dabei ist ja die Stellenanzeige im Normalfall der erste Kontaktpunkt eines Interessenten mit dem Arbeitgeber. Würden Apple oder BMW einem potenziellen Käufer beim Erstkontakt einfach einen langweiligen Flyer mit viel Text und Bulletpoints in die Finger drücken? Wohl eher nicht. Als Arbeitgeber scheint dies aber das Nonplusultra zu sein. Sie werden jetzt einwenden, dass ja dann auf der Karriere-Website mehr Informationen (mehr Text?) zu finden sei. Klar und dort gibt es sicher auch ein paar Stockfotos von jungen, gut aussehenden, glücklich wirkenden Menschen, die Ihre Mitarbeiter symbolisieren? Was eine wirklich gute Stellenanzeige ausmacht, erfahren Sie im Beitrag von Matthias Mäder in diesem Buch.

Was interessiert denn den künftigen Mitarbeiter mindestens so stark wie der Stellenbeschrieb? Natürlich seine künftigen Kollegen! Wie alt sind sie? Wie ist die Verteilung Mann/Frau? Wie lange arbeiten sie schon beim Unternehmen? Wo waren sie vorher? Welche Ausbildung haben sie absolviert? Ist es eine homogene Gruppe oder sind es lauter Quereinsteiger? Die meisten dieser Informationen finden sich heute auf den Xing- und LinkedIn-Profilen der Mitarbeiter.

Dies war in etwa die Ausgangslage, als wir uns das erste Mal mit KPMG Schweiz zu diesem Thema ausgetauscht haben. Das Resultat, viele Monate später, war das Social Recruiting Tool Eqipia: Damit zeigt KPMG (und in der Zwischenzeit viele weitere große und kleine Unternehmen) dem Bewerber sein künftiges Team. Gelangt der Bewerber also auf eine entsprechende Stellenanzeige, sieht er dort nebst dem bisherigen statischen Text einen Button „Ihr künftiges Team". Mit einem Klick gelangt er zum Porträt des Teams mit der vakanten Stelle. Dort lernt er seinen künftigen Teamleiter sowie seine Kollegen kennen und zwar mit Namen, Foto und Funktion. Zu jedem Mitarbeiter gibt es ein Porträt mit Informationen zu seiner Berufserfahrung und Ausbildung, welche aus Xing und LinkedIn importiert werden. Um die Porträts noch individueller zu machen, kann jeder Mitarbeiter ein kurzes Interview ausfüllen. Die Fragen können vom Unternehmen frei definiert werden, einige Beispiele: Weshalb arbeitet er bei diesem Unternehmen? Was mag ich an meinem Job? Was erwartet er vom künftigen Kollegen (Abb. 24)?

Das Feedback der Mitarbeiter war bislang noch in jedem Unternehmen sehr positiv. Sie freuen sich, sich präsentieren zu dürfen, und meistens schwingt auch ein bisschen Stolz und Eitelkeit mit. Da sie selbst entscheiden und definieren können, welche Informationen ein

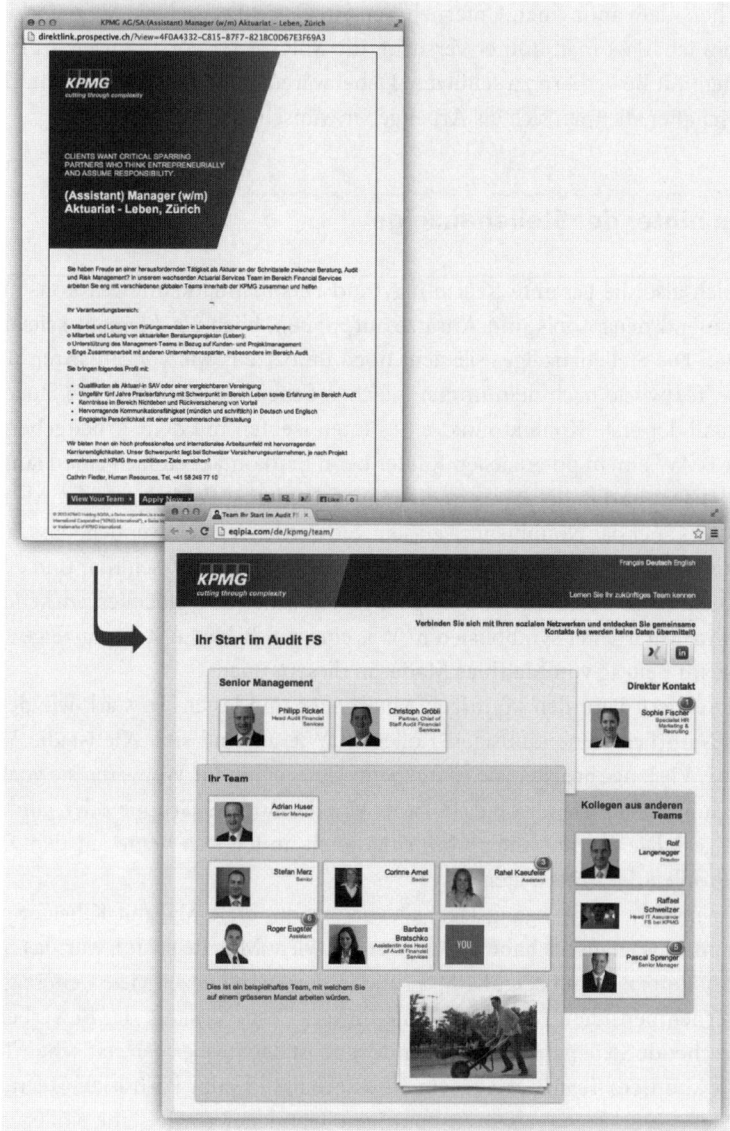

Abb. 24 Der Bewerber lernt bei KPMG sein künftiges Team kennen (Quelle: www.kpmg.com)

Bewerber sehen kann, gab es seitens Mitarbeiter auch noch nie Bedenken bezüglich des Datenschutzes. Der Umgang mit diesen Informationen spiegelt denn auch gleich authentisch einen Teil der Unternehmenskultur: Manche Teams publizieren auch Hobbys, Vereine und Fotos des letzten Teamausflugs, während andere nur gerade den Abschluss und den letzten Arbeitgeber preisgeben. In allen Fällen konnten wir aber feststellen, dass seitens der Mitarbeiter das Bewusstsein geweckt wurde, selber aktiv einen Part im Rekrutierungsprozess zu spielen. Doch dazu später noch mehr.

Auch die Bewerber haben ohne Ausnahme in den Vorstellungsgesprächen diese Offenheit und Transparenz gelobt. Oftmals ist das Eis schon gebrochen, wenn der Bewerber weiß, dass der künftige Chef auch ein begeisterter Tourenskifahrer ist oder er beim gleichen Professor studiert hat. Aber auch fachlich können diese Informationen zum künftigen Team einen Unterschied ausmachen. So können Bewerber in ihrem Motivationsschreiben Bezug nehmen auf die fachliche und personelle Zusammensetzung des Teams und aufzeigen, wie sie dieses komplettieren können.

Nachholbedarf bei Mitarbeiter-Empfehlungsprogrammen

Noch ist bei vielen Unternehmen ein Mitarbeiter-Empfehlungsprogramm das einzige Instrument, wie die Mitarbeiter in die Rekrutierung einbezogen werden. Doch auch diese könnten (beziehungsweise müssten) heute anders aussehen, wenn man ernsthaft das ganze Potenzial der Mitarbeiternetzwerke ausschöpfen und zudem die heutigen technischen Möglichkeiten nutzen will. Die meisten Mitarbeiter-Empfehlungsprogramme funktionieren relativ einfach: Der Bewerber oder der Mitarbeiter muss im Rahmen des Rekrutierungsprozesses aktiv der Personalabteilung mitteilen, dass die entsprechende Bewerbung via Empfehlung eingegangen ist. Der Mitarbeiter erhält die Prämie, wenn der Arbeitsvertrag zustande gekommen ist beziehungsweise (in konservativeren Fällen) wenn die Probezeit erfolgreich abgelaufen ist. Dann greifen die Unternehmen tief in die Tasche und bezahlen im Normalfall eine Prämie, welche durchaus ein paar Tausend Euro betragen kann.

Aufgrund sehr vieler Gespräche mit Kunden weiß ich, dass kaum eines dieser Empfehlungsprogramme zufriedenstellend funktioniert. Denn sie werden von den Mitarbeitenden kaum genutzt und funktioniert deshalb nicht als strategischen Sourcing-Kanal. Denn sind wir ehrlich: Der Aufwand für Mitarbeiter ist heute relativ hoch. Erstens muss ich mich selber informieren, welche Stellen aktuell offen sind. Zweitens muss ich mir aktiv überlegen, welche Person in meinem Netzwerk für diese Stelle in Frage kommt. Wenn ich eine Person dann für die Stelle empfehle, exponiere ich mich zudem, denn ich verbürge mich gegenüber dem Arbeitgeber dafür, dass die Person zur Stelle, zum Team und zum Unternehmen passt. Einerseits besteht also ein relativ hoher Aufwand, andererseits besteht ein gewisses Risiko. Und drittens erhalte ich die Belohnung nur, wenn der Arbeitsvertrag auch unterschrieben ist. Wird der Bewerbungsprozess von einer der Parteien aus irgendeinem Grund abgebrochen, geht der Mitarbeiter leer aus.

Und warum werden Mitarbeiter nur für den Abschluss eines Arbeitsvertrages belohnt? Wie wäre es, wenn das Unternehmen für die Reichweite und die Anzahl Kontakte bezahlen würde, die ein Mitarbeiter generiert? Oder einfach pro effektive Bewerbung, welche der Mitarbeiter ausgelöst hat? Oder sogar nur für eine Namensnennung? Ungeachtet ob es effektiv zu einem Arbeitsvertrag kommt. Denn eventuell hat ein Mitarbeiter gerade keine

Zeit oder kann aus sonstigen Gründen keine formelle Bewerbung vermitteln. Denkbar wäre es also, nicht nur den Mitarbeitenden zu belohnen, sondern auch jemanden aus seinem Netzwerk, der in seinem eigenen Netzwerk die Stellenanzeige weitergeleitet hat. Belohnt würden reine Aktivitäten, also beispielsweise ein Starbucks-Gutschein à EUR 10 für das Publizieren der Stellenanzeige auf Xing, wenn mindestens 300 Personen erreicht werden. Oder EUR 50 wenn sich durch die Aktivität mindestens 20 Personen die Stellenanzeige angeschaut haben? Technisch ist dies heute alles kein Problem mehr: Im Online-Marketing können Affiliate-Programme vermittelte Kunden über verschiedene Plattformen hinweg tracken. Die potenzielle Reichweite für das Unternehmen wäre gewaltig – und die Kosten gering.

Allen erfolgreichen Mitarbeiter-Empfehlungsprogrammen ist aber auch gemeinsam, dass erfolgreiche Mitarbeiter nicht nur finanziell belohnt, sondern auch ausgezeichnet und geehrt werden. Dies kann zum Beispiel über einen Aushang an zentralen Orten oder im Intranet geschehen. Ein interner Wettbewerb könnte bereits Ansporn genug sein, damit bislang passive Mitarbeiter mal ihr Netzwerk nach potenziellen Bewerbern durchforsten. Erfolgreiche Vermittlungen können auch als Pluspunkte in die jährliche Qualifikation einfließen, was die Wertschätzung der Firma klar beweist. Oder die gesparten Kosten für den Personalvermittler werden gespendet und sowohl die vermittelnden wie auch die neu eingestellten Mitarbeiter übergeben den Scheck gemeinsam der entsprechenden Organisation.

Schneller produktiv, tiefere Fluktuation

Gemäß einer Jobvite-Studie aus dem Jahr 2012 spricht viel für das Einstellen von neuen Mitarbeitern auf der Basis von Empfehlungen (vgl. Jobvite Social Recruiting Survey 2010, S. 12 f.):

- Hohe Application-to-Hire Quote: Erst 7 % der Bewerbungen in den USA stammen von Empfehlungen, aber 40 % der neu eingestellten Mitarbeitern.
- Im Schnitt sind solche vermittelte Mitarbeiter nach 29 Tagen produktiv, während es bei regulären Einstellungen bis 55 Tage dauert.
- 47 % dieser Mitarbeiter sind auch nach 3 Jahren noch für das Unternehmen tätig. Von den via Stellenbörsen gefundenen Mitarbeitern sind es lediglich 14 %.

War es das nun?

Generell lässt sich aber den Unternehmen auch ein gesteigertes Bewusstsein feststellen, dass die Mitarbeiter ein wichtiger Faktor in der Rekrutierung sind. Der Einbezug des Teams könnte aber noch viel weiter gehen. Insbesondere beim Screening und der Vorauswahl der Kandidaten für das Vorstellungsgespräch könnten Mitarbeiter ebenfalls bereits eine wichtige Rolle spielen. Gerade wenn sie zu Beginn mit dem Team definiert haben, was denn der ideale Bewerber alles mitbringen müsste. Denkbar wären auch spielerische Elemente, wie man sie vom Online-Dating her kennt – denn der Mechanismus ist derselbe. Weiter könnte man statt eines zweistündigen Bewerbungsgesprächs mit dem Teamleiter und dem Perso-nalverantwortlichen 3–4 Slots à 30–45 Minuten zwischen Bewerber und 2–3 Mitarbeitern durchführen.

Setzt ein Unternehmen für die Rekrutierung konsequent auf die beruflichen und pri-vaten Netzwerke der Mitarbeiter, dann muss dies aber sowieso viel früher beginnen. Ja, auch noch früher als das Formulieren der Stellenanzeige. Nämlich solange noch gar kei-ne Vakanz besteht. Dann versucht das Unternehmen fortlaufend, mit möglichen künftigen Mitarbeitern in Kontakt zu treten und Talente zu identifizieren. Um abschließend noch ein Buzzword zu verwenden, sprechen wir dann von einem Talent Pool. Das Ziel ist es, langfristige Beziehungen aufzubauen und mit diesen Personen in Kontakt zu bleiben. Ei-nige Unternehmen laden ihre Talente in spe an spezielle Events ein, gratulieren ihnen zum Geburtstag, gehen mit ihnen essen. Auf diese Weise lässt sich der Cultural Fit optimal ab-klären – Value Based Recruiting par excellence. Und sobald effektiv eine Vakanz auftritt, hat man schon entsprechende Kandidaten in der Hinterhand.

Autorenbeschreibung: Patrick Mollet

Frechmut ist für mich, einfach mal Dinge wagen und ausprobieren. Nachträglich um Entschuldigung bitten, statt vorher um Erlaubnis fragen.

Dr. Patrick Mollet studierte Betriebswirtschaft an der Universität Bern und hat an der Eidgenössischen Technischen Hochschule in Lausanne doktoriert. Er beschäftigt sich seit bald zehn Jahren mit Employer Branding, Personalmarketing und Recruiting. 2004 hat er die Marketing- und Mediaagentur StudiMedia gegründet, welche Arbeitgeber bei ihrem Hochschulmarketing unterstützt. Mit seiner neuen Firma Eqipia entwickelt er die klassische Stellenanzeige weiter, indem das Unternehmen dem Bewerber seine künftigen Kollegen zeigt und das Team aktiv in den Rekrutierungsprozess einbezieht.

Kontakt: https://www.xing.com/profiles/Patrick_Mollet

Literatur

Jobvite Social Recruiting Survey 2010 (S. 12 f.). Burlingame.

Markenbotschafter: Mit den Zielgruppen auf Du und Du

Florian Schrodt

Zusammenfassung

Was zeichnet eine Arbeitgebermarke eigentlich aus? Die lebendige Vielfalt der Menschen, die sich für ihr Unternehmen begeistern. Sie machen das Unternehmen zu einem Ort, in dem Herausforderung, Profession und Leidenschaft gedeihen. Der Faktor Mensch ist somit ein – wenn nicht sogar das entscheidende – Erfolgskriterium. Was liegt näher, als die Menschen, die das Unternehmen prägen, für die Arbeitgeberdarstellung zu nutzen? Durch die Dynamik digitaler Netzwerke sind vielzählige Meinungen, Erfahrungen und Informationen zugänglich, die die Darstellung von Arbeitgebern ungemein bereichern. Sie werten die Arbeitgebermarke durch ihre persönliche Reputation auf und machen sie subjektiv greifbar. Was hat das mit Frechmut zu tun? Die Herausforderung für Unternehmen besteht darin, diese vielzähligen Facetten zu kuratieren und in ein Agendasetting aufzunehmen, das auf die Markenwerte einzahlt. So sind Markenbotschafter mehr als nur ein Gesicht, sie sind der Pulsschlag des Unternehmens, der nach außen fühlbar wird.

Neue Wege erfordern einen besonderen Geist. Man könnte ihn Pioniergeist nennen, oder etwas progressiver formuliert: Frechmut. Damit ist nicht der Mut der Verzweiflung gemeint – sich aus einem gewissen Druck heraus den verändernden Rahmenbedingungen zu stellen und vermeintlichen Trends hinterherzulaufen, im Wettbewerb um passende und kluge Köpfe. Im Vordergrund von Frechmut stehen Ideen, die unkonventionell erscheinen und Unternehmen vor kulturelle Herausforderungen stellen, gleichwohl aber auf langfristige Sicht aus frechen Ideen substanzielle Veränderungen hervorbringen, die sich positiv auf den Arbeitgeber auswirken. Sie wollen sicherlich Neues probieren, weil die alten Mittel nur noch bedingt Wirksamkeit zeigen. In diesem Beitrag will ich Ihnen von unseren Markenbotschaftern erzählen. Im Kern steht dabei, wie sich Mitarbeiter, Bewerber und In-

Florian Schrodt ✉
Deutsche Flugsicherung, Am DFS Campus, 63225 Langen, Deutschland
e-mail: florian.schrodt@dfs.de

J. Buckmann (Hrsg.), *Einstellungssache: Personalgewinnung mit Frechmut und Können*,
DOI 10.1007/978-3-658-03700-0_10, © Springer Fachmedien Wiesbaden 2013

teresierte einbinden lassen, um daraus im Sinne der Markenwerte die Attraktivität des Arbeitgebers zu steigern. Besonderes Augenmerk haben wir bei der Deutschen Flugsicherung (DFS) auf Beziehungen zwischen unterschiedlichen Akteuren gelegt. Deshalb sind für uns die sozialen Netzwerke ein zentraler Bestandteil unserer Markenbotschafter-Aktivitäten. Beziehungen beginnen stets mit Interaktion, mit Gesprächen und dem Zulassen von Austausch – hierfür sind die sozialen Netzwerke geradezu prädestiniert. Voraussetzung als auch Ziel ist gleichermaßen Vertrauen. Ein Attribut, auf das Arbeitgeber gar nicht Wert genug legen können und über das in diesem Buch Barbara Artmann, die mutige Unternehmerin aus der Schweiz, ausführlich erzählt.

Aber Beziehungen entstehen nicht von alleine. Sie müssen aufgebaut, gepflegt werden und wachsen. Weitere Attribute für den erfolgreichen Einsatz von Markenbotschaftern sind für uns daher Wagemut, Partizipation, Haltung, Lernbereitschaft und natürlich ein Fundament.

Aber lassen Sie uns doch von vorne beginnen, denn selbst der Anfang ist schwer, weil aus einer routinierten Unternehmenshaltung heraus bald schon einmal Haltungsschäden resultieren können. Das äußert sich schon bei der Frage, wie ich mich gegenüber meinen Zielgruppen verhalte. Die Herausforderungen beginnen mitunter schon bei der Ansprache. Oder siehst Du das anders?

Haltung

Vielleicht sind Sie gerade jetzt beim vertrauten „Du" zusammengezuckt. Ist das Duzen der Zielgruppe per se ein Indikator für den Erfolg von Markenbotschaftern, wie es vielleicht der Untertitel meines Beitrags vermuten lässt? Immerhin ist unsere Hauptzielgruppe zwischen 16 und 24 Jahre alt. Ich kann Sie beruhigen, nein, das ist es nicht. Es kann sogar anbiedernd wirken, oder fatalerweise vollkommen falsche Rückschlüsse auf die Kultur des Unternehmens nach sich ziehen. Fakt ist allerdings, dass die Zielgruppenansprache heute auf so vielfältige Weise erfolgt wie nie zuvor. Unternehmen sind präsent auf Webseiten, Printprodukten, vor Ort auf Messen, in sozialen Netzwerken und auf vielen anderen Kanälen. Das erfordert unserer Meinung nach nicht nur passgerechte inhaltliche Flexibilität, sondern auch einen passenden Duktus. Auf einem Kanal wie der Karrierewebseite, die quasi ein Spiegel Ihrer originären Unternehmenswerte ist und vor allem sachgerechte Informationen bereithält, werden Sie eine wesentlich förmlichere Ansprache wählen. Auf einem Kanal wie Facebook hingegen, der ein privates Netzwerk ist, dessen sich Unternehmen bedienen, um Botschaften zu transportieren, werden Sie bestenfalls einen anderen Tonfall anschlagen. Wie oben bereits erwähnt, ist unser Markenbotschafter-Engagement stark mit unseren Auftritten in den sozialen Netzwerken verbunden. Dies führte uns zu dem Punkt, dass Interaktion schwer gefallen ist, weil die Nutzer nur bedingt bereit sind, ihre Kommunikation den Unternehmensrealitäten anzupassen. Was ich damit sagen will: Wenn ein Bewerber eine E-Mail verfasst, passt er sich automatisch den erwarteten kommunikativen Gepflogenheiten an. Er wird sehr förmlich schreiben und eine Anrede per Sie wählen. Auf

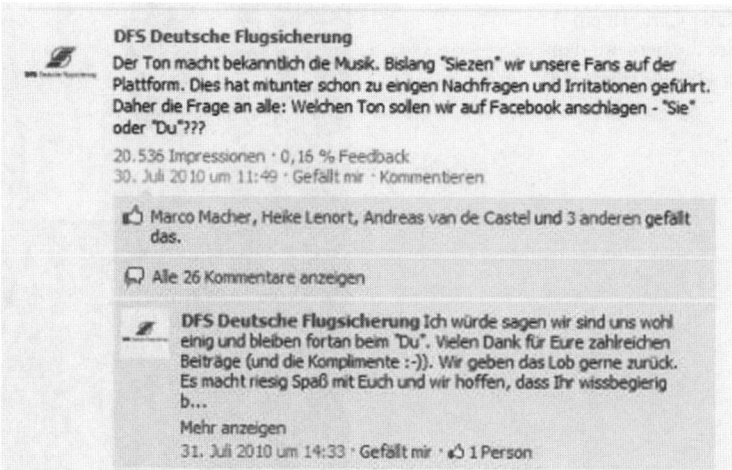

Abb. 25 Du oder Sie – das ist hier die Frage (Quelle: DFS)

Facebook hingegen bewegt er sich nach wie vor auf privatem Territorium. Unternehmen sollten daher ihre Erwartungen an den Umgangston klar formulieren, um Unsicherheiten abzubauen. Statt Nachnamen sind vielfach geistreiche Akronyme zu finden. Dies gilt mitunter sogar für Vornamen. Um ein Beispiel aus der Praxis zu geben: Sie werden verstehen, dass die Anrede mit „Sehr geehrter Herr MeisterAusKleister" nicht gerade zielführend ist. Es entspricht aber auch nicht gerade der Intention, Beziehungen oder direkteren Kontakt mit der Zielgruppe aufzubauen, wenn Sie die direkte Kommunikation umschiffen, um dieses Dilemma zu umgehen. Nach einigen Monaten in den sozialen Netzwerken waren wir also an dem Punkt, dass wir eine sehr unverbindliche Kommunikation per Sie betrieben haben, die die Interaktion aufgrund Ihrer Behäbigkeit eher hemmte. Wie lässt sich das lösen? Indem man die Zielgruppe selbst fragt, wie sie auf dem Kanal eigentlich angesprochen werden möchte (Abb. 25).

Die Entscheidung war, durchaus zu erwarten, wie Sie vielleicht nun zu Recht anmerken möchten, eindeutig. Natürlich ist ein Unternehmen wie die DFS eher einem konservativen Geist verpflichtet. Zum einen durch die Vergangenheit als Behörde, aber noch viel entscheidender durch die verantwortungsvolle Kernaufgabe, die sogar im Firmennamen vorgegeben ist: Sicherheit. Passt das also zusammen? Sie mögen jetzt fragen, ob das nicht die bereits erwähnte Anbiederung par excellence ist? Mitnichten! Warum? Weil im Laufe der Zeit eine Vertrautheit auf der Seite spürbar wurde, die maßgeblich auch durch das persönliche Engagement der eigenen Mitarbeiter gefördert wurde. Ohne sie zu Markenbotschaftern „bestellt" zu haben, brachten sie sich voll Enthusiasmus ein und hatten dabei keinerlei Berührungsängste. Wie selbstverständlich griffen sie zum Du und betonten, dass sie Mitarbeiter der DFS seien. Eine zu förmliche Rolle des Arbeitgebers hätte quasi einen Spagat bedeutet zwischen offizieller Präsenz und inoffizieller Tätigkeit der Mitarbeiter.

Abb. 26 Kater Carlo ist ein
verbindendes Element auf dem
Campus der DFS (Quelle: DFS)

Neue Facetten

Gerade hier zeigt sich deutlich, dass Unternehmenskulturen vielfältig sind und dass ein
konsistentes Markenbild durchaus facettenreich aufgegriffen werden kann, ohne dabei die
eigenen Werte über Bord zu werfen. Denn letzten Endes hat es die offen geforderte Di-
rektheit, also das klare Bekenntnis zum Du, geschafft, Berührungsängste abzubauen und
damit das konservative Unternehmen DFS greifbarer werden zu lassen, ohne dabei den
Respekt vor der sicherheitsrelevanten Aufgabe ad absurdum zu führen. Was wurde stattdessen erreicht? Eine Atmosphäre der Vertrautheit, die es erlaubte, neue Perspektiven des
Arbeitgebers darzustellen. Plötzlich war es nicht nur möglich, die Relevanz der Kernaufgabe in seiner Vielfalt darzustellen, sondern auch ein Campusleben während der Ausbildung
zu illustrieren und spürbar zu machen. Dazu gehört beispielsweise ebenso eine Campus-
katze (Abb. 26), die durch die Gegend streunt und von den Auszubildenden eine eigene
Fanpage gewidmet bekam, aber auch die Darstellung der anspruchsvollen Ausbildung am
Simulator.

So konnte ein Gesamtbild des Arbeitgebers gezeichnet werden, das eine Intimität zwischen potenziellem Bewerber und Unternehmen schafft. Die Ansprache war hier lediglich
Mittel zum Zweck. Der Ton macht die Musik, wie es so schön heißt. Und die Musik wurde
eben dadurch harmonischer. Wir haben damit zudem zu verstehen gegeben, dass Seriosität für uns nicht der Formalität unterworfen ist, sondern dass der Aufgabe Sicherheit
Menschen nachgehen, die diesen höchsten Unternehmenswert garantieren. Und dazu ge-

hören auch Geschichten aus dem Leben. Und bevor ich es vergesse: Ein weiterer Vorteil ist entstanden. Diese Geschichten greifbar zu machen, kostet fast nichts. Denn dafür müssen Sie einfach nur am Unternehmensalltag partizipieren und ihn in all seinen Facetten ausleuchten.

Wagemut und Lernbereitschaft

Konnten wir in oben beschriebenem Beispiel durchweg positive Erfahrungen sammeln, sollen nun auch einige Lernprozesse dargestellt werden, die uns unverhofft einholten. Beziehungspflege ist eben ein Auf und Ab. Allerdings haben auch Schattenseite positive Effekte. In folgendem Fall wurden wir an den Grundsatz erinnert, dass Beziehungen und Marken – wie auch Gastautor Ralf Tometschek in seinem Beitrag in diesem Buch berichtet – von innen nach außen wachsen. Es liegt in der Natur der Sache, dass neue Wege, wie sie die sozialen Netzwerke für uns waren, auch neue Mittel erfordern. Das impliziert nicht nur in der Ansprache, sondern vor allem bei den Inhalten einen Gewissen Wagemut. Gerade durch die vielfältigen Möglichkeiten dieser Kanäle ist man in Versuchung, Reichweite möglichst schnell erreichen zu wollen. Dynamik, Virilität und Feedback bieten verlockende Möglichkeiten, derer wir uns bedienen wollten. Unsere einfache Formel: Humor bringt Reichweite. So weit, so gut. Um noch einmal auf das Image zu kommen: Wie der Name Flugsicherung vermuten lässt, ist Humor jedoch mitunter eine sensible Angelegenheit, wenn die Kernaufgabe des Unternehmens darin besteht, Verantwortung für den Flugverkehr zu tragen. Wichtig ist nun, die Ziele mit den etwaigen Risiken einer Humoroffensive abzuwägen. Allen Zweifeln zum Trotz produzierten wir ein Video, das zu einer extraterrestrischen Herausforderung werden sollte. Neben den Fluglotsen war nämlich ein Alien Protagonist des Spots, der sich nur widerwillig durch den irdischen Luftraum lotsen lassen wollte. Um ihn zu überzeugen kam neben der luftfahrtüblichen Phraseologie auch das ein oder andere deftigere Wort zum Einsatz (Abb. 27).

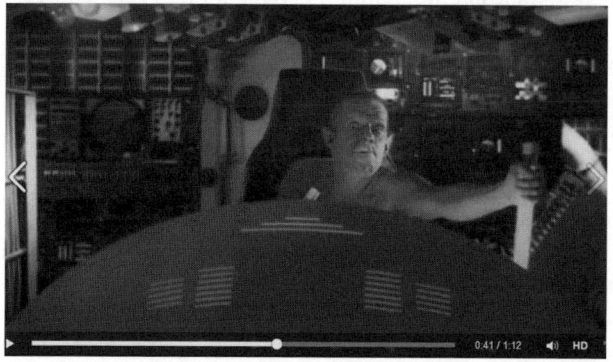

Abb. 27 Lotsen sagen Aliens, wo es langgeht. Nicht für jeden eine passende Pointe (Quelle: DFS)

Um es vorwegzunehmen: Unser Ziel haben wir voll erfüllt. Wir wollten Aufmerksamkeit und die haben wir erhalten. Nach wenigen Minuten war klar, dass wir den Fans der Facebook-Seite, die nicht dem Unternehmen angehören, einen exzellenten Lacher geliefert hatten. Nahezu durchweg positive Kommentare. Bis … sich die Mitarbeiter, allen voran die dargestellte Berufsgruppe, also die Fluglotsen, zu Wort meldeten. Sie kamen sich veralbert vor, sie fühlten sich in ihrem Selbstverständnis, einer verantwortungsvollen Aufgabe nachzugehen, konterkariert. Und diesem Missmut machten sie Luft. Einige hundert Kommentare und nicht weniger Deeskalationsbemühungen später war klar, dass wir einem großen Irrtum aufgesessen waren. Und zwar, dass Inhalte nur nach außen wirken und innerhalb auch abseits der Abstimmungshierarchien des Unternehmens keiner Erklärung bedürfen. Das Video hatte bei den Mitarbeitern intern recht große Wellen geschlagen und die Stimmung empfindlich angeheizt. Was war zu tun? Wir haben einen Workshop mit Mitarbeitern einberufen, vornehmlich Lotsen. In dieser Veranstaltung konnten wir die Hintergründe unserer Social-Media-Aktivitäten aufzeigen, welche Ziele wir verfolgen und vor allem auch, wie viel Arbeit das Betreiben solcher Kanäle erfordert. Was wir als selbstverständliche Erkenntnis vorausgesetzt hatten, war alles andere als selbstverständlich. Aber die Aufklärung hatte gefruchtet. Nun im Bilde über die Hintergründe der Aktivitäten boten die Kolleginnen und Kollegen an, sich gerne mit Input auf der Seite zu beteiligen. Das Credo war eindeutig: Wir benötigen keine absurd lustigen Inhalte, um inhaltlich zu überzeugen und interessant zu sein. Damit wurde der ideelle Grundstein dafür gelegt, Mitarbeiter stärker gezielt einzubinden und sie in unseren digitalen Kanälen als Repräsentanten einzusetzen.

Die Idee eines Blogs war geboren. Der Vorteil davon liegt auf der Hand. Die Kolleginnen und Kollegen liefern Inhalte, die aussagekräftig und spannend zugleich sind, darüber hinaus bieten sie eine fassbare Subjektivität, was der Nachvollziehbarkeit zu Gute kommt und sie vor allem kontinuierlich involviert. Das erhöht den Willen zur Partizipation und schafft Vertrauen, die eigene Wahrnehmung nach außen vertreten zu dürfen. Ergebnis ist ein facettenreiches Unternehmensbild, das von unterschiedlichsten Unternehmensvertretern gezeichnet wird. Das führt dazu, dass sie nun ein echtes Interesse haben, das öffentliche Stimmungsbild und damit die Reputation des Arbeitgebers positiv zu gestalten. Es gehört der Wagemut, ja generell eine große Portion Frechmut dazu, dies zuzulassen, letzten Endes wird es sich jedoch langfristig positiv auszahlen.

Partizipation

Auf dem Podium steht der junge Mann sichtlich unaufgeregt inmitten des Applauses von 200 Zuhörern, gespendet von Kolleginnen und Kollegen auf einer Betriebsversammlung. Der Applaus gebührt ihm. Was hat er getan? Er hat von einem Video erzählt (Abb. 28).

Und von seiner Tätigkeit in einem Projekt namens Azubiblog. Gebannt hatte das Auditorium gelauscht, was er mit einer vollkommen unprätentiösen Selbstverständlichkeit zum Besten gab. Trotzdem schwang Begeisterung aus seinen Worten heraus. Weil er begeistert

Abb. 28 Handarbeit, die ankommt. Lotsenarbeit à la Maus
erklärt (Quelle: DFS)

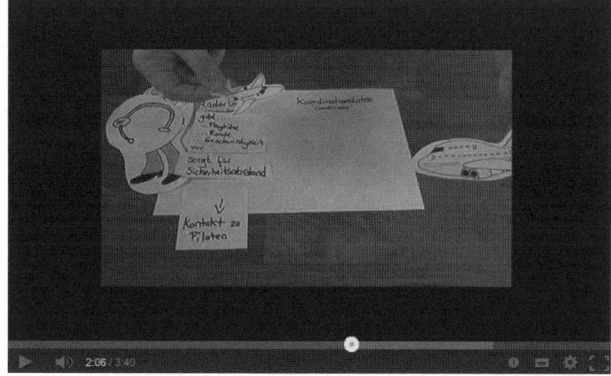

ist von dem, was er tut. Und diese Begeisterung teilt er gerne. Nicht nur hier auf dem Podium.

Vor Kurzem hatte er ein Video erstellt. In mühsamer Bastelarbeit hatte er Flugzeuge,
Figuren, Flughäfen, Karten und vieles mehr gemalt und ausgeschnitten. Alles aus purer
Überzeugung heraus, anderen damit optimal erklären zu können, wie sein Beruf funk-
tioniert. Fluglotse! Nein, nicht die mit den Kellen. Dieses Vorurteil war ihm mittlerweile
so oft zu Ohren gekommen, das er beschlossen hatte, zu intervenieren. Also saß er eines
Abends in seinem Wohnzimmer und machte sich ans Werk. Parallel besprach er mit mir im
Facebook-Chat seine Storyline. Auch hier unprätentiöser Pragmatismus statt Hochglanz.
Einige Stifte, Schere, Kleber, ein Tablet und jede Menge Enthusiasmus genügten, um die
Lotsentätigkeit greifbar statt kompliziert erscheinen zu lassen. Außerdem hatte er erreicht,
was viele aufwendig produzierten Videos oftmals nicht schaffen: Er hatte die Aufmerksamkeit und die Herzen der Zielgruppe erobert. Das Video wurde auf der Facebook-Seite der
DFS geteilt und stieß bei Bewerbern und Interessierten auf viel Gegenliebe. Fast 5000 Zugriffe und viele positive Kommentare sprechen eine deutliche Sprache. Die Art der Aufma-
chung, die stark an Peter Lustig zu Maus-Zeiten erinnert, mag nicht ganz dem Selbstbild
eines Unternehmens entsprechen, dessen höchstes Gut Sicherheit ist, aber da es aus einer
persönlichen Sicht heraus erzählt wurde, konnte es eine der Grundeigenschaften, die viele
Mitarbeiter mit ihrem Beruf assoziieren, ungefiltert darstellen: Begeisterung!

Ein anderer junger Mann, der seine Ausbildung erst in einigen Monaten beginnen sollte, fragte kürzlich über Facebook an, ob er denn nicht etwas für den Azubiblog schreiben
könne. Wie er sich die Wartezeit vertreibe, worauf er sich am meisten freue, wie er auf den
Beruf des Fluglotsen kam, oder wie die Bewerbungsphase war, würde er gerne erzählen.
Und sicherlich kämen auch noch ein paar andere Ideen. Etwas ungewöhnlich, sich derart
für ein Unternehmen engagieren zu wollen, bevor man dort überhaupt angekommen ist.
Aber umso besser. Eine authentisch Perspektive und obendrein ein bemerkenswertes Engagement. Wie er auf die Idee kam, gerne mitwirken zu wollen? Schauen wir einige Wochen
zurück. Seinerzeit hatte er Kontakt mit mir aufgenommen, weil er unbedingt den Campus
besuchen wollte. Er habe schon so viele tolle Eindrücke über unsere sozialen Netzwerke

erhalten und wollte sich nun gerne vor lauter Vorfreude einen persönlichen Eindruck verschaffen. Sie erinnern sich an unser Ziel, auf Facebook Geschichten aus dem Alltag des
Unternehmens zu berichten?

Ich tat ihm den Gefallen, auch wenn mein Zeitplan eng gestrickt war. Bevor die Sight-
seeingtour wahrscheinlich viel zu schnell zu Ende ging, standen wir in einer Gruppe junger
Azubis. Fluglotsen. Einige davon Azubiblogger. Noch bevor unser Besucher spontan einen
Fragenmarathon starten konnte, schnappte sich einer der Lotsenblogger einen Stuhl und
antwortete besser als ich es je gekonnt hätte. Mitten aus dem Leben eben. „Wie lebt es sich
auf den Campus?" „Super. Ideal auch wegen des ständigen Austauschs mit anderen Azubis."
„Was gefällt an der Ausbildung ganz besonders?" „Die Simulatoren sind schon fantastisch."
„Wie sieht es aus mit Heimfahrten?" „Es gibt eine Art interne Mitfahrzentrale." „Die Stimmung?" „Herrlich, weil alle auf dasselbe Ziel hinarbeiten, einen einmaligen Beruf erlernen."
Der Azubi vermittelte eine Begeisterung, die offensichtlich ansteckte. Ein Beitrag auf dem
Azubiblog sollte als Ergebnis dieses Austauschs erfolgen, geschrieben von einem Autor,
der noch gar nicht Azubi ist. Wieso nicht? Frechmut heißt „anything goes" (zumindest fast
alles).

Wer macht eigentlich eine Marke zur Marke?

Der Auszubildende, der seinem Bald-Kollegen mit Rat und Tat zur Seite stand, hatte seine
Passion für das Bloggen übrigens bereits entdeckt, bevor die DFS ihrerseits einen solchen
Kanal offiziell startete. „Die ersten Schritte – Mission Fluglotse" lautete der Titel seines digitalen Tagebuches, in dem er seinen bisherigen Werdegang von Bewerbungsphase bis hin
zum Ausbildungsalltag schilderte. Er konnte bereits zahlreiche Leser für sich gewinnen, bevor das Unternehmen überhaupt auf seine schreiberischen Aktivitäten aufmerksam wurde.
Wie sollte man nun darauf unternehmensseitig reagieren? Dieser Frage würde ich gerne
folgend nachgehen.

Drei junge Menschen, die positiv das Image der Deutschen Flugsicherung gestalten
und transportieren. Ganz unabhängig davon, ob sie offiziell als Markenbotschafter wirken. Schon zuvor konnten wir registrieren, dass viele junge Kolleginnen und Kollegen,
insbesondere online, Aufklärung boten. Auf Foren, auf Arbeitgeberbewertungsportalen,
auf Facebook, privat und auch auf der DFS-Page. Ihnen wollten wir eine Heimat geben, wo
sie mit Unterstützung des Unternehmens ihr Wirken voll zur Geltung bringen können. Der
Azubiblog wurde als ein zentraler Kanal der Markenbotschafter bereits genannt. Er stellt
quasi das vorläufige Finale einer Marken-Evolutionskette dar, die sich dahingehend entwickelte, Menschen dafür zu gewinnen, den besonderen Spirit der DFS und die individuelle
Begeisterung derart erlebbar zu machen, dass aus vielen subjektiven Wahrnehmungen ein
konsolidiertes Stimmungs- beziehungsweise emotionales Markenbild entsteht. Drei ausge-
wählte Beispiele, die sich vielzählig erweitern ließen.

Frechmut liegt in den oben genannten Beispielen darin begründet, den allgemeinen
und multipolaren Ausdrucks- und Gestaltungswillen aufzugreifen und sich bewusst zu

machen, dass Marken, oder genauer gesagt das Markenimage, heutzutage „lebendig" und vielschichtig sind. Sie definieren sich durch Erfahrungen, Meinungen, Erlebnisse und Eindrücke. Es gilt für Unternehmen, diese Pluralität zuzulassen, konstruktiv aufzugreifen und zu fördern und auf Basis eines methodisch fundierten Fundamentes nutzbar zu machen. Zielsetzung ist dabei nicht, jedwede singuläre Äußerung über zu bewerten und sich darin zu verlieren, jeder Aussage gerecht werden zu wollen, sondern vielmehr Stimmungsessenzen in ein abstrahiertes, allgemeingültiges Gesamtbild zu destillieren. Das Arbeitgeberimage, das auf die Arbeitgebermarkenwerte einzahlt, ist somit ein weiteres Steuerungsinstrument in der Markenführung von Unternehmen, genannt seien auch Corporate Design und Corporate Identity. Diese Instrumente können jedoch nur der Rahmen sein, der die für die Zielgruppen relevanten Markenbilder zusammenhält. Gerade im Personalmarketing kommt es heute mehr denn je darauf an, Markenanker oder Anknüpfungspunkte zu schaffen, die Identifikation und Partizipation ermöglichen, die Raum für eigene Interpretation und Gestaltung bieten und so die individuelle Attraktivität erhöhen (vgl. Kilian 2012, S. 44). Wesentlich ist nun die Bereitschaft seitens der Unternehmen, die Wahrnehmungsvielfalt zu einem facettenreichen und damit authentischem Markenbild zusammenzuführen. Wie schon das Beispiel des „Alienvideos" zeigte, sind Wahrnehmungen äußerst heterogen, negative Auswirkungen lassen sich jedoch vermeiden, wenn Mitarbeiter bereit sind, das nach außen getragene Image mitzugestalten.

Marken kuratieren

Führt das nicht zu einer Verwässerung und damit zum Gegenteil einer prägnanten Marke, mögen Sie sich vielleicht fragen? Nein, denn neben dem konzeptionellen Fundament, zu dem wir später kommen werden, benötigt es im Personalbereich Mitarbeiter, die die Steuerung der Markenvielfalt in Absprache und engem Kontakt mit anderen relevanten Bereichen innehaben. Sie agieren als Imagekuratoren, die einerseits die Markenbotschafter koordinieren, dass ihre Individualität nicht verloren geht, dennoch aber ein Gesamteindruck entstehen kann. Darüber hinaus machen sie es durch dieses Agendasetting möglich, Eindrücke zu subsumieren und somit nach außen hin die Rezipienten in ihrer Wahrnehmung positiv zu beeinflussen. Imagekuratoren sind Schnittstelle zwischen Unternehmensrealität und Unternehmenswahrnehmung, unterstreichen Kongruenzen zwischen diesen beiden Ebenen und versuchen so, Eigenschaften hervorzuheben, ohne dabei divergente Eindrücke zu kaschieren. Bestenfalls wird dadurch erreicht, dass Rezipienten ihrerseits zu inoffiziellen Markenbotschaftern werden, die die Außenwirkung eines Unternehmens maßgeblich bereichern. Das Instrument von Markenbotschaftern ist mit Sicherheit nicht neu, Testimonials spielten auch schon in der Vergangenheit – sei es auf Messen, Broschüren oder digitalen Karriereseiten – eine Rolle. Nach unserer Interpretation sollen Markenbotschafter allerdings vielmehr als wiedererkennbares soziales Bindeglied fungieren. Unser Credo ist, die inhaltliche Viralität der sozialen Netzwerke durch eine persönliche Viralität anzureichern. Was das bedeutet? Wir versuchen Markenbotschafter von einem zentralen

Kanal aus, dem Azubiblog, in andere Kanäle einzubinden. Wir machen Mitarbeiter und ihre Arbeits- und Lebenswelt dort greifbar, wo sie diskutiert, erläutert und geteilt werden kann – in den sozialen Netzwerken. Auf diese Weise baut nicht nur das Unternehmen Beziehungen mit Interessierten auf, außerdem entstehen auch Netzwerke unter Gleichgesinnten. Die Markenbotschafter werten so mit ihrer persönlichen Integrität die Unternehmensmarke auf. Das Unternehmen fährt parallel zu seinen eigenen Marketingaktivitäten im Windschatten der subjektiven Glaubwürdigkeit. Mitarbeiter, die solch eine Identifikation haben, fallen nicht von den Bäumen, mögen Sie nun vielleicht einwenden. Und ich gebe Ihnen gerne recht. Wie oben berichtet, sollte man daher überprüfen, was wo über das Unternehmen gesagt wird. Wir waren überrascht, wie viele Mitarbeiter sich auch in ihrer Freizeit mit ihrem Arbeitgeber auseinandersetzen. Sie müssen allerdings nicht nur auf Prinzip Zufall hoffen, sondern können auch zur Partizipation anregen.

Markenbotschafter wachsen nicht auf Bäumen

Daher sollte es Ziel sein sollten, zum Mitmachen einzuladen und als Unternehmen selbst zu partizipieren. Dazu kann man unternehmensinterne Medien nutzen, um auf die Aktivitäten in sozialen Netzwerken hinzuweisen. Wir berichten immer wieder im Intranet, was auf Facebook & Co. geschieht und versuchen auf diese Weise, Interesse an unseren Aktivitäten zu wecken und den Mitarbeitern das Gefühl zu geben, dass es auch ihre Kanäle sind, weil dort ihr Arbeitsalltag thematisiert wird. Zudem wollen wir hierdurch Sicherheit durch das Kennen von Hintergründen schaffen, um sich nach außen hin selbst zu engagieren zu können. Im Optimalfall erhalten wir Mitarbeiter, die bereitwillig Inhalte von Unternehmensseite teilen, kommentieren, oder bestenfalls sogar selbst beizusteuern. Mittlerweile haben wir auch regelmäßig Vorstellungsrunden über unsere Blogger. Sie wirken damit auch als Rolemodels in das Unternehmen hinein. Immer mehr Mitarbeiter fragen, ob sie auch Gastartikel beisteuern können. Das bestätigt uns darin, mit unserem Ansatz auf dem richtigen Weg zu sein. Geben Sie den Mitarbeitern das Gefühl, dabei sein zu können, dann werden sie auch dabei sein wollen. Schaffen Sie die Möglichkeit, möglichst vielen Inhalten Relevanz zu geben. Die Marke erhält somit eine ganz andere Gewichtung, weil die persönliche Überzeugung einen Mehrwert schafft und zum Erfolgsfaktor wird – sowohl emotional als auch informativ. Wie schafft man es jetzt, dass die Marke nicht im Blindflug und kunterbunt im luftleeren Raum schwebt? Bei aller Flexibilität dürfen natürlich eine gewisse Methodik sowie konzeptionelle Grundlagen nicht außer Acht gelassen werden.

Fundament

Jeder von Ihnen hat schon von der Axt gehört, die in die gleiche Kerbe schlägt. Genauso verhält es sich mit der Koordination der Markenbotschafter beziehungsweise mit der Markenführung. Es muss dafür gesorgt werden, dass alle Kommunikationsmittel im Herzen die gleiche Botschaft tragen – auch wenn sie nach außen hin unterschiedlich wirken. Haben wir deshalb ein grundlegendes Konzept, das die Arbeit der Markenbotschafter festlegt? Meine freche Entgegnung heißt nein. Wo bliebe sonst der Frechmut? Spaß beiseite. Ich hatte Ihnen versucht anzudeuten, dass für uns potenziell jeder ein Markenbotschafter ist, der auf die Arbeitgebermarke einwirkt. Wir sind zudem nicht mit dem klaren Ziel angetreten, Markenbotschafter einzusetzen, es war salopp gesagt eine Entwicklung im Rahmen unserer Aktivitäten in den sozialen Netzwerken, die zu der Erkenntnis geführt hat, dass Botschaften über viele Personen gestreut, den besten Gesamteindruck erzeugen. Markenbotschafter können Mitarbeiter sein, aber auch Außenstehende. Wie kommt nun die klare Botschaft zustande? Die Kontinuität der Markenarbeit haben wir im Azubiblog gebündelt. Hier finden sich Teams, die über einen Zyklus von einem halben Jahr bloggen. Darüber hinaus hat jeder Mitarbeiter, neuerdings sogar Bald-Azubis, wie oben bereits erwähnt, die Möglichkeit, einen Gastartikel zu schreiben. Des Weiteren animieren wir in den sozialen Netzwerken alle Interessierten, ob Mitarbeiter oder Externe, inhaltlich zu partizipieren. Sei es durch Kommentare, Bilder, oder andere Beiträge. Mittlerweile erhalten wir nahezu wöchentlich von Außenstehenden Aufnahmen, die in den Kontext unserer Markenarbeit passen und unsere eigenen Aktivitäten ungemein bereichern. Die Koordination dieser Aktivitäten Bedarf, wie bereits erwähnt, der Imagekuratierung. Daher wurde hierfür im Personalmarketing eine Stelle geschaffen, die sich maßgeblich mit den sozialen Netzwerken und der Markenführung auseinandersetzt. Dies war die erste Grundlage, um die Maßnahmen in unserem Sinne forcieren zu können. Eine erste Aufgabe war, konzeptionell den Blog näher zu definieren und als zentraler Ansprechpartner zur Verfügung zu stehen. In Absprache mit unternehmensinternen Akteuren, Betriebsrat und Kommunikation in unserem Fall, wurde genau festgelegt, welche Rolle die Blogger spielen, wie der Blog in unsere Kommunikationsmatrix eingebettet sein und welche Ziele er erfüllen soll. Darüber hinaus wurde eine geschlossene Facebook-Gruppe eingerichtet, in der die Zusammenarbeit zwischen Personalmarketingbetreuer und Bloggern erfolgt. Dieser Kanal bot sich an, weil alle Beteiligten über Zugriff verfügen und hier die beste Erreichbarkeit und Funktionalität gewährleistet wurde. Versuchen Sie ansonsten gerne einmal, zirka 15 Auszubildende über Telefon oder E-Mail zu koordinieren. In der Gruppe finden nicht nur virtuelle Redaktionskonferenzen statt, sondern auch reger Austausch über verschiedene Themen im Allgemeinen. Die Gruppe ist somit auch ein Instrument, um am Puls der Zielgruppe zu sein. Steter Austausch ist unabdingbar.

Eine einfache Methode

Methodisch fundierteres Augenmerk haben wir auf die Marke selbst gelegt. Markenführung und insbesondere die Herleitung einer Marke lässt sich nur bedingt am Reißbrett entwerfen. Insbesondere die Arbeitgebermarke sollte nicht konstruiert sein, sondern mit ihren spezifischen Merkmalen und Werten eine Abstraktion der Unternehmensrealität darstellen. Um diese Unternehmensrealität zu abstrahieren, muss zum einen bekannt sein, wofür

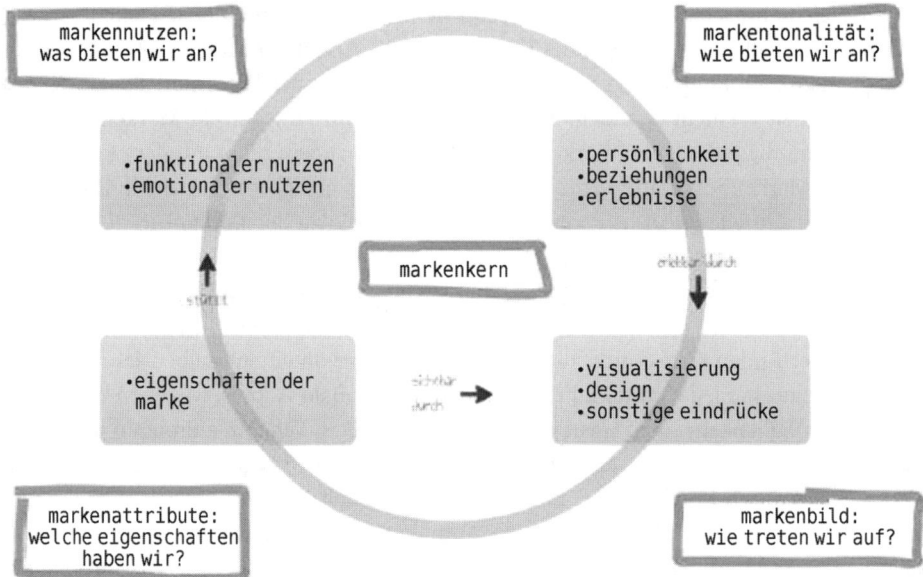

Abb. 29 Ein Markenrad für die DFS (Quelle: DFS)

das Unternehmen steht, aber vor allem auch, wie das eigene Unternehmen wahrgenommen wird. Außendarstellung und Wahrnehmung lassen ansonsten die nötige Vereinbarkeit vermissen, die nach außen und innen für die notwendige Akzeptanz und Authentizität als grundlegende Attribute sorgen. Sofern also noch keine systematische und lebbare Arbeitgebermarke formuliert wurde, ist es das Gebot der Stunde, zuzuhören, Vorstellungen auszutauschen, zu sensibilisieren und aufzuklären.

In den sozialen Netzwerken hatten wir unsere Inhalte vor allem in zwei thematische Klammern geclustert: Faszination Luftfahrt zum einen, zum anderen Einblicke in den Unternehmensalltag. Beide Facetten bedingen sich gegenseitig. Da wir uns bei der Markenarbeit aber nicht auf ein Gefühl verlassen wollten, haben wir einen Markenkern erarbeitet, der treffenderweise diese beiden Aspekte bestätigte. In einem mehrtägigen Workshop haben zirka zehn Kollegen aus unterschiedlichen Bereichen versucht, aus den unterschiedlichen Vorstellungen ein gemeinschaftlich tragbares Unternehmensbild zu entwickeln. Hilfreich war hier das Markenrad nach Esch, das für unser Vorgehen eine optimale methodische Grundlage lieferte (Abb. 29).

Der Markenkern wird bei dieser Methode durch den Markennutzen, die Markenattribute, die Markentonalität und das Markenbild bestimmt. Zentrale Fragen sind: Was bieten wir an, sowohl auf funktionaler als auch emotionaler Ebene? Welche Eigenschaften haben wir? In welchem Ton kommunizieren wir nach innen und außen? Und: Wie treten wir auf? Ergebnis war, dass die DFS zwar kein extrovertierter Arbeitgeber ist, weil im Sinne der Aufgabe Flugsicherung eine Dienstleistung erbracht wird, die nicht unbedingt greifbar, aber relevant ist. Dennoch ist der Arbeitgeber DFS beispielsweise durch seine Towerstandorte präsent und ein wesentlicher Bestandteil der Luftverkehrswirtschaft. Dies und das freundschaftlich-professionelle Miteinander führen zu einem besonderen Spirit, der auch immer wieder seitens Bewerber betont wird. Dementsprechend sahen wir uns in unseren vorherigen Annahmen bestätigt, was die Außendarstellung des Arbeitgebers DFS betrifft. Der Markenkern dient nun als methodische Schablone für die weiteren Personalmarketingaktivitäten. Für die Arbeit der Markenbotschafter bedeutet dies, dass sie auf individuelle Art und Weise diesen besonderen Spirit der DFS transportieren sollen. Und wer, wenn nicht jeder Einzelne selbst, sollte diese besondere Begeisterung besser greifbar machen können?

Autorenbeschreibung: Florian Schrodt

Frechmut ist für mich, den ersten Schritt zu gehen, wenn andere noch den Weg suchen.

Florian Schrodt war in der Kommunikation der DFS Deutsche Flugsicherung GmbH tätig und hat in dieser Funktion die HR-Online-Strategie des Unternehmens entwickelt und umgesetzt. Im Dezember 2011 ist er als Referent in den Personalbereich gewechselt und schwerpunktmäßig für das Online-Personalmarketing sowie das Employer Branding zuständig.

Vor seiner Tätigkeit bei der DFS hat Florian Schrodt Politikwissenschaften studiert und nach einigen Jahren als freier Journalist ein PR-Traineeship bei einer Frankfurter Agentur absolviert. Seiner Liebe für das Schreiben geht er noch heute als Kolumnist bei einem Fachmagazin und als Blogger auf personalblogger.net nach. Dort soll Personalern die Möglichkeit geboten werden, sich zu vernetzen und ihr Wissen zu teilen. Als Redner gibt er zudem Einblicke in seine Erfahrungen, die er in der noch „heranwachsenden" HR-Social-Media-Welt sammeln durfte.

Literatur

Kilian (2012). Mitarbeiter als Markenbotschafter. *Absatzwirtschaft, 1–2*, 44.

Transparenz: Ehrlich währt am längsten

Martin Poreda

Zusammenfassung

Willkommen in der schönen, neuen Arbeitswelt! Die digitale Revolution hat unser bisheriges Kommunikationsverhalten auf den Kopf gestellt. Das Suchen und Finden von Informationen findet über das Internet statt und die Unternehmen stehen vor der Herausforderung, die neuen Kanäle für ihre Zwecke zu nutzen. Unmittelbar davon betroffen sind die Personaler. Denn der Handlungsbedarf ist groß: Die demografische Komponente macht es zusehends schwierig, neue Mitarbeiter zu rekrutieren. Diese sind durch Social Media & Co längst auf anderen Kanälen als bisher unterwegs. Sie kommunizieren, diskutieren und bewerten – immer mehr auch ihren Arbeitgeber. Damit die Unternehmen auch in Zukunft die besten Talente bekommen, ist eine Auseinandersetzung mit Digital Employer Branding unumgänglich – das Engagement macht sich bezahlt.

Generation Y und der unvermeidliche War for Talents: Die Zukunft ist längst Gegenwart

Im „War for Talents" ist kununu eine echte Geheimwaffe! (Gunther A. Wüst, Geschäftsführer HUMANIAX GmbH)

„Social Media ist die Zukunft." Besonders von Unternehmerseite wird diese Prognose oft und gern getätigt. Ganz stimmt dies jedoch nicht, denn: Social Media ist bereits Gegenwart – und das seit geraumer Zeit. Twitter, Facebook & Co sind seit langem nicht mehr die „Spielereien" oder gar „Klowände des Internet" (Jodeleit 2010, S. 15) als die sie noch bis vor einigen Jahren wenig schmeichelhaft tituliert wurden, sondern fest etablierte Kommunikationskanäle, die den Businesssektor erreicht und erobert haben.

Martin Poreda ✉
Kununu, Fischhof 3, 1010 Wien, Österreich
e-mail: martin.poreda@kununu.com

J. Buckmann (Hrsg.), *Einstellungssache: Personalgewinnung mit Frechmut und Können*, DOI 10.1007/978-3-658-03700-0_11, © Springer Fachmedien Wiesbaden 2013

Aufgewachsen mit Neuen Medien, unterscheiden besonders die Vertreter der Generation Y („Digital Natives") nicht mehr zwischen Online- und Offline-Identität, senden sich Nachrichten über soziale Plattformen wie Facebook statt E-Mails und konsumieren elektronische Beiträge über YouTube anstelle über das TV-Gerät. Hohe Medienkompetenz, Kreativität und extrem dichte Vernetzung macht die Internetgeneration zu einer starken Community – auch auf dem Karrieresektor.

Trotz des Überangebots an digitalen Informationen zeigt sich eine deutliche Tendenz zu selektivem Verhalten: Bewusste Auswahl statt wahllosem Massenkonsum sowie starke Werteorientierung prägen das Bild einer kritischen und qualitätsbewussten Zielgruppe.

Heute sucht sich der Bewerber das Unternehmen aus

Wer heute als Fachkraft im tobenden War for Talents einen Job sucht, hat oftmals die Qual der Wahl. Die Ergebnisse der jährlichen Studienreihe des Centre of Human Resources Information Systems (CHRIS) der Universitäten Frankfurt am Main/Bamberg und Monster verdeutlichen die aktuellen Schwierigkeiten am Arbeitsmarkt: Laut der „Recruiting Trends im Mittelstand 2013" werden 42,1 % der offenen Stellen nur schwer und 9,8 % gar nicht besetzbar sein. 95 % der befragten Unternehmen gaben jedoch an, Neueinstellungen zu planen (Weitzel et al. 2013, S. 3.).

Vor diesem Hintergrund kann sich die Generation Y hohes Qualitätsbewusstsein bei der Jobsuche erlauben. Ein Job ist mittlerweile mehr als nur ein bloßes Mittel zum Lebensunterhalt, sondern ein integraler Bestandteil des Lifestyle und Instrument zur Selbstverwirklichung. Dementsprechend hoch sind auch die Ansprüche der Generation Y an ihr Arbeitsumfeld: Loyalität und Sicherheit zählen laut einer Studie von Egon Zehnder International neben sinnvollen Aufgaben, Möglichkeit zur persönlichen Weiterentwicklung und Spaß bei der Arbeit zu den wichtigsten Eigenschaften eines potenziellen Arbeitgebers (vgl. Aichinger 2013, S. 4).

Überzeugungsarbeit muss auf Augenhöhe stattfinden

Entwicklungen wie diese öffnen Unternehmen und Personalern neue Horizonte: Ein Großteil der Mitarbeiter und potenziellen Bewerber ist auf Social Media-Plattformen vernetzt, tauscht Informationen und Empfehlungen aus oder verschafft sich Einblicke in den Joballtag eines Unternehmens.

Im Auftrag des BITKOM hat das Meinungsforschungsinstitut ARIS 778 Internetnutzer ab 14 Jahre befragt – die aktivsten Nutzer von Arbeitgeber-Bewertungsplattformen sind 30–49-jährige, also die hart umkämpfte Fachkräfte-Elite.

Jeder vierte Internetnutzer (26 %) liest Bewertungen von Arbeitgebern im Netz, mehr als zwei Drittel (70 %) lassen sich durch die Bewertungen in ihrer Jobentscheidung beeinflussen, 40 % nehmen aufgrund der Bewertung keinen Jobwechsel vor, mehr als jeder dritte

User (35 %) hat bereits Portale wie kununu aufgesucht und jeder achte User (13 %) schreibt direkt eine Bewertung (vgl. BITKOM 2013).

Die Frage der Sinnhaftigkeit von Unternehmenskommunikation über Social Media Kanäle stellt sich also per se nicht mehr. Die Zielgruppe selbst hat die Antwort auf diese Frage längst gegeben. Entscheidend ist nur noch die Vorgehensweise. Zeitgemäßes Personalmarketing und Unternehmenskommunikation zeichnet sich durch vernetztes, direktes Interagieren mit der Zielgruppe aus. Der Fokus muss sich dementsprechend dorthin verlagern, wo sich die Zielgruppe aufhält: in sozialen Netzwerken.

Das kununu-Prinzip: Authentizität, Transparenz und Ehrlichkeit

Die Nutzung der Online-Medien wird für viele Menschen immer selbstverständlicher, auch bei der Berufsorientierung und Arbeitgeberwahl. Social Media bietet dabei vor allem eine Kommunikation in Augenhöhe. So trifft kununu genau das Bedürfnis der User, sich ein authentisches und transparentes Bild eines potenziellen neuen Arbeitgebers machen zu können. Mit unserem Engagement möchten wir diese Art des offenen Austausches unterstützen und das Bild von uns als Arbeitgeber vertiefen und emotional aufladen (Stefanie Hirte, Bereichsleitung Personalentwicklung und Personalmarketing OTTO Group).

Was steckt eigentlich hinter kununu? Der auf den ersten Blick ungewöhnliche Firmenname stammt aus der afrikanischen Sprache Suaheli und lässt sich mit „unbeschriebenes Blatt" übersetzen. Als solche gelten all jene Unternehmen, die noch nicht bewertet wurden und somit die Chance, gezieltes Empfehlungsmarketing auf Augenhöhe zu betreiben und ihre Bekanntheit als guter Arbeitgeber zu steigern, ungenutzt lassen.

Denn was den Bewerber von heute interessiert, sind nicht nur die offiziellen Informationen eines Unternehmens, sondern ein ungeschminkter Einblick hinter die Fassaden. Hier setzt kununu den Hebel an: 2007 gegründet, war kununu eine der ersten deutschsprachigen Karriereplattformen, auf der sich Mitarbeiter und Jobinteressierte auf Augenhöhe austauschen und authentische Empfehlungen holen konnten.

Was als kleines Start-up begann, entwickelte sich rasch zu einem durchschlagenden Erfolg: Mit mittlerweile fünf Millionen Seitenaufrufen pro Monat und mehr als 450.000 Bewertungen bietet kununu heute Karriereinteressierten einen facettenreichen Einblick in den Arbeitsalltag von mehr als 130.000 bewerteten Firmen (Stand September 2013). Als Tochterunternehmen von XING seit Anfang 2013, kann kununu auf ein erweitertes Netzwerk zurückgreifen und Usern die maximale Reichweite der beiden größten deutschsprachigen Karriereplattformen bieten.

Allein durch die enorme Anzahl der bewerteten Firmen und einer repräsentativen Menge an Bewertungen können sich kununu-Besucher nicht nur Informationen über die von ihnen gesuchte Firma verschaffen, sondern auch ihnen bislang unbekannte Firmen für sich entdecken.

Neutrales Sprachrohr für Arbeitnehmer und Arbeitgeber

Ehemalige oder bestehende Mitarbeiter, Lehrlinge aber auch Bewerber können auf kununu eine anonyme Bewertung des Unternehmens abgeben, um an neutraler Stelle und ohne Angst vor Konsequenzen Lob, aber auch Kritik und Verbesserungsvorschläge auszusprechen.

Damit nicht nur eine Seite der Medaille sichtbar ist, spannt kununu den Bogen von Bewertungen der Arbeitnehmer zu Stellungnahmen und Eigendarstellung der Unternehmen. Diese können gegen Entgelt neben den bereits bestehenden Bewertungen ihrer Mitarbeiter weiterführende Infos wie Fotos vom Arbeitsalltag, eine Beschreibung der Unternehmenskultur oder offene Jobangebote präsentieren.

Jobinteressierte und Arbeitssuchende haben mit kununu eine optimale Recherchequelle mit Informationen aus erster Hand. Mithilfe der kununu-Suchmaske können User nach Unternehmen fahnden, die ihren individuellen Vorstellungen und Bedürfnissen entsprechen oder sich vor einer konkreten Bewerbung Informationen über ihren potenziellen Arbeitgeber holen.

Lobende Zeilen, die Angabe von Benefits oder authentische Fotos und Videos aus dem Arbeitsalltag haben eine hohe Überzeugungskraft und bewerben wirksam die inneren Werte eines Unternehmens als Arbeitgeber.

Doch nicht nur Lob, sondern auch kritische Zeilen und Verbesserungsvorschläge sprechen für sich. Informationen darüber, wie ein Arbeitgeber mit Kritik umgeht, auf Verbesserungsvorschläge reagiert oder zu Stellungnahmen bereit ist, nehmen einen hohen Stellenwert bei der Arbeitssuche ein.

Fremdbild versus Selbstbild: Authentizität führt zum Erfolg

Ohne überzeugte Mitstreiter bleibt eine gute Idee nur eine gute Idee und verschwindet wieder in den endlosen Weiten des www. Jede einzelne Bewertung verleiht der Vision von kununu Flügel und bringt die Idee einer transparenten Arbeitswelt ein Stück weiter vorwärts. Was mit einer einzelnen Bewertung oder Empfehlung beginnt, entwickelt sich mit der richtigen Strategie im Handumdrehen zu viraler Meinungsbildung.

Häufig vernachlässigt wird der Aspekt, dass die eigenen Mitarbeiter nicht lediglich als Arbeitskraft, sondern als aktive Imagebuilder agieren. Sie sind Botschafter der Arbeitgebermarke, wie auch Ralf Tometschek in seinem Beitrag in diesem Buch ausführlich beschreibt. Wer mit seinem Job und seinem Arbeitsumfeld zufrieden ist, wird diese Zufriedenheit auch nach außen tragen und damit positive Assoziationen mit dem betreffenden Unternehmen auslösen.

Um kununu-Besucher direkt zu erreichen und nachhaltigen Eindruck zu hinterlassen, muss man sich von der Masse abheben. Dafür bedarf es neben gutem Willen auch einer großen Portion an Authentizität: Schwachstellen lassen sich dauerhaft ohnehin nicht von Imagebildern und überzeichneter Selbstdarstellung übertünchen. Lieber zu seinen Schwächen stehen, Kritik ernst nehmen und dies auch nach außen bekannt geben, als zeitaufwendige Schönfärberei betreiben. Zielführender ist es, seine jeweiligen Stärken als Arbeitgeber präsent zu machen. Dass in der Kantine Bio gekocht wird, Hunde im Büro erlaubt sind oder kostenlose Ausbildungsmaterialen zur Verfügung stehen, wird über konventionelle Recruitingkanäle selten kommuniziert. Doch gerade diese individuellen Stärken machen ein Unternehmen unverwechselbar und erweisen sich als optimale Pull-Faktoren für die richtige Zielgruppe.

Wer Ehrlichkeit bewirbt, muss auch persönlich so agieren. Die absolute Gewährleistung der Seriosität war von Anfang an ein entscheidendes Kriterium für den Erfolg einer Jobbewertungsplattform wie kununu. Fake-Bewertungen, Hetze oder ausfallende und rufschädigende Kritik werden durch umfassende Bewertungskontrollen vermieden. Durch strenge Bewertungskategorien, vollständige rechtliche Absicherung und die selbstverständliche Einhaltung der bestehenden Gesetzeslage zum Datenschutz bietet kununu keine Schlupflöcher für missbräuchliche Nutzung der Bewertungstools.

Digital Employer Branding: Eine neue Herausforderung für HR

> Über kununu können sich unsere potenziellen Bewerber unabhängig über die Telekom als Arbeitgeber informieren und sich ein Bild über das Unternehmen machen. Denn gerade die Vielzahl der Bewertungen durch unsere Mitarbeiter ermöglichen Eindrücke und Einblicke in den Konzern aus erster Hand – ganz authentisch (Marc-Stefan Brodbeck, Leiter Recruiting & Talent Acquisition, Deutsche Telekom AG).

Employer Branding ist mehr als nur positive Selbstdarstellung auf der Unternehmenswebsite, Authentizität ist mehr als nur ein Imagefoto. Wer es versteht, seinem Unternehmen ein sympathisches und gleichermaßen authentisches Gesicht zu geben, hat im Grunde schon gewonnen.

Personaler wünschen sich von ihren Bewerbern aussagekräftige Bewerbungsunterlagen – die Bewerber selbst sind wiederum mehr denn je auf der Suche nach aussagekräftigen Informationen zu ihrem potenziellen zukünftigen Arbeitgeber.

Mit inflationär verwendeten Floskeln über junge, dynamische Teams oder attraktive Mehrleistungen lässt sich im War for Talents keine Schlacht mehr schlagen. Der Wunsch nach einem Arbeitgeber, der „zu einem passt" verlagert das Hauptaugenmerk der Suche auf ideelle Kriterien wie flexible Arbeitszeiten, gutes Betriebsklima, Möglichkeit zur Weiterentwicklung oder den fairen Umgang mit Mitarbeitern. Was die eigentliche Überzeugungsarbeit leistet und Bewerber dazu bewegt, sich für ein bestimmtes Unternehmen zu entscheiden, sind spezifische und konkrete Angaben über die Unternehmenskultur, das Betriebsklima sowie unternehmenseigene Benefits (Abb. 30).

Von nicht zu unterschätzendem Nutzen für die Personalarbeit und die Unternehmenskommunikation im Web 2.0 ist daher die Gewinnung von authentischen Empfehlungen und User-Kommentaren für die eigenen Zwecke.

Vorgesetztenverhalten	🙂🙂🙂🙂🙂 3.65	Gleichberechtigung	🙂🙂🙂🙂🙂 3.99
Kollegenzusammenhalt	🙂🙂🙂🙂🙂 4.09	Umgang mit Kollegen 45+	🙂🙂🙂🙂🙂 3.80
Interessante Aufgaben	🙂🙂🙂🙂🙂 3.91	Karriere- /Weiterbildung	🙂🙂🙂🙂🙂 3.57
Arbeitsatmosphäre	🙂🙂🙂🙂🙂 3.66	Gehalt und Benefits	🙂🙂🙂🙂🙂 3.79
Kommunikation	🙂🙂🙂🙂🙂 3.57	Umwelt-/Sozialbewusstsein	🙂🙂🙂🙂🙂 3.82
Arbeitsbedingungen (Räume, ...)	🙂🙂🙂🙂🙂 3.78	Image	🙂🙂🙂🙂🙂 3.47
Work-Life-Balance	🙂🙂🙂🙂🙂 3.61		

Abb. 30 Informationen abseits der Imagefolder: Auf kununu finden Jobinteressierte ehrliche Eindrücke aus erster Hand (Quelle: kununu)

Aus der prominenten Präsentation der Marke Arbeitgeber auf kununu können Personaler gleich mehrere Vorteile mit einer Klappe schlagen: Die überzeugende Darstellung der Unternehmenskultur, untermauert durch reale Empfehlungen von Mitarbeitern, bietet Bewerbern ein hohes Identifikationspotenzial und spricht gleichzeitig durch die Offenlegung aller relevanten Eigenschaften nur die richtige Zielgruppe an. Und die ist vorhanden: kununu deckt vom Lehrling bis zur Führungskraft die gesamte Bandbreite an Bewerbern ab und ist daher für Big Player genauso wie für Kleinunternehmen relevant.

Richtig eingesetzt, kann digitales Employer Branding den Selektionsprozess vereinfachen und die Abfallquote von Bewerbern, die doch nicht ins Unternehmen passen, minimieren. Daraus ergeben sich zufriedene Bewerber, aus denen motivierte Mitarbeiter werden, die wiederum gute Bewertungen schreiben, die dadurch neue Bewerber ins Boot holen – ein großartiger „Recruitingkreis" ohne Streuverluste.

Der richtige Umgang mit Bewertungen

Der Hauptbeweggrund für unser Engagement auf kununu ist größtmögliche Transparenz und der Wunsch konkretes Feedback unserer Kunden zu bekommen. Gerade schlechte Bewertungen tun natürlich im ersten Moment weh, aber daraus lernt man auch immer etwas. Innerhalb unseres Recruiting- und Beratungsteams sorgt kununu sicherlich auch für eine noch stärkere Kundenorientierung und Fokussierung auf Qualität (Gunther A. Wüst, Geschäftsführer HUMANIAX GmbH).

Bewertet zu werden oder gar schlecht bewertet zu werden, kommt für viele Unternehmen einem Kontrollverlust gleich. Ganz so ist es aber nicht. Unabhängig vom Inhalt entscheidend ist die Reaktion beziehungsweise der Umgang mit den Bewertungen. Hier leistet kununu für Unternehmen umfangreiche Hilfestellung und bietet unterschiedliche Möglichkeiten, aus den Bewertungen der Mitarbeiter nachhaltigen Nutzen zu ziehen.

Als erster Schritt steht jedem Arbeitgeber die Möglichkeit einer kostenlosen Stellungnahme zu Verfügung. Im direkten Dialog mit Mitarbeitern oder Bewerbern beweist die Reaktion in Echtzeit einen wertschätzenden Umgang mit Mitarbeiterfeedback und Offenheit für Social Media-Kommunikationskanäle. Ein sachlicher Kommentar entschärft Kritik und sorgt für positive Grundstimmung.

Je größer die Anzahl der Bewertungen, desto repräsentativer wird sich das Bild des Unternehmens darstellen. Für die Generierung aussagekräftiger Bewertungen und die Vergrößerung des bestehenden Pools an Meinungen leistet kununu Unterstützung bei gezielten Bewertungsaufrufen. Eine solche pro-aktive Interessensbekundung an Feedback sorgt bei den Mitarbeitern für viel Goodwill welche letztlich in den Bewertungen zum Ausdruck kommt.

Für Unternehmen, die mehr als nur Bewertungen zur Darstellung ihrer Stärken als Arbeitgebern wollen, ist ein Employer-Branding-Profil das zugkräftigste Tool für digitales Reputationsmanagement. Die gleichzeitige Präsenz eines Arbeitgeberprofils auf den zwei wichtigsten Karriere-Portalen kununu und XING zieht die Aufmerksamkeit eines riesigen Netzwerks auf sich. Durch gezieltes Branchen-Targeting finden die richtigen Informationen die richtigen Kanäle direkt zur Zielgruppe. Ein eigener Bereich des Arbeitgeberprofils für Lehrlinge, um ein Beispiel zu nennen, kann von Unternehmensseite exakt auf die Anforderungen und Bedürfnisse von Auszubildenden abgestimmt werden und die Suche nach Nachwuchstalenten vereinfachen.

Durch die Kooperation mit XING und die daraus resultierende flächendeckende Reichweite im D-A-CH Gebiet, genießen kununu-Kunden höchste Relevanz im Google-Ranking. Der hohe Listenplatz leistet der Bekanntheitssteigerung kleiner Unternehmen entscheidenden Vorschub und rückt noch weitgehend unbekannte Stärken und Vorteile für Mitarbeiter großer Unternehmen ins Rampenlicht (Abb. 31).

Auszeichnung für Top-Arbeitgeber

Vorbildliches Kommunizieren und pro-aktives Mitgestalten des eigenen Rufes als Arbeitgeber muss belohnt werden. Daher hat kununu eigene, bewertungsbasierte Gütesiegel eingeführt, die Unternehmen nach objektiven Kriterien als gute, kommunikationsbereite Arbeitgeber branden.

Die Gütesiegel haben eine hohe Werbewirkung: Vielfach einsetzbar bei Mailings, als Eyecatcher bei Stelleninseraten oder Aufsteller im Empfangsräumen und auf Messen, leisten sie einerseits starke Überzeugungsarbeit bei Interessenten und sorgen andererseits für einen gebündelten Besucherzustrom auf die Unternehmenswebsite (Abb. 32).

Engagement als Arbeitgeber macht sich bezahlt

Siemens engagiert sich sehr intensiv auf kununu, weil wir überzeugt sind, dass das Reputationsmanagement von Arbeitgebern immer wichtiger wird (Dr. Hans-Christoph Kürn, Corporate Human Resources, Siemens AG).

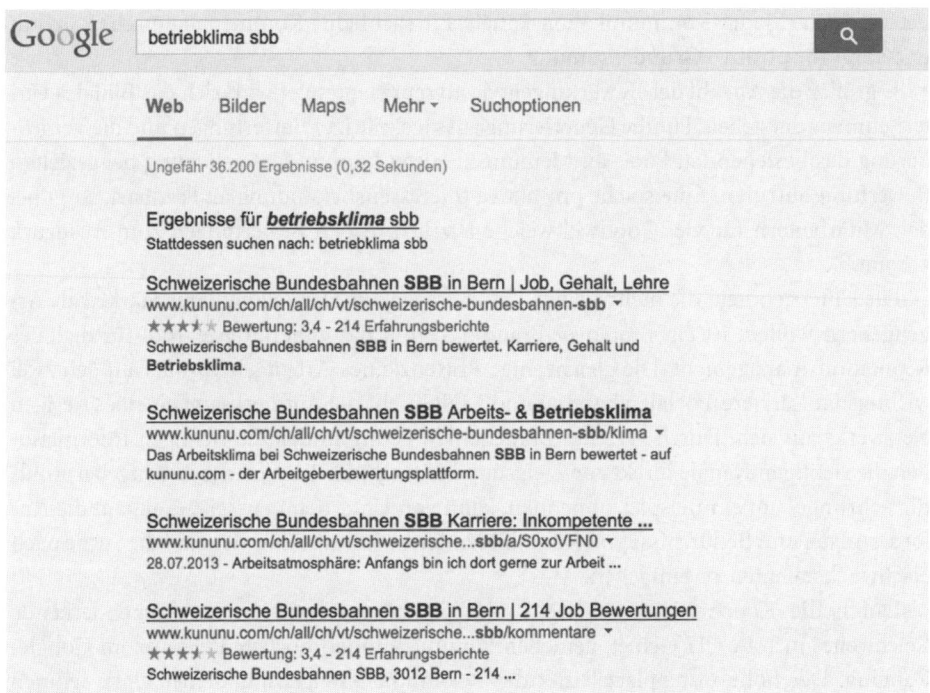

Abb. 31 Google liebt kununu: Die enorme Reichweite der Plattform bringt Unternehmen ganz nach oben (Quelle: kununu)

Abb. 32 Nicht nur gute Bewertungen und steigende Zugriffe sind der Lohn für ein Engagement auf kununu, auch die Auszeichnungen mit den kununu-Gütesiegeln „TOP COMPANY" und „OPEN COMPANY" erweist sich als zugkräftiges Element in der interaktiven Personalarbeit (Quelle: kununu)

Man muss sich ins Gespräch bringen, um im Gespräch zu bleiben. Der Dialog auf Augenhöhe mit Mitarbeitern, Bewerbern und Kunden ist das richtige Mittel. kununu ist der richtige Weg. Aktives Reputationsmanagement ist für Unternehmen ein Meilenstein auf dem Weg zu einem guten Image als Arbeitgeber, denn man darf nicht vergessen: Kommunikation wird demokratischer und vielschichtiger, die Net-Gesellschaft lässt jeden zu Wort kommen.

Es sind gerade Skills wie Transparenz, hohe Gesprächsbereitschaft und offen gelebte Feedbackkultur, die Unternehmen in rasch wachsenden und heftig konkurrierenden Märkten unverwechselbar machen. Die Zugkraft eines etablierten Kanals hilft besonders kleinen Unternehmen, sich überregional zu positionieren und durch gelungenes Employer Branding ihre Marke zu pushen. Big Player stehen unter einer anderen Art von Zugzwang: Durch die Notwendigkeit ständiger Präsenz in den wichtigsten Onlinekanälen können große Unternehmen es sich nicht leisten, die Interaktion mit der Online-Communitiy zu verweigern.

Zu guter Letzt: Unzufriedene Mitarbeiter machen schlechte Presse. Wer einmal als schlechter Arbeitgeber im Bewusstsein des Konsumenten verankert ist, muss in weiterer Folge eine Menge Ressourcen in einen Imagewandel investieren. Getrieben vom Bedürfnis, verantwortungsbewusst zu agieren und die herrschenden Umstände zu beeinflussen, selektieren auch Konsumenten stark bei der Wahl eines Produktes oder Dienstleistungsanbieters. Ein sauberes Image macht sich also auch abseits von Recruiting bezahlt.

Vorurteile gegen Jobbewertungsplattformen existieren – zutreffend sind sie jedoch nicht

- *Ein Employer Branding-Profil auf kununu bringt nichts*
  Unzählige Studien belegen den Erfolg einer aktiven Kommunikation der Arbeitgebermarke. Denn nichts ist so überzeugend wie ein Gesamtbild aus Mitarbeiterbewertungen und Selbstdarstellung der Unternehmenskultur. Nicht nur interessierte Bewerber, sondern auch Kunden und potenzielle Geschäftspartner lassen sich von glaubwürdigem Image gerne überzeugen.
- *Wir wollen nicht bewertet werden*
  Auch im Netz hat jeder das Recht auf freie Meinungsäußerung. In Chatrooms, Foren und Blogs können Nutzer ihre Ansichten posten und mit Interessierten teilen. Der Vorteil auf kununu ist die kostenlose Möglichkeit für Unternehmen, Stellungnahmen auf Kritik abzugeben und sich somit aktiv mit den Anliegen der Mitarbeiter auseinandersetzen und Außenstehenden Kommunikationsbereitschaft signalisieren zu können.
- *Die Bewertungen sind nicht repräsentativ*
  Wer einen Blick auf die Unternehmensübersicht wirft, wird feststellen, dass die Bewertungsaufrufe die tatsächliche Anzahl der Bewertungen um ein Vielfaches übersteigen. Auch wenige Bewertungen generieren eine Vielzahl an Meinungen, welche die Außenwirkung eines Unternehmens verstärken.
- *Employer Branding? Keine Zeit!*
  Employer Branding mit kununu kostet wenig Zeit und reduziert dafür die benötigten Ressourcen für Recruiting und Employer Branding. Denn ein Profil, das nicht nur von den selbst gelieferten Informationen, sondern von den Empfehlungen und

Bewertungen anderer lebt, entwickelt sich rasch zum viralen Selbstläufer. Punktgenaue Ansprache der Zielgruppe ohne Streuverluste führt die passenden Bewerber zum richtigen Unternehmen.

Autorenbeschreibung: Martin Poreda

Frechmut ist für mich, Dinge anders zu tun, als es die Gesellschaft erwartet und auch bei Widerständen daran festzuhalten.

Martin Poreda ist Geschäftsführer und Co-Gründer der Arbeitgeber-Bewertungsplattform kununu.com. Der 36-Jährige hat Betriebswirtschaft mit Schwerpunkt Personalwirtschaft studiert und im Anschluss zehn Jahre in verschiedenen Unternehmen gearbeitet. Seine Erfahrungen als Angestellter und Bewerber weckten in ihm den Wunsch nach einem Internet-Tool wie kununu. 2007 setzte der Wiener die Idee zusammen mit seinem Bruder Mark in die Tat um. Mittlerweile ist kununu.com das größte Arbeitgeber-Bewertungsportal im deutschsprachigen Raum.

Kontakt: https://www.xing.com/profiles/Martin_Poreda

Literatur

Aichinger, H. (2013). Generation Y: Der große Irrtum. *Der Standard 72*, 4. 23/24. März 2013, nach einer Studie von Egon Zehnder International (EZI),

BITKOM Presseinfo (2013). Bewertung von Arbeitgebern

Jodeleit, B. (2010). *Social Media Relations* (S. 15). Heidelberg: dpunkt.verlag.

Weitzel et al. (2013). *Recruiting Trends im Mittelstand 2013*. Frankfurt am Main: Centre of Human Resources Information Systems (CHRIS). Universitäten Frankfurt am Main/Bamberg und Monster.

Karriere-Webseite: Das Zuhause im Personalmarketing

Henner Knabenreich

Zusammenfassung

Trotz des Hypes um Social Media: Die Karriere-Website ist und bleibt das Herzstück in der Personalgewinnung. Sie ist das Zuhause im Personalmarketing. Ganz egal, ob von einer Facebookseite, von einer Stellenanzeige oder durch eine Imagebroschüre: Alle Wege führen in diesem Falle nicht nach Rom, sondern auf die Karriere-Website. Hier finden die umworbenen Zielgruppen umfassende Informationen über den Arbeitgeber – und somit die Antwort auf die Frage, warum sich der Aufwand für eine Bewerbung überhaupt lohnt. Darum ist es entscheidend, dass die Karriere-Webseite Emotionen und genau jene Informationen bietet, die für die Bewerbungsentscheidung relevant sind und die letztlich zum Wunsch führen, sich zu bewerben. Im Zeitalter der Informationsflut wird es dabei immer wichtiger, die Informationen gut – also logisch und intuitiv auffindbar – zu strukturieren. Idealerweise findet der Bewerber die Informationen auf einen Blick, mit einem Klick.

Bevor wir uns dem „Zuhause im Personalmarketing" widmen, müssen wir erst einmal klären, was eine Karriere-Website eigentlich ist. Es geht hierbei nämlich nicht um ein Karriereportal wie beispielsweise Stepstone. Es geht hier vielmehr um den Bereich auf Ihrer Corporate Website, der Sie als Arbeitgeber vorstellt. Den gibt es doch hoffentlich, oder? Ich hoffe, dass Sie wenigstens Ihre Jobs posten. Das ist zwar schon ein Anfang, reicht aber noch lange nicht. Wenn Sie am Ende des Artikels angelangt sind, wissen Sie auch, warum. Die Karriere-Website ist der Bereich auf Ihrer Unternehmens-Website, auf dem Sie sich als Arbeitgeber Ihren gesuchten Zielgruppen präsentieren, umfangreiche Einblicke ins Unternehmen vermitteln und über Jobs informieren. Oft ist dies sogar ein separater Auftritt, losgelöst von der Corporate Website. Hier sprechen wir dann der Einfachheit halber von einer Microsite.

Henner Knabenreich ✉
Frauenlobstraße 6, 65187 Wiesbaden, Deutschland
e-mail: henner@knabenreich-consult.de

J. Buckmann (Hrsg.), *Einstellungssache: Personalgewinnung mit Frechmut und Können*,
DOI 10.1007/978-3-658-03700-0_12, © Springer Fachmedien Wiesbaden 2013

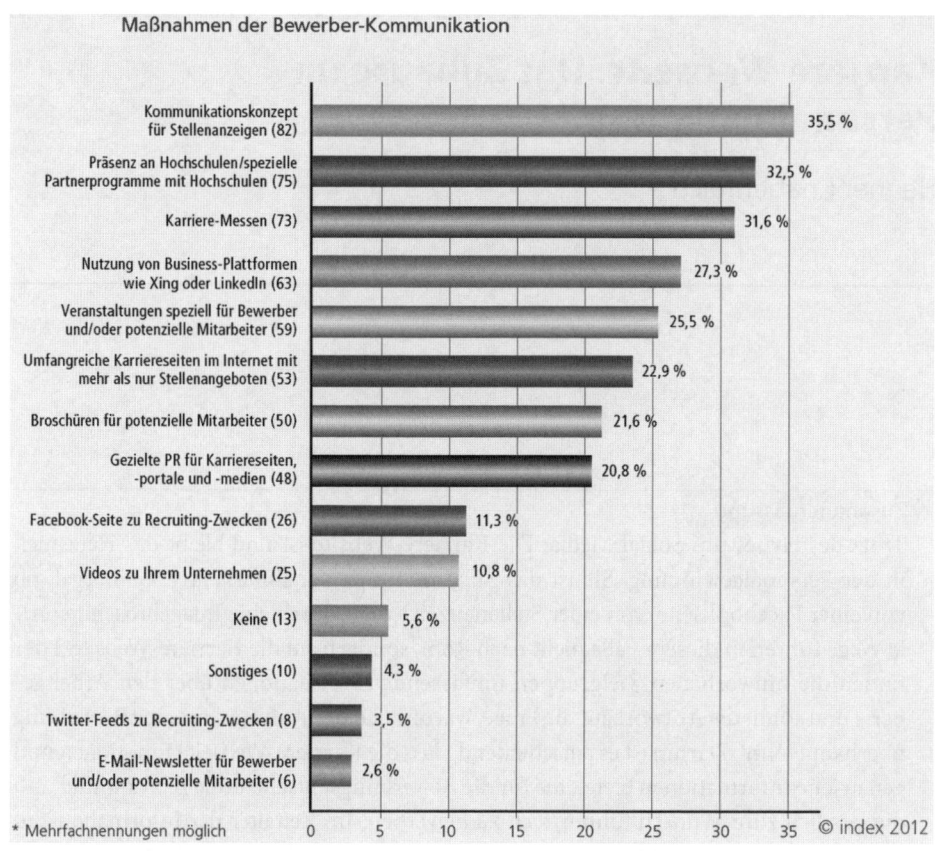

Abb. 33 Maßnahmen der Bewerberkommunikation (Quelle: index Marktforschung 2012)

Eines müssen Sie sich auf jeden Fall hinter die Ohren schreiben: Ihre Karriere-Website ist die Hauptanlaufstelle von Bewerbern – egal, ob sie über Ihre Stellenanzeige, Ihre Social-Media-Präsenz, Mitarbeiterempfehlungen oder über Google dorthin gelangen. Und weil sie letztendlich im Mittelpunkt all Ihrer Personalmarketingbemühungen steht, können wir sie getrost als das „Zuhause" definieren.

Trotz der Wichtigkeit fristet dieses Personalmarketing-Instrument in der Bewerberkommunikation bei deutschen Unternehmen eher ein Schattendasein, wie eine Untersuchung der index Marktforschung (Abb. 33) unter 231 Personalverantwortlichen ergab (index Expertenbefragung Employer Branding 2012, S. 12).

Demnach setzen gerade einmal 22,9 Prozent der befragten Unternehmen auf eine Karriere-Website, auf der mehr als nur Stellenangebote zu sehen sind. Und das im Jahr 2012 und im Zeitalter des allgegenwärtigen Fachkräftemangels.

Und schaut man sich mal die Entwicklung des Smartphone-Marktes und die damit einhergehende Nutzung des Internets durch mobile Endgeräte an, so wird man sehr schnell feststellen, dass kein Weg daran vorbei geht, auch die Karriere-Website für die mobile Ansicht zu optimieren. Dieses sorgt nicht nur für eine bessere Nutzerfreundlichkeit, auch Google freut sich über mobil optimierte Websites. Diese werden nämlich in den Suchergebnissen bevorzugt behandelt. Ergo: Ihre Auffindbarkeit steigt auch hier. Mobil optimiert heißt im Übrigen optimale Seitenansicht auf jedem verwendeten Endgerät (unabhängig von Browser und/oder Bildschirmauflösung), vereinfachte Seitenstrukturen und aufs Wesentliche reduzierter Inhalt. Beispielsweise weniger Bilder, um die Ladezeiten nicht unnötig zu überstrapazieren. Mehr zum Thema Mobile finden Sie im Beitrag von Frank Staffler von der Deutschen Telekom in diesem Buch.

Ohne Auffindbarkeit keine Informationsversorgung

Ihre Karriere-Website kann noch so toll sein, noch so schöne Videos oder Bilder aufweisen – wenn sie nicht gefunden wird, war alles für die Katz beziehungsweise geht die Kommunikation komplett am Bewerber vorbei. Dieses „gefunden werden" bezieht sich auf zwei Aspekte: Zum einen die Auffindbarkeit über Suchmaschinen (konkreter Google), zum anderen die Auffindbarkeit der Informationen beziehungsweise des Karrierebereichs an sich auf Ihrer Corporate Website.

Was glauben Sie eigentlich, wie Bewerber auf Ihre Webpräsenz gelangen? Klar, zum einen sind diese über ein Stelleninserat gestolpert (indem Sie hoffentlich die URL (=Internetadresse Ihrer Karriere-Website) angegeben haben) oder über eine Broschüre, die Sie auf der Messe ausgegeben haben. Das sind dann die, die Sie als Arbeitgeber schon mal auf dem Radarschirm haben. Zum anderen sind das aber die, die Sie noch nicht kennen und durch Zufall auf Ihre Website gelangen. Das zumindest passiert, wenn Sie das Thema Suchmaschinenoptimierung beherzigen. Darauf komme ich später noch einmal zurück. Das heißt also, dass Sie zum einen die Bewerber direkt auf Ihrer Homepage abholen müssen, zum anderen aber auch auf den Unterseiten, den – wenn man so will – Zielseiten, über die Sie auf Google gefunden werden. Dann müssen wir noch unterscheiden, ob der Bewerber direkt auf Ihrer Karriere-Website landet oder aber den Weg über Ihre Unternehmenshomepage geht.[1]

Auffindbarkeit auf Ihrer Homepage

Gehen wir mal von letzterem Fall aus. Kommt Ihr Besucher also auf Ihre Unternehmenshomepage (das kann auch durchaus ein Kunde oder Mitbewerber sein), so sollten Sie ihm

---

[1] Kurz zum Verständnis: Die Homepage bezeichnet immer die Startseite einer Website. Eine Webseite ist die einzelne Seite einer Internetpräsenz. Eine Website ist die Gesamtheit aller einzelnen (Web)-Seiten. Die Corporate Website ist dem zufolge die gesamte Internetpräsenz Ihres Unternehmens und die Karriere-Website der Teil Ihrer Unternehmenspräsenz, auf die Sie über Karriereperspektiven und Jobs im Unternehmen informieren (synonym: Karriereseiten).

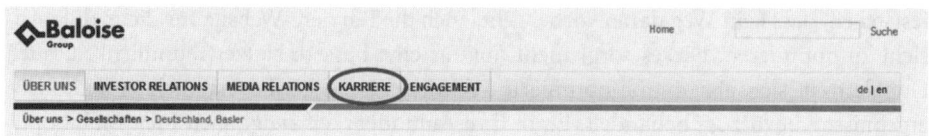

Abb. 34 „Karriere"-Reiter in der Hauptnavigation (am Beispiel Baloise) (Quelle: http://www.baloise.com/de)

den Weg zu den Karriere-Informationen möglichst einfach gestalten. Wie das geht? Im einfachsten Fall über die Hauptnavigation Ihrer Seite, wie in Abb. 34 gezeigt.

Das Ganze also möglichst prominent und mit einem klar verständlichen und beschreibendem Namen. Beziehungsweise einer Bezeichnung, die vom Nutzer erwartet wird. Also naheliegenderweise „Karriere". Oder auch „Jobs & Karriere". Das ist, wonach gesucht beziehungsweise wonach die Seite abgescannt wird. Begriffe wie „HR", „Für Bewerber", „Personal" oder ganz besonders kreative Ergüsse wie zum Beispiel „Starten Sie durch!" haben in der Navigation nichts zu suchen.

Und natürlich sollte der Karriere-Bereich auf einen Blick erfassbar sein. Und nicht unter „Über uns", „Aktuelles" oder in der so genannten Meta-Navigation (die meist klein und unauffällig dargestellten Links ganz oben auf der Homepage) beziehungsweise im Footer (also ganz unten irgendwo auf der Homepage) versteckt. Auch sollte dieser Bereich jederzeit gut sichtbar und von jeder Seite aus erreichbar sein.

Sie müssen sich immer vor Augen halten, dass so nicht nur der bewusst auf Sie aufmerksam gewordene Bewerber die Informationen findet, sondern auch derjenige, der noch gar nicht weiß, dass er bei Ihnen arbeiten möchte. Also zum Beispiel ein Kunde oder auch Mitbewerber Ihres Unternehmens. Ist ja durchaus möglich, dass Sie einen interessanten Job für ihn haben, oder?

Auffindbarkeit über Google

Natürlich ist es auch entscheidend, dass Sie über Google aufgefunden werden. Damit ist jetzt nicht gemeint, dass man über die Eingabe von „Jobs" oder „Karriere" in Verbindung mit Ihrem Unternehmensnamen Ihre Karriere-Website findet. Das sollte eigentlich selbstverständlich sein. Wenn nicht, sollten Sie schleunigst nachbessern.

Letztendlich erreichen Sie hier nur die, die Sie schon als Arbeitgeber vor Augen haben. Viel spannender und zielführender aber ist es doch, auch die zu erreichen, die noch gar nicht wissen, dass sie bei Ihnen arbeiten möchten. Die also durch „Zufall" auf Ihre Karriere-Website oder Jobangebote aufmerksam werden. Womit wir auch schon beim Stichwort wären: Jobangebote. Googeln Sie doch mal spaßeshalber Ihre Stellenangebote. Wenn Sie sich dann auf Google finden, scheinen Sie schon einiges richtig gemacht zu haben. Sie müssen immer vor Augen haben, dass ein Großteil der Bewerber nach Jobs direkt über Google sucht – und nicht zwingend auf Stellenbörsen. Übrigens gilt das auch für Meta-Suchmaschinen wie beispielsweise kimeta als Jobagent. Diese suchen Unternehmenswebsites nach Jobangeboten ab. Wenn diese dann so aufbereitet sind, dass sie von deren Crawler erfasst werden können, tauchen diese nicht nur in deren Suchergebnissen auf, sondern führen diese dann aufgrund suchmaschinenoptimierter Aufbereitung auf Ihre Karriere-Website.

Aber nicht nur über Jobangebote sollte man Sie finden. Auch über Suchbegriffe, die im Kontext Jobs beziehungsweise Karriere und entsprechendem Aufgabenbereich stehen. Zum Beispiel „Trainee im Einzelhandel". Wenn man Sie da findet, sind Sie Ihrem Wettbewerb schon mehr als eine Nasenlänge voraus.

Natürlich würde es an dieser Stelle zu weit führen, einen kompletten Ratgeber in Sachen Suchmaschinenoptimierung abzudrucken. Auch sind Sie als Personalmarketing-Verantwortlicher an dieser Stelle wahrscheinlich ein wenig überfordert. Ein Blick auf den Großteil (auch preisgekrönter) Karriere-Websites zeigt, dass dieses Thema sträflich vernachlässigt wird. Oftmals ist man einfach nicht mehr bereit, dafür Budget bereitzustellen oder aber es wird schlichtweg vergessen. Sie sollten das Thema aber unbedingt auf der Agenda haben und bei Ihrer IT oder Ihrer Agentur darauf bestehen, dass man sich dieses Themas annimmt. Drei konkrete Tipps habe ich Ihnen dennoch zusammengetragen.

URL, Struktur & Navigation

Wie schon erwähnt, sollte der Karriere-Bereich möglichst direkt von der Startseite/aus der Hauptnavigation heraus verlinkt sein. Auch sollten inhaltlich im Kontext stehende Seiten untereinander verlinkt sein. Diese sollten auch den Begriff enthalten, auf den thematisch verlinkt wird. Wenn Sie also beispielsweise Informationen zum Traineeprogramm bereitstellen, verlinken Sie direkt diesen Begriff und nicht etwa nur „hier", „mehr" oder „weitere Infos". Zudem sollten die Seiten alle über „sprechende" Internetadressen (URL = Uniform Resource Locator) verfügen. Oder anders ausgedrückt, den Navigationspfad abbilden. Also nicht www.unternehmensname.de/cap/deabb206/3bcf5e2e49fc1.aspx, sondern www.unternehmensname.de/karriere/maschinenbau-ingenieure.

Text & Titel

Wählen Sie für jede einzelne Website einen eigenen Titel, der zudem eine kurze Beschreibung dessen darstellt, was auf der Website wiedergegeben wird. Hier sollten Sie die wichtigsten Keywords unterbringen. Und genau diese sollten sich dann auch in der Hauptüberschrift, in Zwischenüberschriften, in Querverlinkungen und im Text wiederfinden.

Bild

Ein Bild sagt nicht nur mehr als tausend Worte, sondern kann auch Informationen für Nutzer und Suchmaschinen bereitstellen. Wichtig auch hier, dass Sie dem Bild einen beschreibenden Alternativtext (so genannter ALT-Tag) mitgeben und sowohl das Bild selbst als auch die Bilddatei kontextbezogen benennen. Zum Beispiel Bilddatei: ausbildung-einzelhandel.jpg; Alternativtext „Ausbildung im Einzelhandel".

Auffindbarkeit im Browser

Übrigens sollten Sie auch dafür sorgen, dass man Ihre Karriere-Website über die direkte Eingabe im Browser erreicht. Was spricht eigentlich dagegen, dass Ihre Website über die Eingabe des Unternehmensnamens mit Zusatz von „karriere", also www.unternehmensnahme.de/karriere, zu erreichen ist? Nennen Sie mir einen wirklich triftigen Grund und ich erstatte Ihnen den Buchpreis zurück! Selbst, wenn Sie über eine andere Domainendung verfügen oder Sie mit einer Subdomain wie www.karriere.unternehmensname.de arbeiten, eine solche Weiterleitung ist im Nu eingerichtet und kostet Sie außer einer geringen Gebühr nur ein paar Mausklicks. Ihre Vorteile? Bewerber können Sie intuitiv auffinden und Sie haben eine Internetadresse, die sich wunderbar kommunizieren lässt – ob in Broschüren, in Stellenanzeigen oder wo auch immer.

Design & Layout = nutzerfreundlich = bewerberfreundlich

Ihre Website wurde also gefunden. Glückwunsch! Nun geht es darum, dem Bewerber alle für ihn relevanten Informationen bereitzustellen. Und zwar so, dass diese auf seine Bedürfnisse zugeschnitten sind und er diese möglichst schnell findet. Meine Devise lautet dabei immer: „Auf einen Blick, mit einem Klick!" In diesem Zusammenhang möchte ich hier das Zitat eines Bewerbers erwähnen, welches wunderbar auf den Punkt bringt, worum es geht:

> Als Bewerber erwarte ich auf der Unternehmenswebsite sauber getrennte Bereiche für die unterschiedlichen Bewerberarten – [...] Es ist echt übel, wenn mir Unternehmen einen Brei von Infos vorsetzen und ich mir selber zusammensuchen muss, was mich davon interessiert. Oft fliegen Unternehmen bei mir aus dem Rennen, wenn sie keine ordentliche Website haben (Haitzer 2011, S. 78).

Bitte halten Sie sich dieses Zitat stets vor Augen. Und noch etwas möchte ich Ihnen mit auf den Weg geben und Sie bitten, sich das hinter die Ohren zu schreiben: Der nächste Arbeitgeber ist nur einen Mausklick entfernt. Ob Sie das wahrhaben wollen, oder nicht. Insofern ist es also essenziell, diese Punkte zu beachten.

Erwartungskonforme und intuitive Struktur

Zunächst einmal sollten Sie wissen, dass ein Nutzer einer Internetseite immer eine gewisse Erwartungshaltung hat, an welcher Stelle er die Informationen findet. Hierbei hat sich im Laufe der Jahre gezeigt, dass Nutzer nicht nach der Navigation suchen wollen, sondern ganz klare Erwartungen haben, wo sich diese zu befinden hat: Im linken und/oder oberen Bereich der Seite. Die umgekehrte L-Navigation (Abb. 35), also eine Kombination aus oberer Navigation und linker Navigationsleiste hat sich mittlerweile als Standard etabliert (siehe auch Usability als Erfolgsfaktor, Miriam Eberhard-Yom, Cornelsen, S. 37).

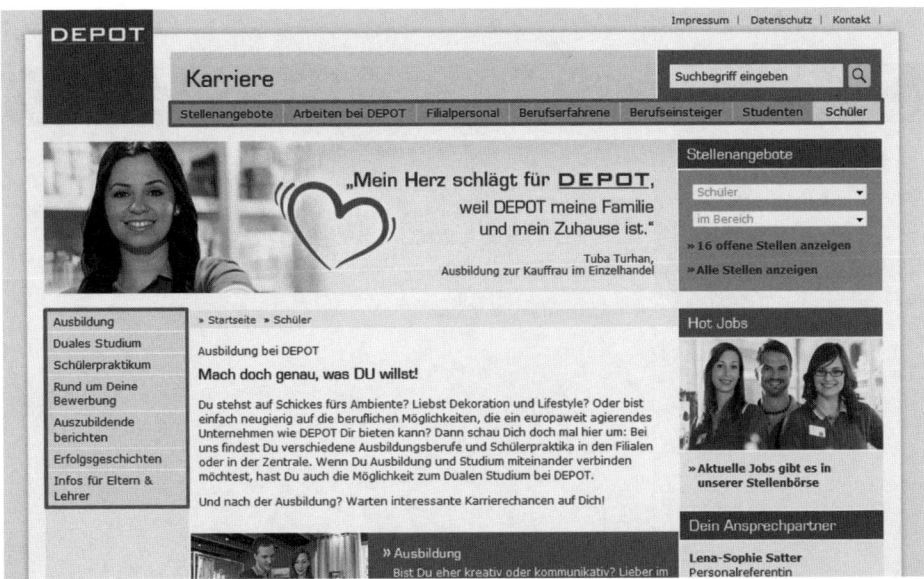

Abb. 35 Umgekehrte L-Navigation am Beispiel der DEPOT-Karriere-Website (Quelle: http://www. karriere.depot-online.com/schueler)

Meine Empfehlung lautet daher an dieser Stelle: Keine Experimente. Erfinden Sie das Rad nicht neu, sondern orientieren Sie sich am Nutzer Ihrer Website. Er wird es Ihnen danken.

Wählen Sie zudem klare und eindeutige Bezeichnungen für Ihre Navigationspunkte, so dass man dem Begriff entnehmen kann, was sich dahinter verbirgt und sich der Bewerber intuitiv durch die Website bewegen kann. Apropos Navigationspunkte: Auch diese sollten Sie gezielt und wohl bedacht wählen. Sieben bis neun Punkte stellen das Maximum dar und ermöglichen eine optimale Übersichtlichkeit. Eine mögliche „gelernte" Struktur könnte dann so aussehen: Jobs – Arbeiten bei XY– Berufserfahrene – Berufseinsteiger – Studenten – Schüler.

▸   *Wohlgemerkt: Es handelt sich um ein Beispiel! Übernehmen Sie das nicht unreflektiert! Mehr dazu im nachfolgenden Kapitel.*

Auch innerhalb der Unterpunkte/Unterseiten sollten Sie die oben genannte Anzahl nicht überschreiten. Dennoch gibt es sehr wohl Websites, die eine Vielzahl an Unterpunkten haben, welche die Übersichtlichkeit erschweren, wie die (hoffentlich abschreckende) Abb. 36 zeigt.

Schaffen Sie Bewerbern zusätzliche Orientierung durch Teaserboxen, Querverlinkungen und Schnellzugriffs-Optionen. Hier sieht der Nutzer auf einen Blick, welche Infos ihn wo erwarten und kann diese mit einem oder wenigen Mausklicks erreichen (Abb. 37).

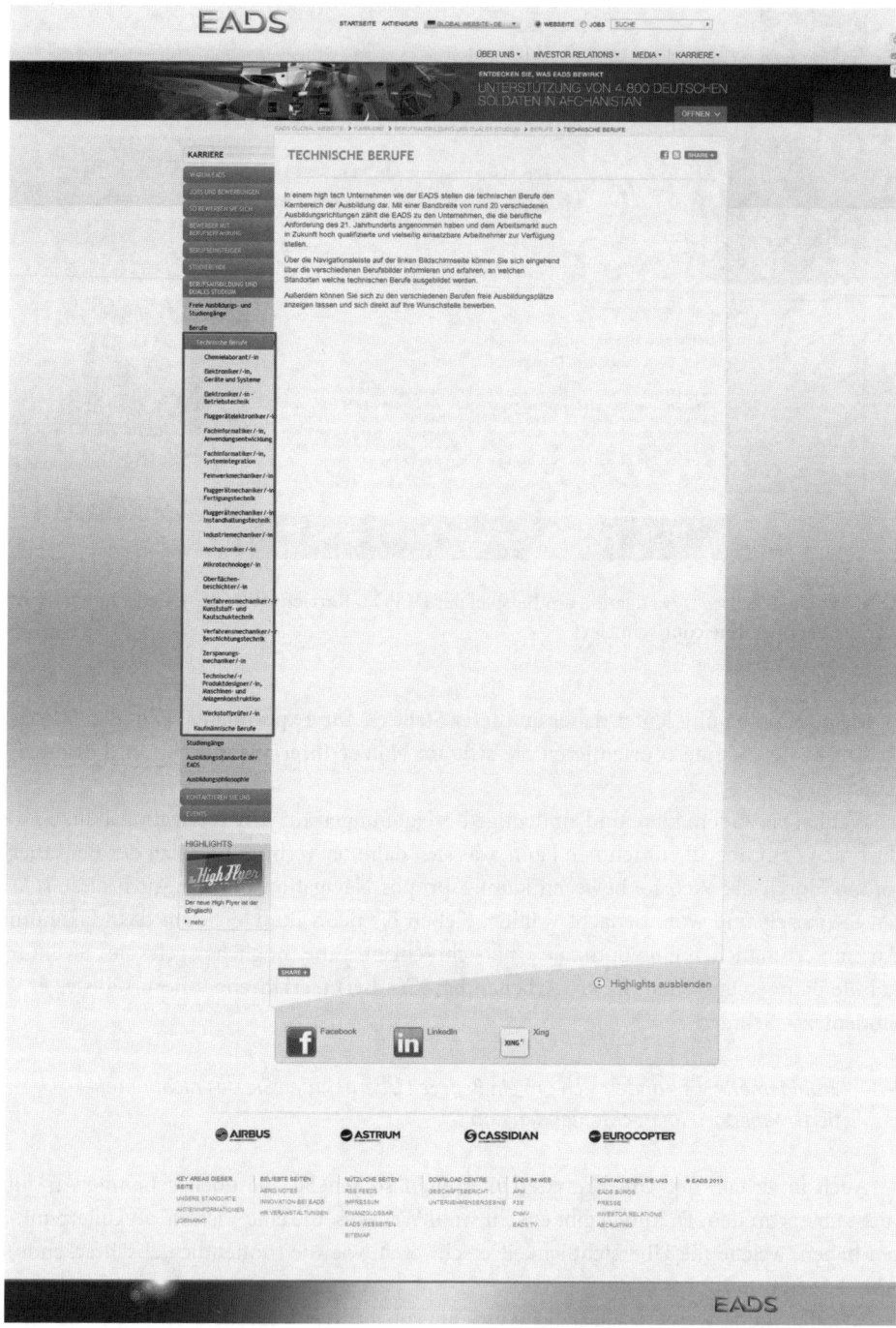

Abb. 36 Navigation auf der EADS-Karriere-Website (Quelle: http://www.eads.com/eads/germany/de/jobs-und-karriere/ausbildung-und-duales-studium/berufe/technische-berufe.html)

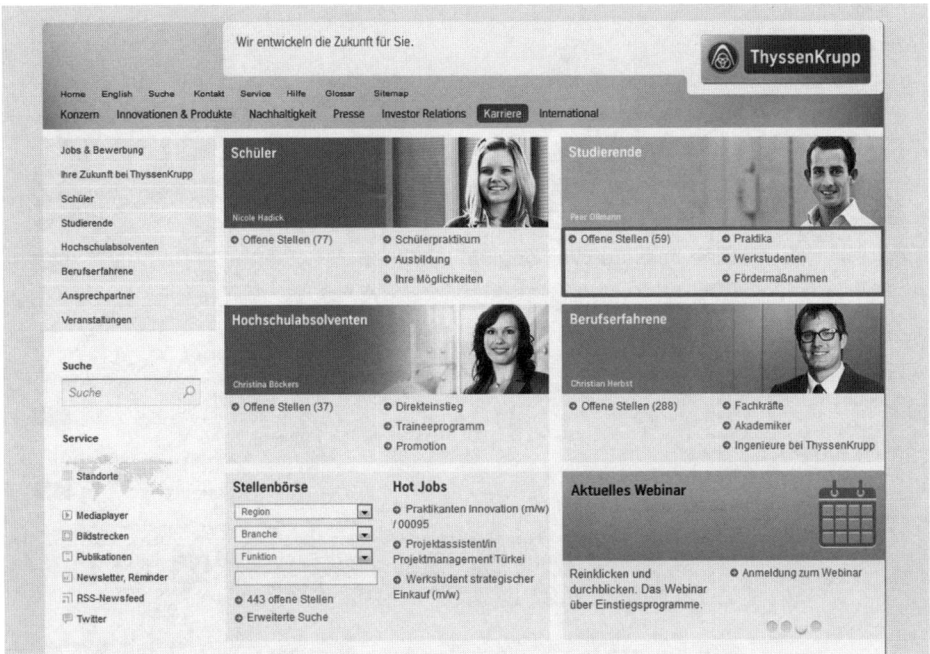

Abb. 37 Schnellzugriffe am Beispiel der ThyssenKrupp-Karriere-Website (Quelle: http://www. karriere.thyssenkrupp.de)

Natürlich sollte Ihre Website auch sonst eine klare Struktur haben, d. h. also arbeiten Sie mit Textblöcken, Zwischenüberschriften, Bildern etc. und behalten Sie die Seitenstruktur/das Seitenlayout bei. Stichwort Konsistenz. Der Nutzer wird es Ihnen danken.

Zielgruppenorientierung und -ansprache

Kommen wir einmal zurück auf das obige Zitat. Der Bewerber erwartet „sauber getrennte Bereiche für die unterschiedlichen Bewerberarten". Bietet das Ihre Website? Schauen Sie sich einmal die Beispiele in Abb. 38 und Abb. 39 an.

Fällt Ihnen der Unterschied auf? Während der Bewerber im ersten Beispiel erst einmal die kleinteiligen Navigationselemente abscannen muss und wesentliche (=zielgruppenrelevante) Bereiche nicht mit einem Klick zu erreichen sind, findet er diese im zweiten Beispiel sofort. Im Übrigen findet man auf vielen Karriereseiten (wenn man sie denn findet) eine Unterteilung der Zielgruppen nach Einstiegslevel. Klassischerweise sind dies Berufserfahrene (neudeutsch auch gerne „Professionals"), (Hochschul)-Absolventen, Studenten und Schüler. Das ist schon ein Schritt in die richtige Richtung. Ohne Frage kann sich ein Nutzer der jeweiligen Zielgruppe nach Einstiegslevel zuordnen. Meistens liegt jedoch Ihr Fokus auf

Abb. 38 Die Karriere-Startseite von ABB (Quelle: http://www.abb.com/de/karriere)

einer bestimmten Zielgruppe nach Funktionen – beispielsweise Elektroingenieure. Oder
Vertriebler. Warum also sollten Sie diese dann nicht direkt ansprechen? Auch hier erstatte ich Ihnen den Kaufpreis und lade Sie zudem zum Kaffee ein, wenn Sie mir nur einen
einzigen triftigen Grund nennen.

Abb. 39 Die Karriere-Startseite von DEPOT (Quelle: http://www.karriere.depot-online.com)

So sieht der Bewerber im zweiten Beispiel auf den ersten Blick, dass primär Filialperso-
nal gesucht wird, zudem aber auch Positionen für Trainees oder Fach- und Führungskräfte
im Vertrieb. Unabhängig von dieser Einordnung erfolgt aber auch eine Zielgruppenansprache nach Einstiegslevel. Auch kann er sich auf der Seite mit einem Klick in die nächste
untere Ebene bewegen, ohne eine Zwischenseite aufrufen zu müssen. Während hier also
die Devise „auf einen Blick, mit einem Klick" sehr gut umgesetzt wurde und der Bewerber
optimal abgeholt wird, wirkt die Website aus Beispiel 1 wenig einladend und es macht nicht
unbedingt Spaß, sich hier durchzuklicken.

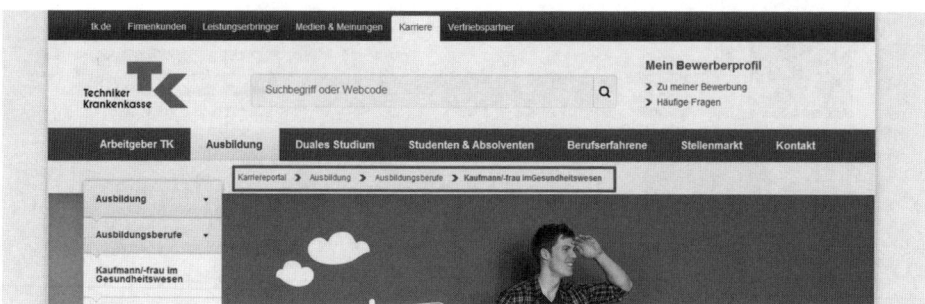

Abb. 40 Breadcrumb-Navigation am Beispiel der Techniker Krankenkasse (Quelle: http://www.tk.de/tk/100-ausbildung/ausbildungsberufe/100-kaufleute-im-gesundheitswesen/503236)

Vergegenwärtigen Sie sich einfach immer, dass Sie es Ihrem Bewerber möglichst einfach machen sollten. Umso größer ist die Wahrscheinlichkeit, dass er und Sie ans Ziel der gemeinsamen „Träume" kommen, der Bewerbung und nachfolgenden Einstellung.

Orientierung ermöglichen

Auch wenn es eigentlich selbstverständlich sein sollte, muss ich an dieser Stelle darauf hinweisen. Ganz einfach aus dem Grunde, weil es das auf vielen Websites nicht ist: Dem Nutzer optimale Orientierung auf der Website bieten. Das heißt, dass er – egal auf welcher Seite er sich befindet – jederzeit die für ihn relevanten Infos findet und vor allem auch vor- und zurück navigieren kann. Ein Muss ist der so genannte Home-Button, also das Element im Navigationsmenü, mit der er sich auf den Ausgangspunkt der Website bewegen kann. Eine echte Erleichterung ist die sogenannte Pfad- oder Breadcrumb-Navigation (Abb. 40). Diese ermöglicht dem Nutzer nachzuvollziehen, auf welcher Ebene der Website er sich befindet.

Auch die Möglichkeit der Freitextsuche (also eine Art „Google-Suche") für die Inhalte Ihrer Karriere-Website sowie eine Sitemap (das ist die Struktur oder eine Übersicht aller Webseiten Ihrer Internetpräsenz) vereinfachen dem Nutzer die Orientierung.

Auch hier möchte ich nicht zu sehr in die Tiefe gehen, hier gibt es entsprechende Literatur zu den Themen Website-Architektur, Usability etc., die sich natürlich ohne Weiteres auf Karriere-Websites anwenden lässt.

Im Übrigen sollten Ihre Stellenangebote von jeder Seite aus zu erreichen sein. Und wenn ich hier schreibe von jeder Seite, so meine ich das wortwörtlich. Wo ist das Problem, zumindest auf jeder Seite auf die Stellenbörse zu verlinken? Bedenken Sie auch immer, dass Nutzer ganz unterschiedlich auf Ihre Website gelangen. Nicht jeder kommt über die Startseite, sondern wird vielmehr über Google auf Ihre Website gelotst. Insofern ist es so wichtig, den Zugang zu den relevanten Informationen/Bereichen möglichst einfach zu gestalten und von jeder Seite aus zu ermöglichen.

Inhalt: Mehrwert bieten und Arbeitgeber erlebbar machen

Schrieb ich zu Anfang, dass es nicht ausreicht, einfach nur die Stellenangebote zu präsentieren, stellt sich vielleicht die Frage, welche Informationen eigentlich relevant sind. Meine Empfehlung, die ich nicht oft genug wiederholen kann: Versetzen Sie sich immer in die Lage eines Bewerbers. Was möchte der über Sie wissen, welche Informationen sind für ihn relevant und vor allem: Warum sollte er sich nun ausgerechnet bei Ihnen bewerben? Hand aufs Herz, können Sie in wenigen Worten darstellen, was Sie als Arbeitgeber ausmacht und wofür Sie stehen? Was Ihre Alleinstellungsmerkmale sind? Und bitte kommen Sie mir jetzt nicht mit ausgearbeiteten Claims und Floskeln, die vielleicht wohltönend sind aber keinen Inhalt transportieren.

Bedenken Sie, dass eine authentische und glaubwürdige Kommunikation mit Ihren Bewerbern nur dann möglich ist, wenn Sie sich im Vorfeld intensiv mit Unternehmenskultur, Werten und Zielen auseinander gesetzt haben. Und das machen Sie sinnvollerweise nicht für sich allein im stillen Kämmerlein, sondern in einem interdisziplinären Team mit mehreren Workshops, Mitarbeiterbefragungen etc. Im Zweifelsfall holen Sie sich auch jemanden ins Haus, der sich damit auskennt und das Ganze moderiert. Mehr zum Thema Employer Value Proposition im Artikel von Ralf Tometschek in diesem Buch.

Warum man sich ausgerechnet bei Ihnen bewerben sollte

Sie sollten sich also intensiv damit auseinandersetzen, wofür Sie als Arbeitgeber stehen und was Sie zu bieten haben. Und genau dies sollten Sie kommunizieren. Das Ganze bitte nicht in Form von platten Floskeln und leeren Worthülsen (wir sind innovativ, wir sind Weltmarktführer), sondern mit Beispielen aus der Praxis unterfüttert. Bieten Sie Kinderbetreuung für Ihre Mitarbeiter? Darf man seinen Hund mit ins Büro bringen? Können Ihre Mitarbeiter Sabbaticals machen? Dann sprechen Sie darüber. Nicht umsonst heißt es: „Tue Gutes und sprich darüber". Das gilt durchaus auch für Sie als Arbeitgeber. Idealerweise illustrieren Sie das, was Sie zu sagen haben, auch noch mit Fotos oder Videos, die das Unternehmen/die Unternehmenskultur greif- und erlebbar machen.

Welche Inhalte Sie vermitteln sollten? Da gibt es im Grunde genommen fast keine Grenzen. Auf den Punkt gebracht: Alles, was Sie als (attraktiver) Arbeitgeber ausmacht und was die Zielgruppe interessiert. Orientieren Sie sich dabei auch an Bewerber- (zum Beispiel Trendence, McKinsey, Kienbaum) und Jugendstudien (zum Beispiel Shell- oder JIM-Studien). Vermitteln Sie praxisbezogene Infos zu Unternehmenskultur und informieren Sie über Diversity, Nachhaltigkeit, soziale Verantwortung und Arbeitsklima (Abb. 41).

Vermitteln Sie zudem Infos zu Personalentwicklung und Weiterbildung, zu Vergütung, Arbeitszeit und Benefits, zur Vereinbarkeit von Beruf & Familie. Berichten Sie darüber, wenn Sie umfangreiche Weiterbildungsmaßnahmen anbieten (und wie die aussehen), wie Vergütungspakte beziehungsweise Benefits gestaltet sind (das kann auch durchaus das Bereitstellen von Smartphones oder Rechnern auch für die private Nutzung sein, die Über-

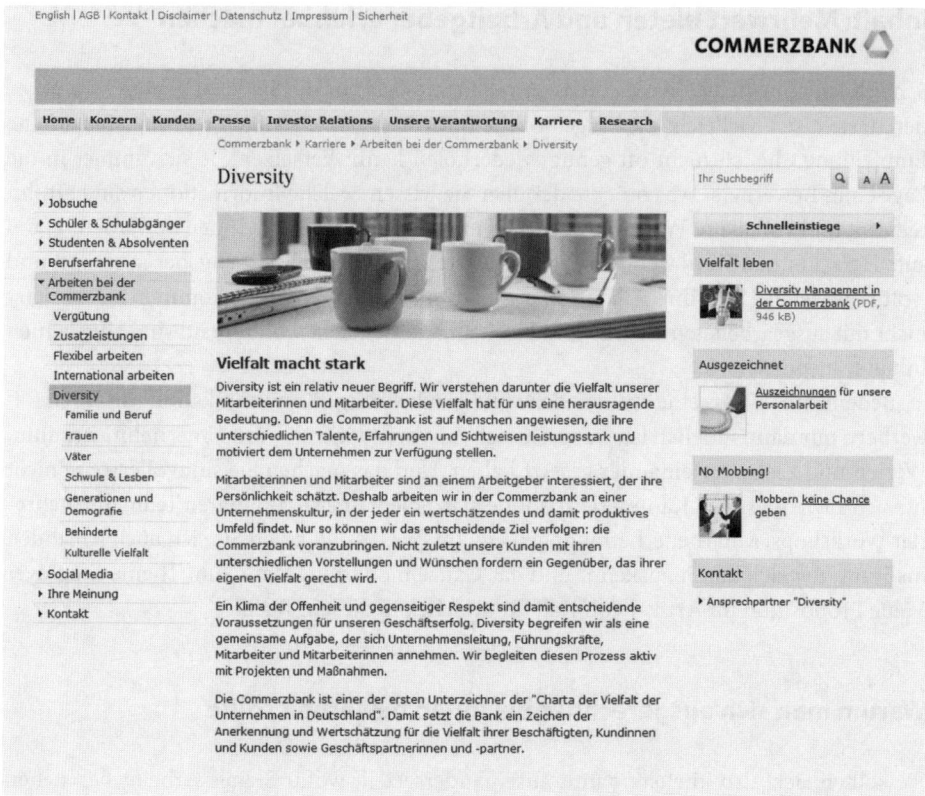

Abb. 41 Umfangreiche Informationen zu Diversity auf der Karriere-Website der Commerzbank (Quelle: https://www.commerzbank.de/de/hauptnavigation/karriere/arbeiten_bei_der_commerzbank/diversity___/diversity.html)

nahme der Fahrspesen für den Arbeitsweg, Fitnessstudio und vieles mehr). Sprechen Sie drüber, wenn Sie Kita-Plätze oder flexible Arbeitszeitmodelle anbieten.

Ach ja, und bevor ich's vergesse: Auch hier gilt es, das Ganze zielgruppenorientiert aufzubereiten. Bedenken Sie immer, dass ein Schüler, ein Student und ein Berufserfahrener ganz unterschiedliche Bedürfnisse haben, was die Informationsversorgung angeht. Das Gleiche gilt auch für die Ansprache an sich. Einen Schüler müssen Sie von der (An-)Sprache, von der Wortwahl ganz anders abholen, als einen gestandenen Berufserfahren. Sollte klar sein, ist es aber offensichtlich nicht.

Auch Infos zu Ihrem Unternehmensstandort sollten nicht fehlen. Nicht jedes Unternehmen liegt in vermeintlich attraktiven Städten wie München oder Hamburg. Stellen Sie also die Region und Ihre(n) Standort(e) vor, geben Sie Infos zu Kultur und Freizeit, informieren Sie über Wohnangebote und über den öffentlichen Nahverkehr. Bieten Sie Unterstützung bei der Wohnungssuche? Dann dürfen Sie auch so etwas gerne nennen! Liegt Ihr Unternehmensstandort in einer Region, wo andere Urlaub machen? Dann erwähnen Sie dies und machen Sie Lust auf mehr. Greifen Sie dabei ruhig in die Trickkiste des Tourismusmarketings.

Bei all dem, was Sie nach außen kommunizieren, sollten Sie eines immer beachten: Die Karriere-Website schafft die Grundlage für die Erwartungshaltung des Bewerbers an den Arbeitgeber und dient seiner Selbstselektion. Es gilt das Gebot der Authentizität. Daher also niemals Tatsachen oder Werte vorspiegeln, die nicht der Realität entsprechen. Sie wollen schließlich nicht möglichst viele, sondern die *passenden* Bewerber. Lassen Sie daher auch Ihre Mitarbeiter zu Wort kommen. Diese sind die besten Botschafter Ihres Unternehmens. Mehr dazu im Beitrag „Markenbotschafter" von Florian Schrodt in diesem Buch.

Ein (Bewegt-)bild sagt mehr als 1000 Worte

Sie haben umfangreiche Informationen über sich als Arbeitgeber und das, was Bewerber bei Ihnen erwarten, zusammengetragen? Und das in ansprechende, Lust auf die Bewerbung machende Worte verpackt? Perfekt! Was jetzt noch fehlt, sind die passenden Bilder. Auch hier gilt das Gebot der Authentizität. Sie haben herausgearbeitet, was Sie als Arbeitgeber so einzigartig macht? Ich verrate Ihnen was: Es sind Ihre Identität, die gelebten Werte und Ihre Mitarbeiter. Insofern sollten Sie Ihre Mitarbeiter von einem professionellen „People"-Fotografen beziehungsweise einem Videoteam, welches sehr empathisch agiert, in ihrer typischen Arbeitsumgebung oder mit typischen Produkten Ihres Unternehmens so in Szene setzen lassen, dass man diese Werte spürt.

Kein Stockmaterial bitte

Das heißt für Sie: Stockfotos sind tabu. Verabschieden Sie sich von fotolia, istockphoto und Co. Warum? Schauen Sie sich mal auf den Karriere-Websites und Stellenanzeigen dieser Welt um. Sie glauben gar nicht, auf wie vielen Sie die ewig gleichen Zahnpastagrinsegesichter wiederfinden. Klar, es ist verlockend. Bilddatenbanken bieten eine Hülle und Fülle an Bildmotiven von Menschen. Und dies zu Schnäppchenpreisen. Wie glaubwürdig und überzeugend aber sind Sie als Arbeitgeber, wenn auf Ihrer Karriere-Website oder Ihrer Stellenanzeige die gleichen Gesichter prangen wie auf der Ihrer Wettbewerber? Abgesehen davon, dass in solchen Datenbanken nun mal zum größten Teil amerikanische Models zu finden sind, die vor allem eins tun: Dämlich in die Kamera grinsen (Abb. 42).

Es lohnt sich also in jedem Falle, selber Hand anzulegen beziehungsweise jemanden damit zu beauftragen, der sich damit auskennt. Bedenken Sie dabei auch, dass sich ein Mitarbeiter-Fotoshooting in mehrfacher Hinsicht lohnt. Zum einen können Sie die Bilder natürlich universell – also nicht nur auf Ihrer Website – nutzen. Zum anderen schaffen Sie damit aber auch ein „Wir"-Gefühl unter Ihren Mitarbeitern, die Identifikation mit Ihnen als Arbeitgeber steigt. Die Mitarbeiter sind stolz, ihr Gesicht nach außen zu zeigen. Und das spürt auch der Bewerber (Abb. 43).

Abb. 42 Stockmaterial hat auf Karriere-Websites nichts zu suchen (Quelle: http://www.pollmeier.com/de/karriere/schueler/)

Bewegtbild kommt an

Noch spür- und erlebbarer werden Sie natürlich, wenn Sie sich via Bewegtbild präsentieren, sprich Videos Ihre Mitarbeiter, ihre Aufgaben und das Arbeits- respektive Unternehmensumfeld zeigen. Vor dem Hintergrund der Authentizität und der Tatsache, dass man sich ja über Sie als Arbeitgeber informieren möchte, sollten Sie allerdings Abstand von peinlichen Rap- oder Tanz-Videos nehmen. Es sei denn, Sie wollen das Risiko eingehen, dass man sich im Social Web die Mäuler über Sie zerreißt. Aber auch ansonsten gilt es ein paar Dinge zu beachten, schließlich soll das Ganze ja authentisch sein und dem Bewerber die Information verschaffen, die er für seine Entscheidung benötigt. Insofern gilt auch hier, nur echte Mitarbeiter zu Wort kommen zu lassen. Also Finger weg von Schauspielern und Models! Legen Sie Ihren Mitarbeitern auch keine Worte in den Mund, sondern lassen Sie sie „frei von der Leber weg" sprechen. Natürlich sollten Sie im Vorfeld schon Leitfragen definieren, an denen Sie sich lang hangeln können. Aber je spontaner die Antworten, umso ungezwungener wirkt das Ganze. Also lassen Sie Ihre Mitarbeiter bitte auch nichts auswendig lernen oder ablesen. Und noch etwas: Zwar ist es toll, auch mal den Chef oder Personalleiter zu sehen, wie er im Schreibtischsessel langweilige Monologe hält. Aber einen echten Mehrwert bedeutet das nicht für Ihre Bewerber. Die Einbindung Ihrer Videos erfolgt dann idealerweise über Youtube oder Vimeo. Vorteil hierbei ist, dass Ihre Videos über zusätzliche Kanäle erreichbar sind und Sie auf diesem Weg umgekehrt Traffic auf Ihre Website

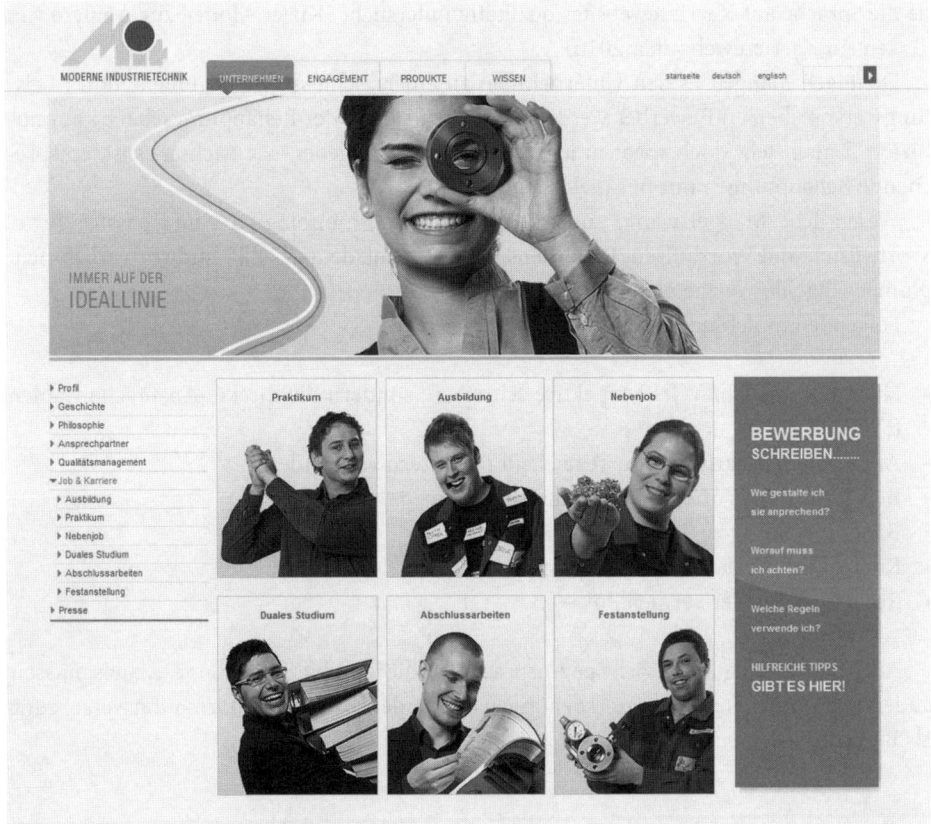

Abb. 43 Echte Mitarbeiter wirken sympathisch und authentisch (Website von M.I.T.) (Quelle: http://www.systemarmaturen.de/unternehmen/job-karriere/)

und Aufmerksamkeit als Arbeitgeber bekommen. „Menschen zu Menschen sprechen lassen" – der Gastbeitrag von Katharina von Wyl in diesem Buch bietet einen spannenden Praxiseinblick in die Welt der Jobvideos.

Bitte keine Worthülsen

Leider wird bei Karriere-Websites den Texten nur wenig Aufmerksamkeit geschenkt, nicht selten schreibt die Personalabteilung die Texte „mal eben selbst". Und das, obwohl im Tagesgeschäft ohnehin alles drunter und drüber geht. Manchmal sollte man also jemanden damit beauftragen, der sich damit auskennt. Nur allzu oft werden leere Worthülsen präsentiert, man schmeißt mit Fremdwörtern um sich und argumentiert nur sehr selten aus Sicht der Bewerber. Im Rahmen der im Jahr 2010 erschienenen KIMATEK-Studie wurde die Sprache auf Karrierewebsites qualitativ untersucht (Kieler Modell zur Analyse von Texten auf Karrierewebseiten 2010).

Demnach mangelt es den Unternehmen an einer „schlüssigen Argumentation": Leistungsversprechen an Bewerber werden ausschließlich auf der Behauptungsebene kommuniziert. Dabei steht doch sogar in jedem Bewerbungsratgeber, wie wichtig es ist, entsprechende Behauptungen mit Beispielen zu belegen.

Wesentliche Mängel waren zu viel Text pro Seite, monologische und passive Texte, Wortwüsten und Worthülsen, Behördensprache („Amtsdeutsch"), Fremdwortverliebtheit, plumpes Eigenlob sowie orthographische Fehler.

Folgende Empfehlungen lassen sich hier geben:

- Nicht nur aus Ich/-Wir-Perspektive schreiben, sondern die direkte Ansprache wählen („Sie"/„Du")
- Appellierende, aktivierende Texte, kein PR-Sprech verwenden
- Bezug zur Praxis und Realitätsnähe herstellen
- Bilder mit Bezug zu Text und Inhalt wählen
- Kompakte, übersichtliche Leseblöcke erstellen
- Rechtschreibfehler vermeiden!

Auch bei Texten gilt: Die richtige Ansprache für die jeweilige Zielgruppe. Azubis müssen anders angesprochen werden und benötigen eine andere Tiefe der Informationsversorgung als Berufserfahrene.

Infos zum Bewerbungsprozess

Ein wichtiger Aspekt, der oft und gerne auf Karriere-Websites vergessen wird, sind Informationen zur Bewerbung und zum Bewerbungsprozess. Der Bewerber möchte Transparenz darüber, wie er sich bewerben kann, was er dabei zu beachten hat und wie die weiteren Schritte im Bewerbungsablauf aussehen.

Daher sollten Informationen über die einzelnen Prozessschritte, über die Prozessdauer und die benötigten Unterlagen sowie die gewünschten Dateiformate und -größen auf der Karriere-Website nicht fehlen. Hierbei sollten Sie dann klar ausformulieren, welche Unterlagen für die Bewerbung erforderlich sind (ein Hinweis auf die „üblichen Bewerbungsunterlagen" sorgt für Missverständnisse und ist nicht ausreichend) und ob die Bewerbung beispielsweise als ein PDF mit maximaler Dateigröße von 4 MB eingereicht werden soll. Je konkreter Sie werden, umso größer ist die Wahrscheinlichkeit, dass Sie die Bewerbung in dem von Ihnen bevorzugten Format bekommen.

Um Ihre Bewerber mit den bestmöglichen Informationen zur Bewerbung zu versorgen und um Ihnen unnötige Telefonate und E-Mails zu ersparen, sollten Sie ausreichend Bewerbungstipps und so genannte „FAQ" (Frequently Asked Questions) auf Ihrer Website bereitstellen. Die Bewerbungstipps umfassen Hinweise für das richtige Anschreiben, die

Art der Bewerbung, die Darstellung des Lebenslaufs sowie für das Vorstellungsgespräch (hierbei immer die Zielgruppe im Auge behalten). Auf der FAQ-Seite präsentieren Sie alle häufig von Bewerbern geäußerten Fragen nebst den passenden Antworten.

Natürlich ist auch der professionelle Umgang mit Bewerbern nicht zu vergessen. Was nützt Ihnen die schönste Website und das tollste Online-Formular, wenn Sie Ihre Bewerber mit unpersönlich formulierten oder erst nach vielen Wochen zugestellten Anschreiben verprellen?

Jobs, Jobbörse und Online-Bewerbung

Ziel Ihrer Karriere-Website ist es, Bewerber mit den richtigen und mit relevanten Informationen zu versorgen und sie zur Bewerbung zu animieren. Im Mittelpunkt steht daher der Zugang zu den Jobs und zur Bewerbung. Und auch dieser sollte dem Bewerber so einfach wie möglich gemacht werden.

Also gilt auch in diesem Fall: Auf einen Blick, mit einem Klick. Leider ist es häufig so, dass sich Bewerber erst durch mehrere Seiten durchklicken müssen, um zum Ziel zu gelangen. Sie sollten allerdings nicht davon ausgehen, dass jeder diese Spielchen bis zum Ende mitspielt. Denn wie schon erwähnt: Der nächste Arbeitgeber ist nur einen Mausklick entfernt …

Stellen Sie sich mal vor, Sie müssten bei Amazon Ihre Bestellungen per Post erledigen. Wie wahrscheinlich wäre in einem solchen Falle eine Bestellung? Übertragen auf Karriere-Websites bedeutet das, dass Sie Bewerbungen auch online ermöglichen müssen. Online heißt nicht zwingend, dass Sie gleich ein Bewerbermanagementsystem anbinden müssen. Eine Bewerbungsmöglichkeit per E-Mail reicht im Zweifelsfall absolut aus. Laut diverser Studien ist die E-Mail-Bewerbung bei Bewerbern ohnehin die beliebteste Art, sich zu bewerben. Nicht etwa per Formular, wie es so viele Personaler gerne hätten. Natürlich ist das auch immer eine Frage des Bewerbungsaufkommens. Je größer das Unternehmen, desto größer im Zweifelsfall auch das Bewerberaufkommen. Und umso größer der Aufwand, die Bewerbungen zu handeln. Spätestens da geht dann wohl kein Weg an einem soliden Bewerbermanagementsystem vorbei. Das aber sollte „bewerberfreundlich" gestaltet sein, dem Bewerber „Lust" an der Bewerbung machen und ihm Frust ersparen. Das erreichen Sie unter anderem über auf die Anforderungen der jeweiligen Zielgruppe zugeschnittene und einfach zu bedienende Online-Formulare. Erfassen Sie so viele Daten wie nötig, aber machen Sie es Ihrem Bewerber auch so einfach wie möglich. Übrigens, bei aller Effizienz, die die Online- Bewerbung mit sich bringt: Auf Bewerbungen per Post zu verzichten, halte ich für grob fahrlässig. Tatsächlich gibt es Unternehmen, die die per Post eingesandten Unterlagen mit dem Hinweis zurückschicken, man möge sich doch bitteschön online bewerben. Oder gehören Sie etwa auch dazu? Der Bewerber wird seinen Grund gehabt haben, warum er sich so beworben hat. Und ob er tatsächlich Ihrer Aufforderung nachkommt, ist mehr als zweifelhaft. Also bevor Ihnen unter Umständen der ein oder andere qualifizierte Bewerber entgeht, erlauben Sie die Bewerbung auch per Post. Alles andere können Sie sich als Arbeitgeber kaum erlauben. Übrigens – dass Sie einen konkreten Ansprechpartner für mögliche Rückfragen nennen und eine Bewerbung unmittelbar aus der Stellenanzeige heraus möglich ist, sollte eigentlich selbstverständlich sein, oder?

Darstellung der Jobs

Apropos Stellenanzeige. Auch hier sind wesentliche Aspekte bei der Aufbereitung zu beachten. Welche das sind, sprengt an dieser Stelle allerdings den Rahmen. Daher verweise ich an dieser Stelle auf den Gastbeitrag von Matthias Mäder in diesem Buch.

Grundsätzlich gilt, dass die Stellenanzeigen nach Möglichkeit von jeder Seite zu erreichen sind. Wichtig sind aussagekräftige Jobtitel (rekrutieren Sie in Deutschland, so sollten Sie auch deutschsprachige Jobtitel verwenden und nach Möglichkeit auf Anglizismen und interne Jobtitel verzichten – die kennt außer Ihnen nämlich keiner) sowie ein aussagekräftiges, am Bewerber orientiertes und auf die wesentlichen Punkte fokussiertes Aufgaben- und Anforderungsprofil. Natürlich dürfen Ansprechpartner mit E-Mail-Adresse und/oder Verknüpfung zum Xing-/LinkedIn-Profil, eine Aufforderung zur Bewerbung und die Nennung der gewünschten Bewerbungsunterlagen nicht fehlen.

Bei der Darstellung der Jobs auf der Website sollten Sie darauf achten, dass jeder einzelne Job eine eigene HTML-Seite mit beschreibender URL bekommt. Ihr Vorteil: Die Auffindbarkeit bei Google wird erhöht, Jobspider wie kimeta oder jobagent in der Schweiz können Ihre Jobs erfassen und auf diese Weise zusätzliche Aufmerksamkeit auf Sie als Arbeitgeber lenken. Auch wenn Sie Ihre Stellenangebote „nur" per PDF oder Word-Dokument einbinden, ein paar Dinge sollten Sie beachten: Benennen Sie die Dokumente mit einem eindeutigen, beschreibenden Namen. Wenn Sie zum Beispiel eine Stelle als Personalreferent in München auszuschreiben haben, so benennen Sie das Dokument entsprechend, also in diesem Falle „Personalreferent München". Hinterlegen Sie zudem in den Dokument-Eigenschaften entsprechende Schlagwörter, die die Auffindbarkeit der Stelle erhöhen können. Und sollten Sie tatsächlich aus welchen Gründen auch immer Ihre Stellenanzeigen als Bilder hinterlegen, so benennen Sie diese ebenfalls mit beschreibenden Attributen. Dies alles sorgt dafür, dass die Auffindbarkeit Ihrer Stellenanzeigen steigt.

Abschließend bleibt mir nur noch zu sagen, dass es natürlich wie immer auch für eine Karriere-Website kein Patentrezept gibt. Beachten Sie aber den einen oder anderen der hier genannten Hinweise, sind Sie der perfekten Karriere-Website und Ihren Bewerbern einen Schritt näher.

Autorenporträt Henner Knabenreich

Frechmut ist für mich Profil zeigen und einfach machen.

Henner Knabenreich ist Geschäftsführer der knabenreich consult GmbH. Der Recruiting-erfahrene Diplom-Kaufmann berät Unternehmen bei der Optimierung ihres Arbeitgeberauftritts. Mit einem Team von erfahrenen Partnern konzipiert und realisiert er Karriere-Websites, Mitarbeiterblogs und Recruiting-Videos. Auch unterstützt er Arbeitgeber beim Einstieg ins Social Web. Er ist Buchautor, Initiator des „personalbloggers", einem Blog von Personalern für Personaler, sowie Referent zu den Themen Personalmarketing und Social Media. Darüber hinaus bloggt er als „personalmarketing2null" über Personalmarketing und die Einflüsse des Social Web auf Employer Branding und Recruiting – auch aus der Sicht der Kandidaten.

Kontakt: https://www.xing.com/profiles/Henner_Knabenreich

Literatur

Haitzer, A. (2011). *Bewerbermagnet* (S. 78). Deutschland: Quergeist.

index Expertenbefragung Employer Branding (2012). Berlin, S. 12.

Kieler Modell zur Analyse von Texten auf Karrierewebseiten – Personalrekrutierung durch Sprache. Trends und Tendenzen in der sprachlichen Gestaltung von Karrierewebseiten (2010).

Stellenanzeigen: Die Möglichkeiten der Werbeinserate nutzen

Matthias Mäder

Zusammenfassung

Stelleninserate sind Werbeinserate. Klar. Nur: Sehen sie auch so aus? Professionell? Informativ? Emotional? Frechmutig? Fakt ist, die Stelleninserate aus den 1960-er Jahren haben sich als pdf problemlos ins Webzeitalter gerettet. Dabei gäbe es für alle Inserateformen – Print, Online und Mobile – erprobte Lösungen, um den Zielgruppen einen Mehrwert zu bieten. Mit QR-Codes lassen sich beispielsweise Medienbrüche zwischen Papier und Web überbrücken. Und die online-Stelleninserate sind sogar eine wahre Spielwiese für Kreativität. Bilder und Videos lassen sich problemlos einbinden und vermitteln Einblicke und Emotionen. Mit wenig Aufwand kann das künftige Team abgebildet werden und Share Buttons sorgen für die Multiplikation der Botschaft. Selbst die Bewerbung wird mittels direkter Anbindung an das Bewerbermanagementsystem einfach und sogar One-Click Bewerbungen sind möglich. Der starke Trend zur mobilen Nutzung des Internets hat viele Bereiche unseres Alltags längst erreicht, auch die Personalwerbung. Das verlangt nach „daumentauglichen" Onlineinseraten für die Smartphones.

Als mich Jörg Buckmann für sein Buchprojekt angefragt hat, habe ich zuerst einmal leer geschluckt und tief durchgeatmet. Stelleninserate sind doch ein sehr heikles Thema, welches sehr kontrovers diskutiert werden kann. Gerade Jörg Buckmann ist ja ein begabter Trüffelsucher und findet immer wieder unmögliche Stelleninserate, welche er auch in seinem Blog blog.buckmanngewinnt.ch vorstellt. Eine Herausforderung also, die ich aber gerne annehme – und so stürze ich mich in das Abenteuer Stelleninserate.

Wie setzt sich denn eigentlich ein Stelleninserat heute zusammen? Zum einen bestimmt das Medium die Grundform des Stelleninserates. Es braucht ein Layout, welches die Form

Matthias Mäder ✉
Prospective Media Services, Hofackerstraße 32, 8032 Zürich, Schweiz
e-mail: mm@prospective.ch

J. Buckmann (Hrsg.), *Einstellungssache: Personalgewinnung mit Frechmut und Können*,
DOI 10.1007/978-3-658-03700-0_13, © Springer Fachmedien Wiesbaden 2013

des Inserates sowie der Bilder und Buttons bestimmt, und natürlich als Königsdisziplin den Text, welcher die Stelle sowie die Anforderung an den Stelleninhaber beschreibt. Also eine nicht ganz einfache Ausgangslage. Zudem wächst das Stelleninserat generisch und kann in den meisten Fällen nicht schön quadratisch oder rechteckig gestaltet werden, da der Text im Normalfall bei jedem Inserat einen anderen Umfang hat.

Auch der Prozess spielt bei einem Stelleninserat eine wichtige Rolle. Das Stelleninserat sollte einfach erstellt werden können. Wenn der Prozess sehr aufwendig ist und Ihre Recruiter und Personalverantwortliche die Stelleninserate nicht effizient erstellen können, nützt Ihnen aller Frechmut nichts. Das Inserat wird intern nicht akzeptiert und auch nicht verwendet.

Eine weitere Herausforderung ergibt sich beim Bespielen der einzelnen Kanäle. Von Print über die eigene Karriere Seite, Onlineplattformen bis hin zu Social Media muss das Inserat einheitlich verwendet werden können. Bei der heutigen Medien Revolution eine echte Herausforderung.

Als Sahnehäubchen sollte sich ein potenzieller Bewerber auch über das Inserat bewerben können. Sie schmunzeln vielleicht beim Lesen dieser Zeilen, aber probieren Sie es aus. Nehmen Sie sich eine Zeitung zur Hand, wählen sich ein Stelleninserat aus und versuchen Sie, sich zu bewerben. Dann gehen sie auf eine einschlägig bekannte Onlinestellenbörse und versuchen das Selbe. Zur Krönung zücken sie das Smartphone besuchen eine Ihnen bekannte Karrierewebseite und wiederholen den Vorgang zum dritten Mal. Ich bin gespannt, was bei Ihnen herauskommt. Ich vermute mal, dass es bei einem der drei Vorgänge reibungslos klappt, es bei den anderen beiden Versuchen es eher schwierig und zeitaufwendig ist, sich zu bewerben.

Somit steht man also vor der Herausforderung, ein neues Stelleinserat zu entwickeln und viele Aspekte müssen berücksichtigt werden, damit am Schluss ein Stelleinserat entsteht, welches zu überzeugen vermag.

Ich hoffe, dass ich niemand abgeschreckt habe, sich in das Abenteuer Stelleninserat zu stürzen. Denn es ist ein äußerst spannendes und vielseitiges Thema bei dem man – so wie bei Ali Mahlodji und seinem wgidd-Projekt „WHATCHADO", unglaublich viel Leidenschaft entwickeln kann. Ein klein wenig Mut braucht es vermutlich dennoch …

Die Stelleninserate in unterschiedlichen Channels

Aber welche Arten von Stelleninseraten gibt es denn heute überhaupt? Eigentlich meinen die Meisten, zu wissen, was für Möglichkeiten es gibt und dennoch erleben wir im Alltag, dass es doch nicht ganz so einfach ist, alle Bedürfnisse abzudecken. Durch die Medienrevolution der letzten Jahre sind neue Mediengattungen dazugekommen und bei Onlineinseraten bietet es sich geradezu an, neue Möglichkeiten und Inhalte auszuprobieren. Ich gehe von drei Grundformen von Stelleninseraten aus:

- Printanzeigen
- Online-Inserate
- Mobileoptimierte Inserate

Die Stelleninserate müssen also crossmedial eingesetzt werden können. Hier sind wir im Recruiting der klassischen Werbung in den meisten Fällen bereits einen Schritt voraus. Dort gibt es viele Kampagnen, welche nur gezielt für einen Channel entwickelt wurden. Meist aus dem Grund, dass der Aufwand weitere Kanäle dazu zunehmen, viel zu gross gewesen wäre. Diesen Luxus können wir uns in der Rekrutierung leider nicht leisten. Und doch: Alle drei Grundformen einheitlich unter einen Auftritt zustellen, ist zuweilen sehr herausfordernd.

Printanzeigen

Vermutlich die älteste Form der Stelleinserate sind Printanzeigen. Diese werden heute als PDF-Dateien hergestellt. Die Printmedien geben die Größe des Rasters vor, in welchem die Stellenanzeige erscheinen kann. Leider gibt es bei Zeitungen und Fachzeitschriften keine einheitliche Norm dieser Raster. Die Inserate müssen zum Teil unterschiedlich breit produziert werden. In den meisten Zeitungen ist die Höhe der Anzeige nicht limitiert. Bei den Breiten würde ich mich auf maximal zwei Breiten festlegen. Ansonsten müssen Bilder und andere Grafikelemente ebenfalls in der Anzahl der Breiten aufbereitet werden, dass kann schnell zu einer stattlichen Anzahl Vorlagen führen. Auch die Höhe der Anzeige sollte nicht außer Acht gelassen werden, bestimmt doch diese zusammen mit der Breite schlussendlich den Preis.

Eine weitere Frage stellt sich beim der Farbigkeit. Soll das Inserat in Farbe oder in schwarz/weiss erscheinen? Auch hier bieten die Verlage einen großen Blumenstrauß an Möglichkeiten. Die einen verrechnen für die Farbe einen happigen Aufschlag, bei anderen ist die Farbe kostenlos. Mein Tipp ist es auf jeden Fall, das Printinserat auch einmal in einer schwarz/weiss Version zu produzieren und wenn immer möglich als Zeitungsdruck auszudrucken. Nur so sehe ich, wie die Bilder und andere gestalterische Elemente wirken. Denn Zeitungsdruck hat keinen weißen Hintergrund, sondern in den meisten Fällen einen gräulichen Farbton, zuweilen – wie beispielsweise bei der ALPHA-Stellenbeilage in der Schweiz – einen lachsfarbigen. Diese Gegebenheit bietet grosses Potenzial für unliebsame Überraschungen.

Über viele Jahre wurden die Printanzeigen nicht weiterentwickelt, abgesehen davon, dass irgendwann farbig gedruckt werden konnte und Bilder und Firmenlogos in die Stellenanzeigen integriert wurden. Die letzte Neuerung bezieht sich auf den QR-Tag, welcher in Printanzeigen verwendet werden kann. Dieser hilft, den Medienbruch zwischen Offline- und Onlinemedien zu überbrücken. Sie stellen sich nun zu Recht die Frage: Wird dieser QR-Tag überhaupt abgescannt?

Abb. 44 Eine Stellenanzeige mit QR-Tag von den Schweizerischen Bundesbahnen (SBB) (Quelle: Archiv Prospective Media Services AG)

Diese Frage stellen wir uns auch immer wieder. Leider wurde der QR-Tag in den letzten Jahren inflationär eingesetzt, ohne einen Mehrwert zu bieten. Wie viele QR-Tags haben Sie in den letzten Monaten gescannt und sind dabei ins Leere gelaufen? Ich auf jeden Fall habe aufgehört zu zählen. Aber, und jetzt kommt das berühmte aber, ich denke, der QR-Tag hat nach wie vor Potenzial in der Rekrutierung. Abbildung 44 zeigt, wie ein QR Tag sinnvoll eingesetzt werden kann.

Für Printanzeigen wird eine Vorlage für ein Kurzinserat erstellt. Das Layout entspricht einem herkömmlichen Inserat, ist aber viel kürzer gefasst. Meistens enthält es den Stellentitel und einen Kurzabriss der Vakanz. Der QR-Tag ermöglicht es nun, auf ein mobileoptimiertes Stelleninserat zu linken, welches die vollständigen Informationen zur Unternehmung, Tätigkeit, Anforderung und im besten Fall auch gleich eine Bewerbungsmöglichkeit bietet.

Bei einer Printanzeige kann über den QR-Tag auch auf ein Video gelinkt werden. Je nachdem, wie Videos in der Rekrutierung eingesetzt werden, bietet es sich an, diese auch über eine Printanzeige zu verlinken.

Eine OneClick-Bewerbung über eine Printanzeige? Auch dies ist möglich. Mit der OneClick-Bewerbung hat der Bewerber die Möglichkeit, sein Social-Media-Profil für die Bewerbung freizugeben. Somit kann ein Bewerbermanagementsystem die freigegebenen Inhalte für die Bewerbung verwenden. Wenn Sie den QR-Tag auf die Landingpage Ihres Bewerbermanagementsystems verlinken, ist die OneClick-Bewerbung mittels einer Printanzeige möglich. Voraussetzung ist natürlich, dass die Landingpage auch wirklich mobileoptimiert ist.

Zum Schluss noch zwei Tipps zum Einsatz von QR-Tags: Der Tag sollte nicht zu klein sein, damit er problemlos gescannt werden kann. Wir empfehlen die Mindestmaße von 2×2 cm einzuhalten. Schreiben Sie oberhalb des QR-Tags hin, was den Leser erwartet, wenn er den QR-Tag abscannt („weitere Infos", „Video anschauen", „gleich bewerben" etc.). Aber denken Sie daran: Verlinken Sie den Tag immer auf eine mobileoptimierte Seite.

Natürlich gibt es noch weitere Möglichkeiten, zum Beispiel intern eine Stellenanzeige offline zu verwenden. Diese beginnen bei einem Papierstellenmarkt, mit dem die Mitarbeiter einer Unternehmung erreicht werden, welche keinen Onlinezugriff an ihrem Arbeitsplatz haben und gehen bis zu internen Aushängen am schwarzen Brett in Unternehmen oder Universitäten und Hochschulen. Aber auch bei diesen Formen gilt es, in den Grundzügen die gleichen Gesetzmäßigkeiten wie bei extern geschalteten Printanzeigen zu beachten.

Onlineinserate

Eine Onlineanzeige wird heute im Normalfall im HTML-Format erstellt. Von einer Anzeige im PDF-Format wird abgeraten, da diese einerseits einen PDF-Reader voraussetzen und zudem meist keine Funktionalitäten wie Verlinkungen zulassen. Aber eigentlich sehen die meisten Onlineinserate noch immer gleich aus wie Printinserate. Finden Sie nicht auch? Es ist ja nicht grundsätzlich etwas dagegen einzuwenden. Der Wiedererkennungswert ist gegeben und der Inseratentext kann gleich für beide Mediengattungen verwendet werden. Aber denken Sie nicht auch, dass es doch etwas langweilig ist, einfach die gleichen Layouts zu übernehmen? Online bietet einem doch so viele zusätzliche Möglichkeiten und dadurch tolle Chancen, sich von der Konkurrenz zu differenzieren.

Das JobAd+ der VBZ

Es sind mittlerweile über zwei Jahre in das Land gezogen, seit die legendäre Serviettenskizze (näheres dazu in der Essenz „Ego" in diesem Buch) bei einem Mittagessen mit Jörg Buckmann entstanden ist. Eigentlich müssten wir das Rad der Zeit noch etwas mehr zurückdrehen. Jörg Buckmann und ich nahmen 2010 am Recruiting Convent im Schloss Bensberg teil, welcher Professor Christoph Beck alljährlich organisiert. Gleich das erste Referat von Thomas Kleb, Geschäftsführer der Kienbaum Communications GmbH, hat uns fasziniert. Er stellte zwei neu- und andersartige Onlineinserate vor. Das Referat war noch nicht zu Ende, schon tuschelte Jörg Buckmann mir in das Ohr: „Das will ich auch!" So haben wir uns kurz darauf in Zürich getroffen und uns zur Umsetzung Gedanken gemacht. Die Herausforderung war, dass Jörg Buckmann mit den VBZ zu jeder Vakanz ein individuelles Video abgedreht hat (mehr dazu im Beitrag von Katharina von Wyl in diesem Buch). Zudem sollten die Anforderungen und Aufgaben nicht nur im Video aufgeführt werden, sondern auch nachzulesen sein. Uns hat am Recruiting Convent die Umsetzung der Stellenanzeigen der Energie Baden-Württemberg AG (EnBW) als Word Cloud überzeugt und es war deshalb klar, dass wir die Inhalte in einer ähnlichen Art und Weise darstellen wollen, das Jobvideo im Zentrum des Inserates. Schnell hatten wir weitere Ideen zu Inhalten, die wir ebenfalls in die Stellenanzeige integrieren wollten. Beispielsweise einen Arbeitswegrechner, die VBZ Arbeitgebervorteile, die Vorstellung der neuen Arbeitskollegen, eine Möglichkeit, Fragen zu stellen und natürlich ein Bewerbungsoption. So ist unsere Skizze entstanden, welche nur noch von einer einfachen Papierserviette in Bits und Bytes überführt werden musste. Neben dem neuartigen Design und dem reichhaltigen Content haben wir uns die Aufgabe mit zusätzlichen Rahmenbedingungen erschwert: Das Inserat musste einfach in der Herstellung sein. Es sollte ein Template erstellt werden, welches wiederverwendet werden kann. Zusätzlich muss das Inserat in sämtlichen Onlinekanälen einsetzbar sein. Das heißt, die gleiche Inseratevorlage muss auf der eigenen Karriereseite der VBZ, auf externen Onlineplattformen sowie auch auf Social-Media-Plattformen verwendet werden können. Dies ist vermutlich die größte Weiterentwicklung gegenüber der ursprünglichen Anzeige von Kienbaum. Nachdem meine Mitarbeiter während des Briefings ein paar Mal leer geschluckt haben, ging es an die Arbeit und das JobAd+ wurde geboren. Während der Umsetzungsphase wurde gleich noch eine mobileoptimierte Version erstellt und auch eine Möglichkeit eingebaut, das Inserat auszudrucken. So wurde eine neue Art von Onlinestellenanzeigen geboren. Das neuartige Onlinestelleninserat hat nicht nur Jörg Buckmann, sondern auch die Mitarbeiter der VBZ und die Bewerber überzeugt. Mittlerweilen wurde das Inserat bereits nach zwei Jahren einem Redesign unterzogen. Es wirkt aufgeräumt, modern und frisch und enthält erst noch voll integriert die „24 Stunden VBZ" Microsite der Verkehrsbetriebe Zürich mit 24 Porträts unterschiedlichster künftiger Arbeitskollegen (Abb. 45).

Einsatz von Bildmaterial und Videos

Aber was gilt es bei einem Onlineinserate sonst noch zu beachten? Auch sind zuerst wieder einige Grundsatzentscheide zu fällen. Neben dem eigentlichen Layout und Aufbau des Inserates sollte man sich erst einmal grundsätzlich darüber im Klaren sein, wie und mit welchem Umfang mit Bilder gearbeitet werden soll. Bilder sagen ja bekanntlich mehr als 1000 Worte und demzufolge ist dieses Thema nicht zu unterschätzen. Es gibt immer wie-

Abb. 45 Erstes und aktuelles Onlineinserat der VBZ (Quelle: Verkehrsbetriebe Zürich (VBZ))

der kleinere und größere Unfälle mit verwendeten Bildern, die auf verschiedenen Blogs nachzulesen sind.[2]

Wenn man Bilder verwendet, gilt es zu klären, welche Sujets eingesetzt werden sollen. Sind es Bilder von Produkten, Gebäuden, Symbolbilder oder sind es Bilder von Menschen? Wenn Bilder von Menschen zum Einsatz kommen, sollte gleich die nächste Frage beantwortet werden. Sind es Bilder von eigenen Mitarbeitern oder setzt man Models ein? Meine Empfehlung ist es, Bilder von den eigenen Mitarbeitern zu verwenden, so wird die Stellenanzeige viel authentischer. Das heißt aber nicht, dass es einfacher ist als mit Models. Bei engagierten Profis habe ich meistens das Problem, dass die Bildrechte nur über eine gewisse Zeit erworben werden ansonsten, da die Kosten ansonsten unverhältnismäßig hoch sind. Bei den eigenen Mitarbeitern sollten Sie sich aber ebenfalls schriftlich die Verwendungsrechte der Bilder sichern. Zudem sollte eine Vereinbarung darüber getroffen werden, was mit dem Bild passiert, wenn der abgebildete Mitarbeiter die Unternehmung verlässt. Ich persönlich bin überzeugt, dass Sie mit Bildern von eigenen Mitarbeitern den größeren Erfolg haben werden.

Nachdem nun die Bilderfrage geklärt ist, kommen wir bereits zum nächsten Punkt der Checkliste. Das Video. Einige Unternehmen verfügen heute über ein Recruiting-Video, welches die Vorzüge der Unternehmung darstellt oder es wurde eigens für die Vakanz ein Video erstellt. Was nützt das schönste Video, wenn es dem Bewerber nicht zugänglich gemacht wird? Das Onlinestelleninserat eignet sich sehr gut, um auch ein Video darzustellen. Mit den entsprechenden Onlinetemplates können Sie steuern, bei welchen Vakanzen oder Abteilungen ein Video verwendet werden kann. Sollte eine Plattform das Video nicht akzeptieren oder Sie nicht bereit sein, einen Aufpreis zu bezahlen, definieren Sie einfach ein Standardbild, welches an Stelle des Videos angezeigt wird (Abb. 46).

---

[2] Lesetipps: personalmarketing2null.de und blog.buckmanngewinnt.ch.

Abb. 46 Onlineinserat der
Migros auf jobs.ch mit Video.
(Quelle: Archiv Prospective
Media Services AG)

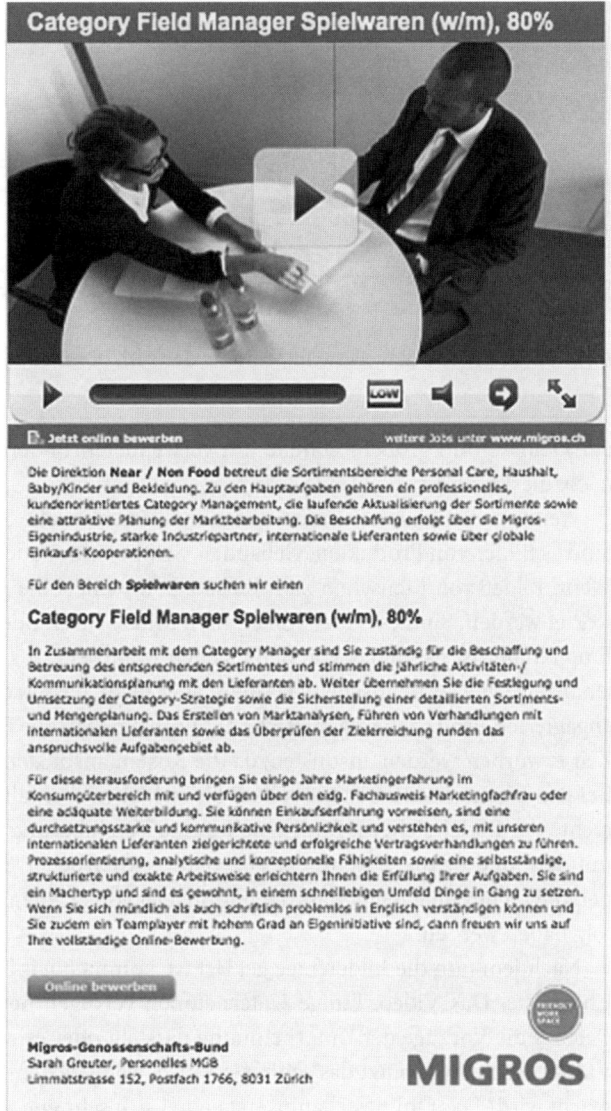

Bewerbungsmöglichkeiten in der Stellenanzeige

Nun wechseln wir an das Ende der Stellenanzeige. Auch hier braucht es weitere Entscheidungen und auch der Bewerbungsprozess ist zu berücksichtigen. Beginnen wir mit den
Bewerbungsmöglichkeiten. Zuerst ist zu überlegen, welche Bewerbungsprozesse ich zulassen möchte. Es gibt mittlerweile eine Vielzahl von Möglichkeiten und der Bewerber ist
Ihnen sicher dankbar, wenn Sie Ihm klar kommunizieren, welche Art von Bewerbung Sie
bevorzugen. Sei dies postalisch, per Mail, über einen Bewerbungsbutton und dem ange-
hängten Bewerbermanagementsystem, mittels OneClick oder Profilbewerbung (Xing oder

LinkedIn Profil). Vermeiden Sie Sätze wie „elektronische Bewerbung ist erwünscht", wenn Sie gleichzeitig sowohl Ihre E-Mailadresse angegeben als auch einen Bewerbungsbutton des Bewerbermanagementsystems im Inserat eingebunden haben. Sie verwirren den Bewerber nur, denn eigentlich ist eine E-Mail-Bewerbung wie auch eine Bewerbung über das Bewerbermanagementsystem eine elektronische Bewerbung.

Arbeiten sie mit einem Bewerbermanagementsystem? Wenn Sie diese Frage mit Ja beantworten, bevorzugen Sie vermutlich eine elektronische Bewerbung über dieses System. Also braucht es einen Bewerbungsbutton, mit welchem der Bewerber auf die richtige Landingpage in der passenden Sprache geführt wird. Wenn ein Bewerbermanagementsystem im Einsatz ist, ist es eigentlich das Ziel, möglichst viele Bewerbungen direkt über das Bewerbermanagementsystem zu erhalten. Aus diesem Grund sollte man auf weitere Kontaktmöglichkeiten wie postalische Adresse, Telefonnummer und E-Mail verzichten. Denn sobald Sie weitere Kontaktmöglichkeiten zur Verfügung stellen, werden diese auch genutzt und Sie sind selber verantwortlich, wie die Bewerbungen in das Bewerbermanagementsystem eingepflegt werden. Klar gibt es immer wieder Vakanzen, bei denen die Zielgruppen nicht die Möglichkeit haben oder Sie es ihnen nicht zumuten möchten oder können, sich elektronisch oder über ein System zu bewerben. Bei diesen Vakanzen müssen Sie die Möglichkeit haben, die zusätzlichen Kontaktdaten des Recruiters freizuschalten, damit sich Interessenten auch alternativ bewerben können.

Erhöhung der Reichweite mit Share-Buttons

Neben dem Bewerbungsbutton gibt es noch weitere Aktionsbuttons, die in eine Stellenanzeige eingebettet werden können. Sinnvoll sind sicher Funktionen für das Drucken des Inserates sowie eine Share-Funktion, damit ich als Leser das Inserat per E-Mail an Freunde und Bekannte weiterleiten kann. So können Sie einfach die Reichweite des Inserates über Ihre Channels hinaus erweitern.

Eine zusätzliche Möglichkeit, die Reichweite zu steigern, sind Social-Media-Share-Buttons. Vermutlich sind diese Buttons der erste Schritt in die Welt des Social-Media-Recruitings und dies ganz ohne aufwendiges Konzept. Ich denke, Social-Media-Share-Buttons machen absolut Sinn. Sie brauchen noch keine grosse eigene Social-Media-Präsenz aufzubauen, um die Share-Buttons dafür einzusetzen. Obwohl eine Social-Media-Präsenz auf gewissen Kanälen natürlich durchaus empfehlenswert ist, wie Jürgen Sorg in seinem Beitrag in diesem Buch beschreibt. Mit diesen Share-Buttons haben Ihre Mitarbeiter aber auch Leser der Stelleninserate eine einfache Funktion, die Inserate in den eigenen Netzwerken zu teilen und Sie profitieren von der erweiterten Reichweite. Als Share-Buttons bieten sich in erster Linie diejenigen der stark verbreiteten Plattformen Facebook, Twitter, Xing und LinkedIn an.

Auch weitere Buttons wie zum Beispiel einen „View Your Team"-Button, welche die KPMG einsetzt, können für Ihr Stelleninserat interessant sein. Hinter diesem Button verbirgt sich das Tool von Eqipia, dessen Gründer Patrick Mollet in diesem Buch über den *Faktor Mensch* im Recruiting schreibt. Equipia gibt einem potenziellen Bewerber die Möglichkeit, das Team, bei welchem die Vakanz offen ist, bereits über das Stelleninserat ken-

Abb. 47 Stelleninserat der KPMG Schweiz AG mit dem „View your Team"-Button (Quelle: Archiv Prospective Media Services AG)

nenzulernen und zu schauen, wie man über die verschiedenen sozialen Netzwerke mit den Teammitgliedern verbunden ist. Ich gehe davon aus, dass in Zukunft noch vermehrt Anwendungen oder Möglichkeiten entwickelt werden, um die Stellenanzeigen mit weiterem interaktiven Content anzureichern (Abb. 47).

Damit die Bewerber auch weitere offene Stellen auf Ihrer Karrierewebseite betrachten können, sollte zwingend auch einen Link zu Karrierewebseite verwendet werden, der die Bewerber direkt auf die Karriereseite Ihrer Unternehmenswebseite leitet.

Mobile

Mobile ist die neuste Disziplin im Recruiting und im Personalmarketing. Ein Hype? Ich persönlich bin davon überzeugt, dass es die Zukunft ist. Mehr dazu im Kapitel von Frank Staffler in diesem Buch. Auch bei der Stellenanzeige muss ich mir Gedanken zum Thema Mobile machen. In der Studie „Trend Report Online Recruiting Schweiz 2013" von Prospective Media haben schon 79 % der befragten Smartphone Nutzer sich dazu geäußert, dass sie mobile Stellenanzeigen nutzen würden (Prospective Media Zürich 2013, S. 21).

Auch bei diesem Thema geben die Zielgruppen das Tempo vor und die Unternehmen müssen nachziehen. Aber ab wann ist eine Stellenanzeige mobile tauglich? Bereits wenn die Anzeige auf irgendeine Art und Weise über ein mobiles Endgerät betrachtet werden kann? Ich glaube nicht. Es braucht noch einiges mehr dazu.

Mobile Stellenanzeigen brauchen ein anderes Layout als die herkömmlichen Onlinestelleninserate. Sie müssen ohne zu scrollen oder vergrößert zu werden, auf dem kleinen Bildschirm eines Smartphones oder Tablet betrachtet werden können. Somit unterscheiden sich Aufbau und in manchen Fällen auch die Schriften eines mobileoptimierten Stelleninserates vom Online-Inserat.

Die Stelleninserate, die wir von Prospective in letzter Zeit umgesetzt haben, zeichnen sich durch eine klare Gliederung mittels Tabs aus. Sie erfolgt meist nach dem bewährten Muster wie:

- Über uns
- Aufgaben
- Ihr Profil
- Unser Angebot
- Kontakt
- Teilen
- Bewerben

Optional kann auch bei den mobilen Stelleninseraten ein Video eingebaut werden. Und Bilder sind selbstverständlich ebenfalls möglich. Diese sollten aber nicht zu gross sein, ansonsten muss man wieder scrollen. Aber wenn wir etwas über den Tellerrand hinausschauen, wissen wir aus dem mobilen E-Commerce, dass Bilder ein sehr wichtiges Element für den Kaufentscheid sind. Überhaupt vergleiche ich ein Stelleninserat gerne mit einem Produkt welches über E-Commerce gekauft werden kann. Somit muss eine Stellenanzeige wie jedes andere Produkt auch den Betrachter ansprechen und eine entsprechende Handlung auslösen. Beim Produkt erfolgt dies durch das Clicken auf den *Kaufen* Button, bei den Stellen ist das Clicken auf den Bewerbungs Button die erhoffte „Action". Somit könnte es für das mobile Stelleninserat auch von Relevanz sein, dass ein optimiertes Bild verwendet wird.

Die grosse Herausforderung liegt aber auch im Bereich Mobile beim Prozess und im speziellen bei der Bewerbung. Nachdem schon eine Onlinestellenanzeige erstellt worden ist und eventuell auch bereits ein Gut zum Druck für eine Print Anzeige gegeben wurde, muss jetzt noch eine mobile Stellenanzeige erstellt werden. Damit der Recruiter vor lauter Stellenanzeigenerstellen überhaupt noch zum Rekrutieren kommt, sollte die mobile Stellenanzeige so weit wie möglich standardisiert sein und automatisch aus der Onlineanzeige erstellt werden können. So sparen Sie Zeit und Aufwand und das mobile Recruiting wird zu einem einfachen Prozess.

Wenn wir schon beim Prozess sind. Wie sieht aber nun der Bewerbungsprozess bei einem mobileoptimierten Stelleninserat aus? Sicher eine berechtigte Frage. Die meisten Be-

Abb. 48 Eine Auswahl von mobileoptimierten Stelleninseraten (Quelle: Archiv Prospective Media Services AG)

werber werden nicht das komplette Bewerbungsdossier mit Lebenslauf, Zeugnissen und Motivationsschreiben auf dem Smartphone haben. Das Naheliegendste ist eigentlich ein Telefonanruf. Hat der Bewerber doch das Telefon bereits in der Hand. Aber ist vermutlich nicht unbedingt zwingend zielführend, wenn jeder Bewerber zuerst anruft und der Recruiter ihn um ein vollständiges Dossier bittet. Aber bei gewissen Zielgruppen, die nur sehr schwer zu erreichen sind, ist vielleicht der eine oder andere Recruiter froh, würde er auch nur einen Telefonanruf eines potenziellen Bewerbers erhalten. E-Mail fällt eigentlich auch weg, da die Bewerbungsunterlagen auf dem Smartphone nicht verfügbar sind. Ein Bewerbungsbutton, welcher auf eine Landingpage eines Bewerbermanagementsystems führt, kann schon eine bessere Alternative sein. Vorausgesetzt, die Landingpage ist ebenfalls mobileoptimiert. Wenn dies der Fall ist, kommt auch die OneClick-Bewerbung ins Spiel. Da viele heute bereits ein Business-Netzwerk nutzen, haben sie dort auch ihren Lebenslauf hinterlegt. Die OneClick-Bewerbung zielt genau auf diesen Lebenslauf ab. Anstelle dass der Bewerber seinen Lebenslauf mühsam in vorgegebenen Felder eingibt oder ihn als Anhang hoch lädt, gibt er seinen Lebenslauf auf Xing oder Linkedin für das Bewerbermanagementsystem frei und dieses füllt die Felder automatisch mit dem Inhalt des Profils aus. Somit hat der Recruiter bereits einen Lebenslauf, mit dem er eine erste Beurteilung der Bewerbung vornehmen kann. Anschließend müssen bei einer positiven Beurteilung die restlichen Unterlagen wie Zeugnisse und allenfalls Motivationsschreiben nachgefasst werden. Vermutlich kann die OneClick-Bewerbung nicht bei allen Stellen angewendet werden, da es dem Bewerber sehr einfach gemacht wird und der Recruiter tendenziell mehr Bewerbungen erhält als im lieb ist. Ich bin daher davon überzeugt, dass in Zukunft pro Vakanz und Channel der Bewerbungsweg individuell bestimmt werden muss.

Eine weitere Möglichkeit für den Bewerber besteht darin, dass man ihm einen sogenannten Workaround anbietet. Dieser ermöglicht dem Bewerber, dass er sich das Inserat per Mail nach Hause sendet und sich von dort ordentlich per Online mit sämtlichen Bewerbungsunterlagen bewirbt (Abb. 48).

Wo gehört was hin bei einem Stelleninserat

Die meisten Stellenanzeigen, außer die der neuesten Generation der bereits beschriebenen JobAd+ Anzeigen, sind in etwa gleich aufgebaut. Oben ein Bild, dann etwas über die Firma, der Stellentitel, die Aufgaben, die Anforderungen (oder auch umgekehrt), wieso jemand bei dieser Unternehmung arbeiten soll, die Aufforderung zur Bewerbung und die Bewerbungs- und Kontaktmöglichkeiten. Aber ist dieser Aufbau so richtig? Die Onlinejobbörse Jobware. de hat zu diesem Thema im Jahre 2012 eine spannende Studie in Deutschland durchgeführt. Mittels Eye Tracking[2] wird erfasst, was ein Bewerber am Bildschirm beim lesen einer Stellenanzeige fokussiert. Zudem misst es die Öffnung der Pupille was darauf hindeutet, dass Emotionen ausgelöst werden. Die Studie zeigt klar das Bilder ihre eigene Sprache sprechen. Wer nicht nur Menschen, sondern auch wertvolle Informationen zum Unternehmen und zur Branche mittels eines Bilds kommuniziert, erreicht den Bewerber deutlich besser als mit branchenneutralen Bildern. Zudem hat die Studie gezeigt, dass es wichtig ist, die Bilder klar vom Text zu trennen. Der Jobtitel sollte als solcher klar erkennbar sein, denn dieser wurde meist als erstes gesucht. Ein Stelleninserat bei dem der Kontakt am Ende des Inserates platziert ist wird vom Bewerber schneller erfasst als wenn der Kontakt am Kopf des Inserates platziert ist (vgl. Jobware.de 2012, S. 10).

Das Sahnehäubchen – Der Text

Das Texten eines Stelleninserats ist schlussendlich die Kür zur perfekten Stellenanzeige. Doch nicht jeder ist ein geborener Texter und nicht jede Unternehmung hat die finanziellen Möglichkeiten, die Stellenanzeige von einem erfahrenen Texter erstellen zu lassen. Viele versuchen sich mit Texten von Stellenanzeigen, die bereits schon einmal geschalten wurden, zu behelfen. Da und dort am Text eine kleine Anpassung und schon ist die neue Stellenanzeige fertig. Aber ist dies wirklich der richtige Weg? Im Einzelfall vielleicht sogar, ja. Aber es sollte nicht die Regel sein. Ivo Hajnal und Franco Item plädieren dafür, dass Ihren Inserateschreibern bewusst ist, dass das Textdesign an die Sprache Ihres Inserates besondere Anforderungen stellt. Sie führen drei Punkte auf (vgl. Hainal und Item 2001, S. 24 f.):

- Erstens eine einfache, leserfreundliche Sprache:
  Dies bedeutet, dass beim Einstieg in die einzelnen Textblöcke keine sprachlichen Hindernisse entgegenstehen.

Checkliste neues Inserat

- In welchen Sprachen wird das Inserat verwendet
- Sämtliche Channels berücksichtigen
    Print
    Online
    Mobile
    Social Media

Print

- Breiten bestimmen (max. 2)
- Höhe beachten
- Schwarz/Weiss und/oder Farbig
- Andruck oder Simulation auf Zeitungspapier nicht vergessen
- QR Code ja/nein

Online

- Bestimmen des Aufbau und Layouts
- Verwenden von Bilder ja/nein
- Eigene Bilder vs. Modells
- Verwenden von Videos
- Welche Bewerbungskanäle werden zugelassen
    o Formularbewerbung (Bewerbermanagementsystem)
    o Postalische Bewerbung
    o Bewerbung mittels Mail
    o One Click oder Profilbewerbung
    o Andere_____
- Welche Buttons werden verwendet
    o Bewerbungsbutton
    o Drucken Button
    o Mail to Friend
    o Team Button (z.B. Eqipia)
    o Andere_____
- Social Media Share Button
    o Xing
    o Linkedin
    o Twitter
    o Facebook
    o Andere_____
- Verlinkung auf die Karriereseite
- Verlinkung auf_____

Mobile

- Bestimmen des Layouts
- Video ja/nein
- Bild ja/nein
- Welche Bewerbungskanäle werden zugelassen
    o Formularbewerbung (Bewerbermanagementsystem)
    o Postalische Bewerbung
    o Bewerbung mittels Mail
    o One Click oder Profilbewerbung
    o Möglichkeiten sich das Inserat nach Hause zu senden
    o Andere_____
- Social Media Share Buttons
    o Xing
    o Linkedin
    o Twitter
    o Facebook
    o Andere_____

PROSPECTIVE
RECRUITING-SOLUTIONS

Abb. 49 Checkliste: Neues Inserat (Quelle: Prospective Media Services AG)

- Zweitens eine klare logische Sprache
  Die Sprache muss den logischen Zusammenhalt in und zwischen den einzelnen Textblöcken garantieren.
- Drittens eine zielgerichtete und präzise Sprache
  Die einzelnen Textblöcke sollen sich sprachlich nicht unnötig in die Länge ziehen.

Mit diesen drei Punkten und dem zusätzlichen Hinweis, dass ein Satz mit wesentlich mehr als 20 Wörtern bereits überladen ist, motiviere ich Sie dazu, mit Leidenschaft und Mut das nächste Stelleninserat zu texten und Ihre heute verwendeten Inserate hinsichtlich Layout, Aufbau und Bewerbungsmöglichkeiten auf sämtlichen verwendeten Chanels kritisch zu hinterfragen (zugegeben, das waren jetzt doppelt so viele …). Die Checkliste in Abb. 49 kann Sie dabei unterstützen.

Autorenbeschreibung: Matthias Mäder
Frechmut ist für mich, mit Leidenschaft Personalmarketing und Recruiting zu betreiben, über den Tellerrand hinaus zu schauen und neu Dinge auszuprobieren.

Matthias Mäder ist seit dem Jahr 2007 Geschäftsleiter bei der Prospective Media Services PMS AG und dort insbesondere für neue Produkte und Dienstleistungen rund um die Rekrutierung verantwortlich. Davor zeichnete er sich als Verkaufsleiter beim Tamedia Stellenmarkt die Online-Produkte Jobwinner.ch und ALPHA.ch sowie die Print-Produkte ALPHA und Stellen-Anzeiger verantwortlich. Die Rekrutierungserfahrung eignete er sich über mehrere Jahre bei der Adecco Human Resources AG als Personalberater und Branch Manager an. Zudem unterrichtet er an der ZHAW im Bereich Personalmarketing und Rekrutieren mit neuen Medien. Er ist auch Initiant der jährlich stattfindende Recruiting Convention in Zürich. Als Blogger findet man seine Beiträge auf blog.prospective.ch.

Literatur

Hajnal, & Item (2001). *Sprachdesign – und Ihr Inserat macht einen gut Job* (S. 24). Thun: Werd Verlag.

Jobware.de (2012). Factsheet zur Tracking-Studie „Leseverhalten bei Online-Stellenanzeigen. *Eye*, 10.

Prospective Media Zürich (2013). Trend Report Online Recruiting Schweiz, Zürich, S. 21, zu beziehen bei Prospective Media Zürich. www.trendreport.prospective.ch.

Mobile: Die Zukunft liegt auf der Hand

Frank Staffler

Zusammenfassung

Inzwischen lesen 23 Prozent der Bewerber Stellenanzeigen auf dem Smartphone. Tendenz steigend. Gleichzeitig riskieren Unternehmen, mit ihrem Karriere-Webauftritt im Google-Ranking abzurutschen, wenn sie davon nur eine schlechte mobile Ansicht liefern. Nur zwei Gründe, warum das Thema „mobile Recruiting" derzeit im Personalbereich stark diskutiert wird. Denn mobile Strategien steigern die eigene Reichweite enorm, erobern neue Zielgruppen und beschleunigen und intensivieren die Interaktion zwischen Recruiter und Bewerber. Bevor sich Unternehmen jedoch für eine mobile Karriereseite, eine App oder für beides entscheiden, müssen sie sich ihre Ziele klar machen – und anschließend für durchgängige Prozesse sorgen. Das gilt vom Employer Branding bis zum Bewerbungsprozess. Dabei ist Einfachheit Trumpf. Wer diese Punkte beherzigt, für den ist mobile Recruiting eine einmalige Chance, um die Zielgruppe mit ausgefallenen Ideen zu überraschen und an sich zu binden.

Zapp nicht weg – die Fernbedienung für unser Leben

Smartphones sind heute überall und für unser tägliches Leben unverzichtbar. „Fernbedienung für Ihr Leben." titelte die Wirtschaftswoche im Sommer 2013 und zeigte ein Smartphone auf dem Cover (vgl. Poorten und Menn 2013, S. 1). Smartphones sind die Wegbereiter des mobilen Internets – und werden von allen Generationen genutzt. Liegt die Zukunft damit auf oder noch besser in der Hand? Ich denke schon und Smartphones und Tablets werden künftig auch die Entwicklung des Employer Brandings und Recruitings bestimmen.

Frank Staffler ⊠
Deutsche Telekom AG, 70771 Leinfelden-Echterdingen, Deutschland
e-mail: frank.staffler@telekom.de

J. Buckmann (Hrsg.), *Einstellungssache: Personalgewinnung mit Frechmut und Können*,
DOI 10.1007/978-3-658-03700-0_14, © Springer Fachmedien Wiesbaden 2013

Erinnern Sie sich? Mitte der neunziger Jahre gingen die ersten innovativen Unternehmen ins Web, um Talente online zu rekrutieren. 2008 folgte der Hype um die sozialen Netzwerke: Facebook, Twitter, Xing & Co. Heute sind diese Kanäle längst integrale Bestandteile unserer Personalmarketing- und Recruiting-Strategie. Doch was ist das nächste große Ding im digitalen Employer Branding & Recruiting? Ich bin davon überzeugt, dass wir uns für eine Aufholjagd rüsten müssen. Unsere Zielgruppe ist mobil und wartet nicht auf uns. Wir müssen schleunigst mobile Kanäle in unsere Strategie integrieren. Wie? Das ist derzeit die entscheidende Frage.

Wir Personaler konnten in den vergangenen Jahren folgende Key Trends in der Internetnutzung beobachten (Deutsche Telekom AG 2013). Entwicklungen, die die Telco-Herzen höher schlagen lassen, manchem Personaler allerdings tiefe Sorgenfalten auf die Stirn treiben:

- Trend 1: Smartphones boomen: Über 80 % der Teens, drei von vier Twens und in Summe fast jeder zweite Deutsche nutzt inzwischen ein Smartphone und entwickelt sich tendenziell zum Heavy User des mobilen Internets.
- Trend 2: Smartphones sind die größten Wachstumstreiber unter den Endgeräten, wenn's ums Surfen geht, dicht gefolgt von Laptops/Netbooks und Tablets. Mit diesen Endgeräten wird – man höre und staune – am häufigsten zu Hause im WLAN gesurft.
- Trend 3: Smartphones sind die Treiber für die Internetnutzung unterwegs – selbst bei teilweise noch geringen Bandbreiten.
- Trend 4: Multi Device: Immer mehr User nutzen zwei oder mehr Endgeräte, um online zu gehen. Der PC als klassisches Gerät zur Internetnutzung hat sich weitgehend überlebt.
- Trend 5: Multi Device schafft Potenzial für Cloud Nutzung und Synchronisation der Endgeräte.
- Trend 6: Kommunikation goes WWW und zwar mobil. Webbasierte Dienste wie Facebook, Skype und allen voran WhatsApp boomen enorm.

Freuen Sie sich: In diesen sechs Trends steckt eine „gute" (oder sagen wir besser: eine überraschende) Nachricht für uns Recruiter und Marketiers: Wir sind längst mitten drin im mobile Recruiting- und Employer Branding – ob wir wollen oder nicht. Versenden Sie E-Mail-Benachrichtigungen aus Ihrem eRecruitingsystem an Ihre Bewerber und verlinken zu Ihrem System oder Ihrer Webseite? Teilen Sie Job- und Karriere-Links über Ihre Social Media-Kanäle wie Twitter und Facebook? 77 % der Smartphone Nutzer lesen Ihre E-Mails auf dem Telefon (vgl. Google 2013, S. 15), gut zwei Drittel der Nutzer greifen mobil auf Facebook zu. Genau wie Sie – richtig? Das bedeutet, dass ein beachtlicher Teil der von uns umworbenen Zielgruppe unsere digitalen Botschaften und Inhalte über mobile Endgeräte konsumiert. Zugegeben: Leider bleibt's in etlichen Fällen nur beim Versuch.

Aber was müssen wir tun, damit unsere Zielgruppe mit ihrer neuen „Fernbedienung für das Leben" nicht auf die Karrierekanäle der Wettbewerber zappt? Laut Studien des Marktforschungsinstituts Potentialpark (vgl. Potentialpark 2013, S. 39) und der Hochschule RheinMain bieten bereits 25 % der Unternehmen weltweit bzw. in Deutschland einen mobilen Karriereauftritt oder eine Karriere-App an (vgl. Meurer et al. 2013, S. 8). Es liegt an uns, diesen „mobilen" Bewerberinnen und Bewerbern ein perfektes -Erlebnis zu bieten. Im Kampf um die besten Talente braucht es mutige Personaler, die sich den mobilen Herausforderungen stellen. Denn wir können es uns nicht leisten, mobile User zu verlieren.

Was heißt Mobile Recruiting ganz konkret? Sie könnten jetzt einfach mal mit Ihrem Smartphone bei Wikipedia nachschauen. Halt stopp, das habe ich Ihnen selbstverständlich bereits abgenommen:

Mobile Recruiting „[…] ist eine elektronisch unterstützte Form der Personalbeschaffung, bei der die Kommunikation mit den potenziellen Bewerbern unter Verwendung von mobilen Endgeräten (z. B. Handy, Smartphone, Portable Media-Player, Tablet) erfolgt.[…] Anwendungsgebiete sind mobile Karrierewebseiten, mobile Job-/Karriere-Apps von Unternehmen oder auch mobile Applikationen von Jobbörsen" (www.de.wikipedia.org/wikki/E-Recruiting).

Im nachfolgenden Beitrag konzentriere ich mich auf die Anwendung des mobilen Recruitings im Unternehmenskontext über aktuelle Endgeräte wie Smartphones und Tablets. Unabhängig davon, wie Sie mobile Recruiting definieren, müssen Sie Ihren Kandidaten eine durchgängige „mobile Candidate Experience" bieten und einen durchgängigen mobil gestützten Prozess bereitstellen. So geht's:

- Stellen Sie die wichtigsten Unternehmensinformationen sowie Tipps und Tricks zum Bewerbungsprozess kompakt dar, beschränken Sie sich auf das Wesentliche.
- Machen Sie Ihre Jobsuche mobil: Dazu gehören mobil optimierte Stellenanzeigen. Achtung: in der Kürze liegt die mobile Würze.
- Als Kür integrieren Sie einen mobilen Bewerbungsprozess.

Spätestens beim letzten Punkt steigt die Mehrheit Ihrer Wettbewerber aus. Aber ich bin überzeugt, dass nicht jeder Kandidat – insbesondere der, der schwer zu kriegen ist – sich zu Hause nochmals an den Rechner setzt, um einen zweiten Anlauf zu starten. Wie ein mobiler Bewerbungsprozess aussehen kann, lesen Sie auf den nächsten Seiten.

Mobile Karriereseite vs. Recruiting App

In der Diskussion ums mobile Recruiting scheiden sich die Geister an einer zentralen Frage. Was ist besser: die mobile Karriereseite oder die App? Ein theoretischer Streit. Denn es kommt darauf an, welche Ziele Sie jeweils verfolgen.

Wenn Ihre Zielgruppe bereits mobil auf die Inhalte Ihrer Karriereseite zugreift, dann führt kein Weg an einer mobilen Karriereseite vorbei (Trend # 1 und # 2). Kein User möchte sich in dieser Situation erst eine App herunterladen. Also: nerven Sie ihn nicht damit. Sonst laufen Sie Gefahr, diesen Besucher zu verlieren (Trend #3).

Begreifen Sie die Stores von Google und Apple als Marketing- und Recruiting-Kanal? Wollen Sie Push-Benachrichtigungen wie Job Alerts auf Endgeräte senden? Möchten Sie die technischen Möglichkeiten der Endgeräte über Loaction Based[3] Services hin zu Augmented Reality nutzen? Und vor allem: Suchen Sie einen hippen und gleichzeitig sicheren Weg, um Ihren Mitarbeiterinnen und Mitarbeitern konzerninterne Jobs zu präsentieren? Dann benötigen Sie unbedingt eine native App[4].

In Sachen Karriere setzen wir bei der Telekom 2013 drei verschiedene Apps und unterschiedliche mobile Seiten ein. Warum wir eine zweigleisige mobile Strategie fahren? Und wie wir diese integrierte Strategie entwickelt haben, lesen Sie auf den nächsten Seiten.

Was geht App? Die ersten Schritte im mobile Recruiting – von der App-Idee bis zur mobilen Recruiting- & Personalmarketing-Strategie

„Eine App, was ist denn das?" „Eine App für das Thema Karriere – was soll das denn bringen?" „Dafür haben wir kein Geld!" „Mobil nach Jobs suchen? Dafür eine Karriere-App laden? Das macht doch keiner". So oder so ähnlich lauteten die Antworten meiner Peers und Manager im Jahr 2008, als das iPhone seinen Siegeszug in Deutschland antrat. Gleichzeitig wurden die kleinen Apps auf diesen Geräten, die damals exklusiv von der Telekom vertrieben wurden, immer beliebter. Die ablehnende Reaktion bedeutete für uns: kein Projektsponsor, kein IT-Budget. Das Projekt schien am Ende, bevor es begonnen hatte. Schade, aber zu diesem Zeitpunkt steckte das Mobile Recruiting einfach noch in den Kinderschuhen: Experimente mit Bluetooth- und SMS-Anwendungen zündeten nicht und die QR-Codes, mit denen wir hantierten, waren der Masse der User noch nicht bekannt. Dennoch war ich fest davon überzeugt, dass eine Recruiting-App durchstarten würde. Den App Store hielt ich für einen idealen Recruitingkanal für die Zielgruppe der First Mover und Early Adaptors. Also für genau jene Menschen, die wir als ICT Unternehmen dringend brauchen. Wir waren uns sicher: Wir benötigen eine App. Unserer Überlegung: Wer stundenlang für das neueste iPhone Schlange steht, der lädt sich auch eine Karriere-App herunter – zumindest wenn es die erste auf dem Markt ist.

Was macht man, um eine Idee zu verwirklichen? Man stürmt die Burg durch die Hintertür – das war der Rat meines neuen Chefs. Ein knappes Jahr später wechselte ich von der IT-Tochter zur Konzernmutter in den zentralen Personalmarketing- und Recruiting-Bereich. Damit war ich Teil eines Management Teams, das offen ist, neue Wege zu gehen.

---

[3] „Location Based Services sind „mobile Dienste, die unter Zuhilfenahme von positionsabhängigen Daten dem Endbenutzer selektive Informationen bereitstellen oder Dienste anderer Art erbringen" wie z. B. die Anzeige interessanter Orte in der Nähe des Users". (www.wikipedia.org/wiki/Location_based_services, Abrufdatum: September 2013).

[4] „Native Apps sind speziell für ein Betriebssystem entwickelt, um die Ressourcen eines Smartphones, wie Kamera, GPS oder Bewegungssensor optimal zu nutzen und werden direkt auf dem mobilen Endgerät installiert."

Uns alle beflügelten die ersten Erfolge im boomenden Social Media-Personalmarketing und -Recruiting.

Ein neuer Plan musste her: Wir wollten lieber das Personalmarketing Budget anzapfen, statt noch einmal bei der IT aufzulaufen. Ganz frechmutig – so wie Hans-Christoph Kürns dritter Tipp zur Essenz „Tun" – haben wir ganz einfach versucht, Tatsachen zu schaffen und haben dazu eine neue Story aufgebaut, um das Marketingbudget zu rechtfertigen. Und die ging so:

„Mich ärgert es schon lange, dass wir als Personaler auf einer Messe mit Bewerbern sprechen und unsere Stellenanzeigen präsentieren, ohne ihnen gleich ein innovatives Produkt zeigen zu können". Das stimmte tatsächlich: Während unsere Fachbereichskollegen mit coolen Exponaten lockten, zeigten wir die immer gleichen eckigen Stellenanzeigen am PC oder auf Papier. „Malen Sie sich doch folgende Situation aus: Wir stehen auf der Internationalen Funkausstellung in Berlin oder der CeBIT in Hannover und präsentieren tausenden Interessenten unsere offenen Stellen und Karrieremöglichkeiten bei der Telekom – auf dem iPhone, unserem Top Produkt im Consumer Segment. Stellen Sie sich vor, wie viel Spaß es Talenten macht, wenn sie bei der eigenständigen Stellensuche bei uns am Stand ein exklusives Endgerät testen können. Diese positive User Erfahrung und die Innovationskraft strahlt auf unser Arbeitgeberimage ab."

Diese Argumente zogen, der Umsetzung stand nichts mehr im Wege. Das Fachkonzept war schnell geschrieben, also ab zum Programmierer – dachte ich. Der sitzt bei uns ja quasi mit im Haus. Und dann kam der Dämpfer: Durch die riesige App-Nachfrage waren alle Programmierer unserer ‚Digital Business Unit' für die nächsten 18 Monate ausgebucht. Nächste Etappe: Klinkenputzen im Konzern mit unserem Business Case in der Tasche.

Wir fanden einen guten internen Umsetzungspartner. Aber wir wollten die App nicht nur auf Karrieremessen einsetzen, sondern einen mobilen Employer Branding- und Recruitingkanal aufbauen. Also haben wir schnell KPIs vereinbart: Wir wollten unter die Top 30 in der Kategorie Wirtschaft im App Store kommen und mindestens 10.000 Downloads über die nächsten zwei Jahre erreichen. Danach wollten wir entscheiden, ob wir das Engagement fortführen und ausbauen. Klar, dass unser Projektteam extrem gespannt war, wie die App im Store performen würde. Unsere „Jobs&More"-App lief nicht nur gut, die App schlug richtig ein. Ein voller Erfolg: kurz nach der CeBIT 2010 landeten wir auf Platz 1 im App Store in der Kategorie Wirtschaft und die Zielgröße der Downloads wurde um ein vielfaches übertroffen.

Da das iPad gerüchteweise schon in den Startlöchern stand und Android als Betriebssystem Apples iOS zu überholen drohte, beschlossen wir, eine Version der App schrittweise für iPad, Android und Windows Phones anzubieten (Abb. 50).

Was kann „Jobs&More" ganz konkret?

Ein kurzer Fingerdruck auf dem Smartphone eröffnet jede Menge Möglichkeiten: Unsere User können per App Jobs finden, weiterleiten oder Freunden empfehlen. Persönliche

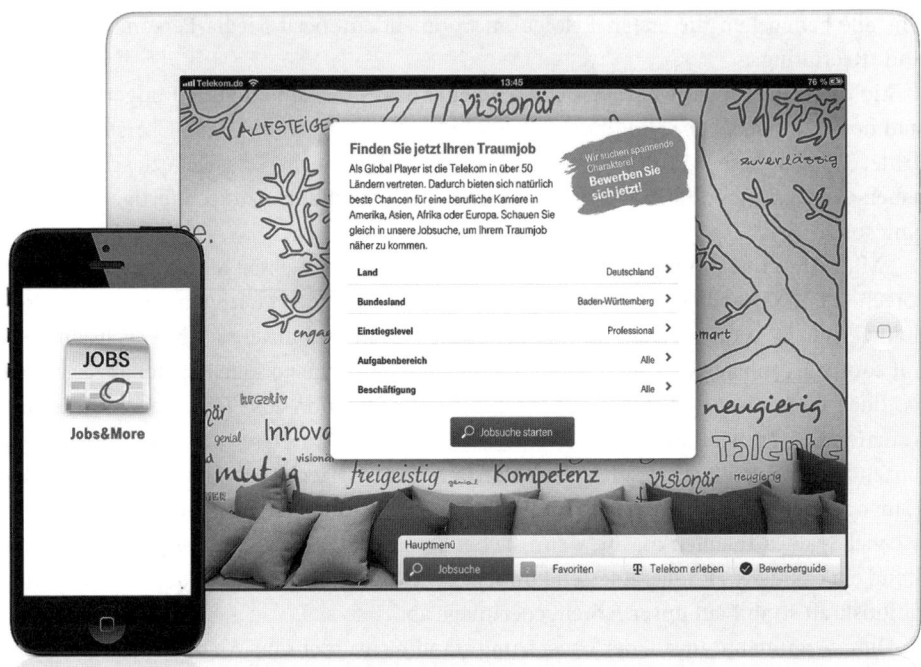

Abb. 50 Jobs&More auf iPhone und iPad der Deutschen Telekom AG (Quelle: Deutsche Telekom AG)

Job-Favoriten anlegen und verwalten. Die Jobsuche eingrenzen: zum Beispiel nach Aufgabenbereich, Bundesland oder Zielgruppe. Sie sehen: „Jobs&More" bietet alle Basisfunktionalitäten einer Online-Jobbörse. Darüber hinaus können Kandidaten aus den Stellenanzeigen heraus per E-Mail oder Telefon Kontakt mit dem Recruiter aufnehmen. Ein Dialog ist damit viel schneller möglich. Mittlerweile haben wir bei „Jobs&More" auch Jobs unserer zahlreichen Landesgesellschaften eingebunden und Kandidaten können sich mobil bewerben. Wie das geht? Ganz einfach: Bewerber leiten dem zuständigen Recruiter per App einen Link auf ihr Xing- oder LinkedIn-Profil weiter. Das hat gleich mehrere Vorteile: Erstens: der Aufwand und damit die Hürde einer Bewerbung ist auf der Seite des Kandidaten relativ gering – ein klarer Vorteil im „war for talents". Zweitens: Effizienz. Der Recruiter kann im Rahmen des Prescreenings auf Basis von standardisierten Profilen sehr schnell abschätzen, ob ein Kandidat geeignet ist oder nicht. Drittens: Eignet sich der Kandidat, dann erzeugen wir mit der App einen positiven psychologischen Moment, weil wir zeitnah kommunizieren: „Herzlichen Glückwunsch, Sie sind in der nächsten Runde."

Wer sich in einem Unternehmen bewirbt, will wissen, was ihn dort erwartet, wie die künftigen Kolleginnen und Kollegen ticken, was sie an ihrem Arbeitgeber gut finden – und wo der noch nachlegen muss. Das alles sieht man zum Beispiel in der Rubrik „Telekom erleben" in den Mitarbeitervideos oder über die Social Media Kanäle, die wir ebenfalls integriert haben.

Vielleicht wenden Sie an dieser Stelle ein: „Das ist alles ganz nett, aber heute können Employer Branding- und Recruiting-Apps doch mehr. Was ist mit Location-based Services, Job Maps, usw.?" Sie haben natürlich Recht. Aber ich habe dieses Beispiel bewusst gewählt, um Ihnen zu zeigen, dass Sie auch mit einem reduzierten Ansatz erfolgreich am Markt agieren und Bewerber begeistern können. Voraussetzung: Sie setzen die App richtig ein und vermarkten sie entsprechend. Uns war es wichtiger, „Jobs&More" auf breite Füße zu stellen: Wir wollten sie auch den Zielgruppen der Android- und Windows Phones-User bereitstellen. Oder anders: Wir wollten nicht ein Instrument perfektionieren, wichtiger schien es uns, unsere mobilen Karriereseiten und Kampagnenseiten aufzubauen.

Die Erfolgsfaktoren

Heutzutage findet man hunderte Apps in den Stores bei Apple und Google rund um das Thema Karriere, Jobsuche und Bewerbung. Viele der angebotenen Apps gehen im unüberschaubaren Angebot unter und werden kaum genutzt. Schade eigentlich. Was waren die Gründe für den Erfolg unserer App?

- Wir waren First Mover und als erstes deutsches Unternehmen im App Store mit einer Employer Branding- und Recruiting-App vertreten.
- Simplicity war die Designphilosophie der App "Jobs&More".
- Die mobile Jobsuche ist auf allen Endgeräten mit einem iOS-, Windows- oder Android-Betriebssystem verfügbar und deckt somit alle gängigen Betriebssysteme ab.
- Die Apps wurden gut vermarktet und in den Stores mit den gängigsten Suchbegriffen getagged. Für uns sind die Stores ein Marketing- & Recruitingkanal.
- Die Apps werden crossmedial für Print, Out-of-Home und Online Recruiting-Kampagnen und intensiv auf Messen mit starkem Publikumsverkehr genutzt.

Wird die App auf Karrieremessen eingesetzt, nutzen wir unterschiedliche Versionen. Erstens: eine spezielle iPad-Messeversion mit reduziertem Menü und Informationsumfang. Kandidaten können diese zum Beispiel an unserer „Jobwall" selbst testen. Zweitens: als Vollversion auf den Endgeräten der Recruiter. Damit können diese direkt auf der Messe eine individuelle Jobberatung bieten. Treffen wir interessante Talente auf Messen und Veranstaltungen, können unsere Recruiter passende Stellenangebote auf dem neusten Endgerät aus dem Telekomstore präsentieren. Anschließend können sie diese Angebote an die Interessenten via App weiterleiten und den Talenten zusätzlich eine mit einem QR Code versehene Visitenkarte (siehe Abb. 52) mitgeben. Immer wieder landen bei uns mobile Bewerbungen mit einem direkten Bezug zu einem Messegespräch.

Und noch mehr Apps

Darüber hinaus haben wir auf Messen eine weitere recht simple App im Einsatz (Candidate Relationship Management App). Über eine einfache, intuitive Nutzeroberfläche können Interessenten zielgruppengesteuert unsere Karrierenewsletter abonnieren. Ebenso können wir interessante Kandidaten, denen wir aktuell keine Vakanzen anbieten können, über dieses kleine Tool in unseren Talentpool einbinden. Das spart jede Menge Zeit: Der auf-

Abb. 51 Beispiel einer Print Anzeige der Deutschen Telekom AG mit Verweis auf App Store, Windows Store und Google Play. (Quelle: Deutsche Telekom AG 2013)

Abb. 52 Rückseite einer Visitenkarte für Recruiter bei der Deutschen Telekom. Beim Scannen des QR-Codes wird der User abhängig vom Betriebssystem des Endgeräts in den korrespondierenden App Store weitergeleitet. (Quelle: Deutsche Telekom AG 2013)

wendige Papierprozess inkl. Digitalisierung entfällt genauso wie der komplizierte Archivierungsprozess der Einverständnis- und Datenschutzerklärungen der Interessenten.

Unabhängig davon, ob Sie eine Recruiting-App oder eine mobile Karriereseite inkl. Jobsuche anbieten, sollten Sie Ihre Printanzeigen in Zeitungen und Magazinen sowie ihre Flyer und Broschüren auf Ihren mobilen Auftritt verlinken. Das geht zum Beispiel mit einem QR-Code. Das ist wichtig für eine optimale Bewerberansprache (vgl. Abb. 51). Abhängig von Ihrer Zielsetzung können Sie auf einzelne Stellenangebote oder auf weiterführende Inhalte verlinken. Damit lässt sich auch der Erfolg Ihrer Anzeige über die Klickraten direkt messen. Ergänzend sollten Sie Ihr mobiles Recruiting mit Out-of-Home-Maßnahmen verbinden. Sie wissen, auf welchen Bahnstrecken oder Flughäfen Ihre Zielgruppe unterwegs ist? Dann nichts wie los: „Holen" Sie die Talente dort ab.

Im Übrigen können meine Kolleginnen und Kollegen ganz bequem mit der Jobs&More-App nach neuen internen beruflichen Herausforderungen im Telekom Konzern suchen. Dazu muss man bei uns noch nicht einmal die App installiert haben. Am sogenannten Jobs Corner können zum Beispiel in der Telekom-Lobby oder auf dem Weg zur Kantine einer Niederlassung Interessierte auf einem fest installierten iPad in unseren Jobangeboten stöbern. Das mögen übrigens nicht nur unsere Mitarbeiter. Wir unterstreichen damit bei Kunden und Partnern unseren Anspruch, ein besonders innovatives Unternehmen zu sein. Ach ja, nicht nur die Kollegen im Nachbarbüro nutzen die App gerne. Auch CEO René Obermann hat sich in der Bild am Sonntag geoutet, gerne mal mit der App in unserem Angebot zu surfen (Backhaus et al. 2012, online).

App Select ist die dritte App, die bei uns im Einsatz ist. Mit ihr haben wir unsere Assessment Center digitalisiert und auf das iPad gebracht. Moderator, Beobachter und Kandidaten führen wir mit Hilfe der App durch verschiedene Assessment Center-Typen. Jeder Teilnehmer ist mit einem iPad der neusten Generation ausgestattet und bekommt vom Gerät des Moderators die Aufgaben bzw. Dokumente zugewiesen. Der Kandidat erhält also die Aufgaben bzw. Rollenspiele, die Beobachter die relevanten Beobachterbögen usw. übermittelt. Zusätzlich unterstützt die App den Moderator bei Nebenaufgaben wie dem Zeitmanagement. Allen Beteiligten macht die App deutlich mehr Freude als das herkömmliche Papier-Verfahren. Zudem zahlt die App auf unseren Employer Brand ein und ist überdies deutlich effizienter. Die App führt u. a. die Ergebnisse der Beobachterkonferenz zusammen und unterstützt den Moderator bei der Berichterstellung und administrativen Aufgaben wie der Reisekostenabrechnung. Die Papiermenge, die wir damit jedes Jahr einsparen, entspricht einem Baum.

Die mobile Karriereseite

Auch über das Thema responsive Webdesign wird derzeit heftig debattiert. Viele Unternehmen halten das responsive Design des Karriereauftritts für den Schlüssel zum Erfolg. Bei dieser Technologie passen sich das Seitendesign, die Inhalte und die Navigationsstruktur dynamisch der Bildschirmauflösung und weiterer Geräteeigenschaften des (mobilen) Endgerätes an (Trend # 4). Das hört sich erst einmal nach einem Allheilmittel an. Doch je komplexer und umfangreicher der Content und der Aufbau Ihrer Karriereseite sind, desto aufwendiger und teurer wird die Überführung Ihrer Karriereseite beziehungsweise das Befüllen der Inhalte des Contentmanagement-Systems für Ihren Online-Redakteur. Wenn wenig Zeit zur Verfügung steht und die personellen Ressourcen knapp sind, verführt das responsive Design oft dazu, die Inhalte der Desktopvariante des Karriereauftritts eins zu eins auf die mobile Version zu übertragen. Die Folgen: Lange Ladezeiten durch (zu) große und (zu) viel Bilder, Scrollen durch (zu) lange Texte und suboptimale Navigationsstrukturen. Solche Seiten verlassen die Anwender schnell wieder, weil sie schlicht genervt sind. Darüber hinaus bringt die Technologie noch einen weiteren Nachteil mit sich: Wenn die Nutzer ältere Versionen von weit verbreiteten Browsern wie Internet Explorer und Firefox verwenden, werden Ihre Inhalte nicht optimal oder gar fehlerhaft dargestellt.

Wenn Sie die mobile und die Desktopversion Ihrer Karriereseite klar voneinander trennen, dann ist der Pflegeaufwand für den redaktionellen Inhalt der beiden Versionen der Karriereseite natürlich größer. Aber nur so können Sie das redaktionelle Angebot für beide Versionen auf die Zielgruppen optimal zuschneiden und die zuvor beschriebenen Schwierigkeiten umgehen.

Entscheiden Sie sich dennoch für den Einsatz von responsive Webdesign für Ihre (neue) Karrierewebseite, dann gilt von der Planung des Designs, über die Navigationsstruktur bis hin zum redaktionellen Inhalt eine Maxime: Mobile First. Sprich: Sie agieren, als wollten Sie eine rein mobile Seite erstellen. Die Ansicht des mobilen Users, also das Design für dessen Touchscreens, ist die Ausgangsbasis Ihrer Planungen. Die Karriereseite wird nun Schritt für Schritt für größere Bildschirmformate angepasst. Das erfordert nicht nur ein von Anfang an durchdachtes Gesamtkonzept, auch Ihre Redakteure müssen diesen Leitspruch bei der Erstellung des redaktionellen Inhalts berücksichtigen. Folgende Leitfragen gelten für die Redaktion: Welche Informationen benötigt der mobile Bewerber wirklich? Welche nimmt er wahr? Worauf können wir verzichten?

Eine gut gemachte mobile Karriereseite holt Ihre Kandidaten dort ab, wo sie sich bewegen. Sie hat für Sie noch einen weiteren positiven Nebeneffekt: Sie tauchen in den Google-Suchergebnislisten vor Ihren Wettbewerbern auf. Denn die der Suche hinterlegten Algorithmen berücksichtigen bei der Ausgabe der Ergebnisse, ob Ihre Seite mobilfähig ist oder nicht (Rixecker 2013, online). Finde ich logisch, denn wer benötigt einen Verweis auf einen Treffer, auf den man mobil nicht oder nur eingeschränkt zugreifen kann.

Frechmut bedeutet immer auch Tun. Wie für Musterbrecher typisch sind wir derzeit noch immer am experimentieren, den Königsweg haben wir für uns selbst noch nicht gefunden. Sowohl bei den Inhalten der mobilen Seiten als auch beim Typus (mobile vs. responsive) experimentieren wir noch und sammeln wertvolle Erfahrungen. Während wir die globale und die deutsche Karriereseite der Konzernmutter mit hohem Aufwand auf ein responsives Design umgestellt haben, setzen wir bei einzelnen Kampagnen und bei der Karriereseite der T-Mobile USA neben der klassischen Desktop Version auf reinrassig mobile Auftritte.

Im Vergleich zur klassischen Karriereseite sind die Inhalte auf das Wesentliche reduziert und konsequent auf die Jobsuche ausgerichtet. Einzelne Funktionsbereiche stellen sich im Rahmen von knapp gehaltenen Einleitungstexten und mit einem kurzen Video vor (vgl. Abb. 53, Bild links). Die Keyword-Jobsuche ist prominent in die einzelnen Screens eingebunden und kann um weitere Suchfilter erweitert werden. Kandidaten haben die Möglichkeit, sich direkt über ihr mobiles Endgerät zu bewerben oder das Stellenangebot per E-Mail an sich selbst oder Freunde weiterzuleiten (vgl. Abb. 53, Bild Mitte). Die mobile Bewerbung wird direkt auf eine Stelle oder auch initiativ ermöglicht (vgl. Abb. 53. Bild rechts). Dabei hat der Bewerber die Möglichkeit, sich über ein Bewerbungsformular direkt im mobilen Frontend des Bewerbermanagement-Systems zu registrieren und zu bewerben. Das Ausfüllen eines Formulars auf dem Smartphone verlangt Fingerfertigkeit, daher besteht bei uns die Möglichkeit, die Daten aus Social Media-Profilen wie LinkedIn, Google+ oder Facebook zu importieren (Trend #6).

Die mobile Bewerbung

Wollen Sie Ihrer Zielgruppe einen durchgängigen mobil gestützten Prozess anbieten, müssen Sie sich Gedanken über die mobile Bewerbung in Ihrem Haus machen. Das ist umso schwieriger, je schwerfälliger Ihr IT Dienstleister ist. Zwar haben inzwischen die großen ATS (Applicant Tracking) System-Anbieter in den letzten beiden Jahren das Thema Mobile für sich entdeckt, doch der Fokus liegt in der Regel erst einmal auf dem mobilen Backoffice Zugang – oftmals per App – für Hiring Manager und Personaler. Was jedoch den internen Kunden des HR-Bereichs freut, frustet den Kandidaten. Die meisten Anbieter können Ihnen inzwischen ein mobilfähiges Kandidaten-Frontend offerieren, das sich problemlos in die mobile Karriereseite integrieren lässt und sogar die Übertragung karriererelevanter Informationen aus Sozialen Netzwerken mittels genormter Schnittstelle (API) hat sich als Standard etabliert. Doch wer kein für Bewerbungszwecke getuntes LinkedIn- oder Xing-

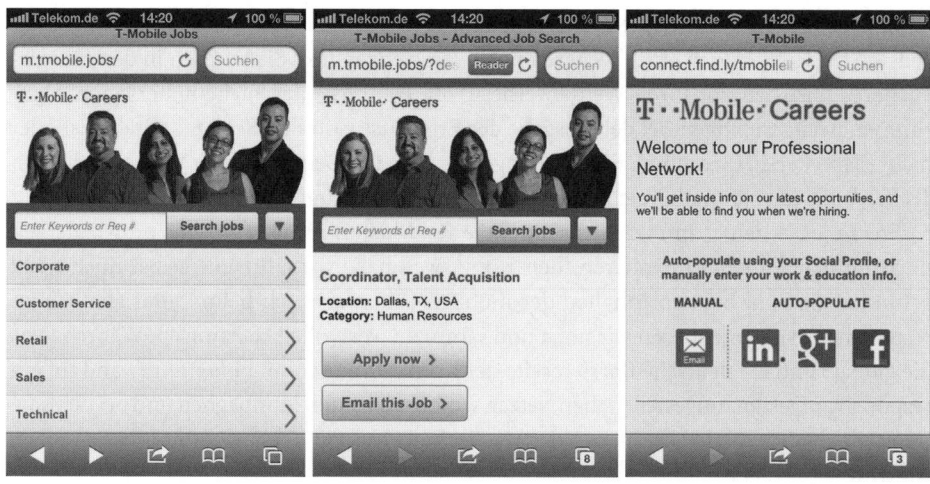

Abb. 53 Die mobile Karriereseite von T-Mobile (Quelle: Deutsche Telekom AG 2013)

Profil besitzt, der schaut in die Röhre. Oder genauer: Sorgenvoll aufs Smartphone, wenn er dann mühevoll seinen Lebenslauf in den mobilen Bewerberbogen übertragen muss.

Dabei könnten die Anbieter vor dem Hintergrund der stetig zunehmenden Nutzung von Cloud-Diensten wie Dropbox oder Google Drive (Trend # 5) ganz leicht diese Dienste in das Bewerberfrontend integrieren. Traumstelle mobil gefunden, mit dem Social-Media-Profil schnell registriert und den Lebenslauf über Dropbox in das ATS hochgeladen. Vollständig mobil bewerben in weniger als 3 Minuten – voilà.

Schade, dass nur kleine Nischenanbieter diese Kombination im Portfolio haben. Zumal keine der drei gängigen Varianten, die wir bei uns aktuell im Einsatz haben (LinkedIn- oder Xing-Link weiterleiten, Bewerberbogen manuell ausfüllen oder Social-Media-Profil parsen) Bewerber und Personalverantwortliche hundertprozentig überzeugen.

Wo Licht ist, ist auch Schatten

Zwar liegen die Vorteile der mobilen Strategien wie höhere Reichweite, neue Zielgruppen, schnellere und intensivere Interaktion zwischen Unternehmen und Bewerber auf der Hand. Doch sie stellen die HR-Bereiche auch vor Herausforderungen. Mit schnellen und komfortablen Bewerberprozessen steigt natürlich auch die Erwartungshaltung an eine rasche Reaktion des Unternehmens. Doch in den Unternehmen selbst sind schwerfällige Abstimmungs- und tradierte Kommunikationsprozesse häufig noch Realität. Das setzt Recruiter und Hiring Manager unter Druck. Darüber hinaus habe ich die Erfahrung gemacht, dass die mobile Schnellbewerbung bei traditionellen Entscheidern auf Grund des geringeren Informationsumfangs und der „Leichtigkeit" des Bewerbungsprozess weniger Anerkennung findet als die klassische Bewerbung. Hier muss ein Umdenken bei allen Beteiligten einsetzen, wir sollten überprüfen, ob wir die Kultur und die Prozesse im Unternehmen anpassen müssen, um den Erwartungen der mobilen Bewerber gerecht zu werden. Schließlich wollen wir alle negativen Effekte auf unsere Arbeitgebermarke verhindern.

Und was hält der Bewerber von alledem? Zwar lesen heute bereits 23 % (2012 waren es noch 14 %) der Smartphone-Nutzer Stellenanzeigen über ihre Endgeräte und ein großer Teil kann es sich vorstellen, sich mobil zu bewerben (vgl. Google 2013, S. 14). Nach meiner Erfahrung halten sich die Deutschen beim mobilen Bewerben allerdings noch zurück. Insbesondere die sogenannten Heavy User des mobilen Internets wie Schüler und Absolventen nutzen bevorzugt die klassischen Bewerbungswege. Das verwundert kaum, denn der Einstieg ins Berufsleben will gründlich geplant und vorbereitet sein. Da wird bei der Bewerbung nicht experimentiert. Das sehen die Young Professionals und die Professionals natürlich gelassener. Aus einer festen Anstellung heraus haben sie den Mut und das Selbstvertrauen, bei der Bewerbung innovative Wege zu gehen.

Und zum Schluss: Mobile First. Oder die mobile Version dieses Kapitels: Keine Bilder, knappe Texte

Take Away # 1: Mobile Recruiting ist bereits hier und Sie sind dabei, ob Sie wollen oder nicht.

Take Away # 2: Ob mobile Karriereseite, Karriere App oder beides: Ihr Ziel gibt die Richtung vor.

Take Away # 3: Ihre mobile Karrierewebseite beeinflusst Ihr Google-Ranking positiv.

Take Away # 4: Gestalten Sie mobile Recruiting durchgängig: Vom Employer Branding bis zum Bewerbungsprozess – und vergessen Sie dabei Ihre Organisation nicht.

Take Away # 5: Integrieren Sie Ihre mobilen Kanäle in Ihre Offline- und Online-Kampagnen und -Medien (QR Codes, etc.).

Take Away # 6: Die Zukunft liegt auf der Hand, also trauen Sie sich …

… denn endlich haben wir Personaler eine riesige Spielwiese und jede Menge Platz für gute Ideen – über die die klassischen mobilen Anwendungsbereiche im Employer Branding und Recruiting hinaus. Vom Xing Handshake als Bindungsinstrument auf Messen über Foursquare als Einladung zu digitalen Guerilla-Personalmarketingaktionen bis zur hin zur „digitalen Verlängerung" von Printanzeigen mittels Augmented Reality. Endlich können wir uns als Personalmarketiers richtig austoben und unsere Zielgruppen mit innovativen Konzepten überraschen.

Autorenbeschreibung: Frank Staffler

Frechmut ist für mich das Salz in der Suppe des Lebens & die Basis für Innovation.

Frank Staffler ist einer der Pioniere des Mobile Recruiting in Deutschland. Mit der „Jobs&More" App stellte die Telekom als erstes Deutsches Unternehmen eine Recruiting- & Employer Branding App vor. Der Diplom Ökonom studierte Wirtschaftswissenschaften mit den Schwerpunkten Marketing und Personal an der Universität Hohenheim. Bei der Deutschen Telekom AG verantwortet er das Personalmarketing.

Kontakt: www.xing.com/profiles/Frank_Staffler

Literatur

Backhaus, Eichinger, & Eisenlauer (2012). BILD am Sonntag. http://www.bild.de/politik/wirtschaft/rene-obermann/interview-rene-obermann-telekom-sind-sie-neidisch-auf-erfolg-15511212.bild.html.

Deutsche Telekom AG (2013).

Google (2013). Unser mobiler Planet Deutschland. Der mobile Nutzer, S. 14–15

Meurer, Jäger, & Böhm (2013). *Mobile Recruiting 2013, Eine empirische Untersuchung zur Bewerberansprache über mobile Endgeräte.* Wiesbaden: Hochschule RheinMain.

Poorten, & Menn (2013). Wirtschaftswoche, Ausgabe 36, Verlagsgruppe Handelsblatt, Düsseldorf, S. 1

Potentialpark (2013). *OTaC 13 Konferenz Frankfurt, Potentialpark.* Stockholm: Potentialpark.

Rixecker (2013). *SEO: Google macht ernst – schlechte mobile Website, schlechtes Ranking.* Hannover: t3n-News. www.T3n.de/news/seo-google-macht-ernst-472817/.

www.de.wikipedia.org/wikki/E-Recruiting. Zugegriffen: September 2013

www.wikipedia.org/wiki/Location_based_services. Zugegriffen: September 2013

Video: Menschen zu Menschen sprechen lassen

Katharina von Wyl

Zusammenfassung

Steigender Personalbedarf in einem stark umkämpften Arbeitsmarkt: Das erfordert ein Umdenken in den HR-Abteilungen, der Bewerbungsprozess muss auf den Kopf gestellt werden. Das nehmen die Verkehrsbetriebe Zürich (VBZ) wörtlich. Seit dem Jahr 2010 setzen sie in ihrer Personalmarketing-Strategie konsequent auf das Medium Video. Sie lassen Menschen zu Menschen sprechen oder konkreter: Der Vorgesetzte spricht den Interessenten direkt per Videobotschaft an und bewirbt sich bei seinen zukünftigen Mitarbeitenden. Videoproduzentin Florina Saladin gibt Auskunft über die Erfolgskriterien eines guten Videos und verrät, wie auch Laien vor der Kamera authentisch wirken können. Außerdem interessant: Wie das Medium Video als Instrument für die interne Kommunikation eingesetzt werden kann, erklärt am Praxisbeispiel der VBZ.

Videos können Authentizität und Unmittelbarkeit vermitteln wie dies kein Printprodukt schafft. Garantiert jedenfalls keine Stellenanzeige. Im HR dreht sich alles um die Ressource Mensch. Was liegt da näher, als auch tatsächlich Menschen zu Menschen sprechen zu lassen? Nicht erst mitten im Prozess, beim Vorstellungsgespräch oder gar bei der Kündigung. Von Anfang an.

„Videos sorgen für höhere Attraktivität und Beachtung in den Online-Stellenanzeigen. Mehr Klicks und besseres Matching, passende Bewerbungen", verspricht livejobs.ch auf seiner Website. Und: Videointegration erhöhe den Erinnerungswert um 30 %. Livebjos.ch ist das erste Schweizer Videoportal für Personalmarketer. Und natürlich für Bewerber.

Alles begann im Jahr 2009. Als erfahrener Personalvermittler hatte Roger Bucher, Gründer und Geschäftsführer von livebjobs.ch, die Idee eines Videoportals für Personalmarketer aus dem Mangel an Fachkräften entwickelt. Konnte er doch mit allen möglichen Personalmarketing-Botschaften, mit emotionslosen Inhalten in geschriebener Sprache, sei-

Katharina von Wyl ✉
St.Gallerstraße 71, 8400 Winterthur, Schweiz
e-mail: k.vonwyl@bluewin.ch

J. Buckmann (Hrsg.), *Einstellungssache: Personalgewinnung mit Frechmut und Können*,
DOI 10.1007/978-3-658-03700-0_15, © Springer Fachmedien Wiesbaden 2013

ne Zielgruppe nicht attraktiv und mehrdimensional, eben audiovisuell ansprechen. Diese „filmischen" Erlebnisse zu transportieren und Emotionen bei den Betrachtern für eine Bewerbung auszulösen, ist das primäre Ziel von livejobs.ch. Inzwischen produziert Bucher mit einem 5-köpfigen Team und einem Produktionsnetzwerk, verteilt auf die wichtigsten Wirtschaftsstandorte der Schweiz, rund fünf bis zehn Videos pro Woche, Tendenz steigend.

Das war nicht immer so. „Natürlich, aller Anfang ist schwer. Wir starteten mit einem neuen Produkt auf einem unbekannten Markt, was schon einiges an Mut und viel Überzeugung voraussetzte. Auch die Personaler sind nicht gerade als sehr offen und experimentierfreudig bekannt. Sie bestechen eher durch Konformität und Bewährtes. Kein Mut zu Neuem. Personalmarketing existiert bei vielen Unternehmen nicht", so Bucher zu den Anfangszeiten. Mit dem ersten Kunden, dem Kantonalen Steueramt, kam dann Bewegung in das Start-up: „Wir waren zugegeben etwas überrascht, als unseren ersten Kunden das Steueramt des Kanton Zürich gewinnen zu können. Mit dem Steueramt durften wir einen Imageclip und ein Recruitingvideo für Steuerkommissäre produzieren – eine Erfolgsstory. Das Imagevideo brachte es auf über 270.000 Views", erzählt Bucher. Inzwischen schmücken auch „die ganz Großen" seine Kundenliste, so zum Beispiel der Migros Genossenschaftsbund oder die SBB. Die zunehmenden Erfolge bei den Auftraggebern würde viel Gutes heißen und zeige den richtigen Weg – gelinge es den Firmen doch mit den integrierten Videobotschaften den Bewerbungsrücklauf um ein vielfaches zu steigern. Weiter sei es ein Wettbewerbsvorteil, sich gegenüber Mitbewerbern innovativ in einem Video von der „emotionalen" Seite zu zeigen. Social Media habe mittlerweile an Akzeptanz gewonnen und YouTube hat sich zur zweitgrößten Suchplattform etabliert „die Zukunft gehört dem Videocontent", ist Bucher überzeugt.

Seit einiger Zeit bietet livejobs.ch nicht nur einen Videoservice, um das eigene Unternehmen oder ein Stelle zu präsentieren, der neuste Coup heißt Videointerviews. Dabei kann der Recruiter Fragen auf Video aufnehmen und Bewerber können – von zuhause aus – darauf antworten, vor laufender Kamera. So erhalten die Personalfachleute bereits einen guten ersten Eindruck und können dann entscheiden, wen sie zum persönlichen Gespräch einladen möchten. Insbesondere für international tätige Unternehmen, die immer wieder Bewerbende aus dem Ausland rekrutieren, soll der Rekrutierungsprozess dadurch optimiert werden. Roger Bucher und sein Team haben schon wieder neue Ideen im Köcher: „livejobs.ch wächst weiter! In Kürze werden neue Services dazukommen – schauen Sie wieder vorbei", schreiben sie auf ihrer Homepage. „In der Tat, wir planen das Portal und die Services interaktiver zu gestalten. Es werden viele Arbeitnehmerthemen, wie ein Ratgeber rund um Jobs und Bewerbung sowie Webinare, dazu kommen. Bereits gelauncht haben wir ein Internet-TV, karriereTV.ch, ein offenes Portal für Videocontent rund um Employer Branding und Arbeitnehmerinfos. Hier darf bestehender Videocontent kostenlos hoch geladen werden", verrät Bucher.

Jobvideos – Praxisbeispiel der Verkehrsbetriebe Zürich

Film ab: Die VBZ setzen seit dem Jahr 2010 auf das Medium Video. Ein Blick in die Praxis.

Ausgangslage

Die Verkehrsbetriebe Zürich (VBZ) bieten den Menschen der Stadt Zürich und der umliegenden Regionen eine qualitativ hochstehende Versorgung mit dem öffentlichen Nahverkehr, während 365 Tagen im Jahr, mindestens 20 Stunden am Tag. Rund 900.000 Fahrgäste pro Tag nutzen das Angebot der VBZ. Dafür arbeiten rund 2450 Mitarbeitende, 1400 davon im Fahrdienst als Tram- und BusfahrerInnen.

Pro Jahr verzeichnen die VBZ derzeit einen Bedarf an 200 neuen Mitarbeitenden, mit steigender Tendenz. Dies ist insbesondere demografisch begründet – das Durchschnittsalter der VBZ-Mitarbeitenden ist mit 47 Jahren (Stand Juli 2013) überdurchschnittlich hoch. Ein zusätzlicher Faktor zu den zahlreichen, anstehenden Pensionierungen ist der anhaltende Ausbau des öffentlichen Verkehrs in der Schweiz.

Aber: Der Arbeitsmarkt ist in der Schweiz heute hart umkämpft – die Entwicklung von einem Arbeitgebermarkt hin zum Arbeitnehmermarkt schreitet voran (vgl. Braunschweig 2009, S. 6). Dies führt dazu, dass Arbeitnehmende bei der Stellensuche immer mehr Wahlmöglichkeiten haben. Arbeitgeber müssen folglich aussagekräftige Argumente liefern, warum sich Stellensuchende für deren Unternehmen entscheiden sollen.

Bis im Jahr 2011 sahen die Stellenanzeigen der VBZ so aus, wie man sich das von einem Unternehmen des öffentlichen Dienstes vorstellt (Abb. 54).

Die Ausschreibung für die TramführerInnen-Stelle bestach durch Fließtext und thematisierte inhaltlich in erster Linie das gewünschte Anforderungsprofil der Bewerbenden. Immerhin, ein Arbeitgeber-Vorteil der VBZ – die sichere Zukunft des Unternehmens – wurde bereits erwähnt und der Text ist pfiffig formuliert.

Und dennoch, dass diese Art der Mitarbeitergewinnung im Zeitalter der digitalen Kommunikation langfristig den stetig steigenden Personalbedarf nicht abdecken kann, hat das Personalmanagement der Verkehrsbetriebe Zürich realisiert. Eine neue Idee musste her.

„Das Stelleninserat ist eine Werbeanzeige. Punkt"

Um die Anzahl Bewerbungen, insbesondere für die Stellen im Fahrdienst, nachhaltig zu steigern, haben die VBZ vier Handlungsziele definiert:

- Neue Rekrutierungsräume erschließen.
- Internetpräsenz verstärken.
- Mitarbeitende halten und entwickeln.
- Arbeitgeberattraktivität stärken.

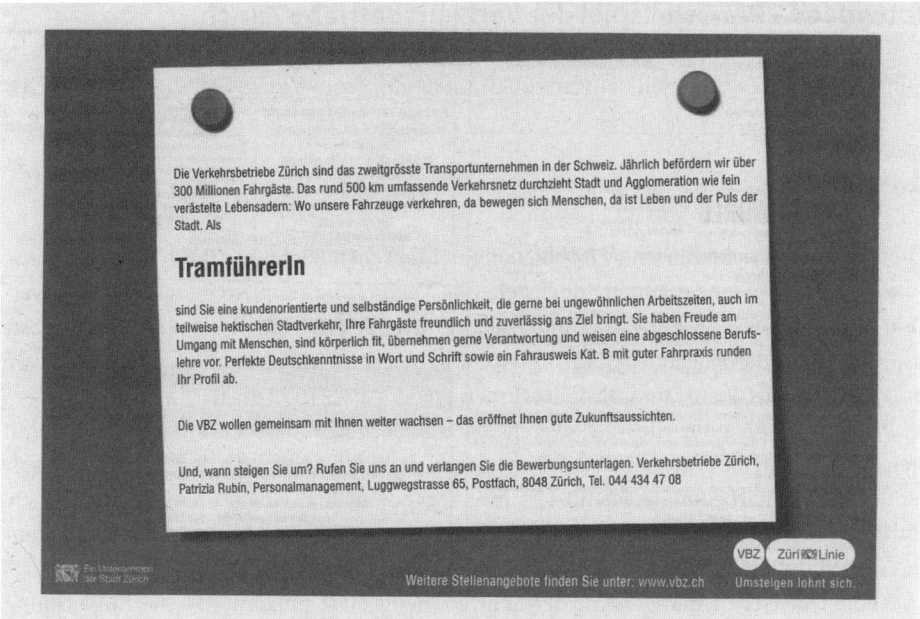

Abb. 54 Stelleninserat der VBZ für TramführerInnen aus dem Jahr 2006 (Quelle: Verkehrsbetriebe Zürich (VBZ))

Jörg Buckmann, Leiter Personalmanagement der VBZ, fasst die neue Denkweise hinter diesen Zielen in einem prägnanten Satz zusammen: „Das Stelleninserat ist eine Werbeanzeige. Punkt" (Buckmann 2012, S. 160). Wieso sollte ein Produkt, lebensprägend wie kaum ein anderes, nicht mindestens genauso aufwendig und durchdacht beworben werden wie eine Packung Gummibärchen?

Die Bewerbenden sind nicht mehr in der Rolle der Bittsteller, sondern Kunden des Personalmanagements der VBZ. Es galt also, eine Art zur Bewerbung der freien Stellen zu finden, welche den Interessenten einen optimalen Service bieten kann. Diese neue Denke konsequent im Unternehmen umzusetzen, war keine einfache Herausforderung. Vielmehr erforderte es – insbesondere bei den einzelnen Vorgesetzten im Unternehmen – viel Überzeugungsarbeit. Denn genau sie spielen in der neuen Personalmarketingstrategie eine entscheidende Rolle.

Wir bewerben uns!

… und zwar in 3–5 minütigen Jobvideos. Authentisch, direkt und persönlich. In der Hauptrolle: die Vorgesetzten der VBZ. Diese erklären in den Videos die wichtigsten Aufgaben des zukünftigen Mitarbeiters und stellen sich selbst und den Arbeitsplatz vor.

Abb. 55 Die Jobvideos der VBZ sind direkt in die Stellenanzeigen eingebunden (Quelle: Verkehrs-betriebe Zürich (VBZ))

Angaben zum eigenen Führungsstil und einzelne Anekdoten aus dem Privatleben ver-leihen den Videos eine persönliche Note. Häufig kommt neben dem Vorgesetzten auch ein Mitarbeiter oder eine Arbeitskollegin zu Wort und bietet den Interessenten so eine weitere Perspektive. Die Fülle an Informationen und vor allem an Eindrücken, welche die potenziellen Bewerbenden über diese Jobvideos erhalten, kann kein Printinserat bieten (Abb. 55).

Einen Bewerbungsprozess auf den Kopf zu stellen und jeden Vorgesetzten vor die Ka-mera zu bewegen, geht natürlich nicht von heute auf morgen. Die VBZ haben viel in das interne Marketing der Idee investiert. Das Führungsteam musste vom neuen Konzept über-zeugt werden und für den Auftritt vor der Kamera das nötige Know-how erlangen. Die Videoproduzentin Florina Saladin, die bis heute noch sämtliche Jobvideos für die VBZ pro-duziert, sowie ein weiterer Fernsehprofi, wurden daher früh mit ins Boot geholt. Saladin entwickelte für die VBZ die sogenannte Kleeblatt-Methode. Diese dient den Vorgesetz-ten als Leitfaden, um ihr Jobvideo zu strukturieren und mit spannendem Inhalt zu füllen. Denn: Die VBZ verzichten bewusst darauf, den jeweiligen Chefinnen und Chefs vorgefer-tigte Statements in den Mund zu legen. Sie sollen selbst ausarbeiten, was ihnen wichtig ist, wie viel Privates sie von sich preisgeben möchten und welche Aspekte der zu besetzenden Stelle im Vordergrund stehen sollen. Nicht zuletzt ist das auch deshalb sinnvoll, weil sich die Vorgesetzten so intensiv mit den freien Stellen auseinandersetzen.

Der Inhalt eines Jobvideos besteht aus vier Komponenten oder eben vier Blättern, die zusammen ein Kleeblatt ergeben. Zu jedem der vier Themen sollen sich die Vorgesetzten ein bis zwei Aussagen überlegen. Vier Leitfragen dienen dabei als Hilfestellung:

- Wie wurde ich Chefin bei den VBZ?
- Was ist toll am Job, den ich zu vergeben habe?
- Bei welcher Art von Mitarbeitern möchte ich mich bewerben?
- Warum bin ich ein guter Chef? Wo liegen meine Macken?

Einige Tage vor dem Dreh findet eine Telefonkonferenz mit dem Vorgesetzten, der zuständigen HR-Fachperson und der Videoproduzentin statt. Unter Anleitung von Florina Saladin werden der Inhalt in ein Drehbuch verpackt und die passenden Bilder gemeinsam besprochen. Diese sorgfältige Absprache gibt den Vorgesetzten Sicherheit und das detaillierte Drehbuch erlaubt es, sich am Drehtag an etwas „festzuhalten". Die langjährige Zusammenarbeit mit Florina Saladin ist dabei äußerst wertvoll. Sie kennt die Verkehrsbetriebe Zürich inzwischen fast besser als manche Mitarbeitende, hat ein großes Archiv an VBZ-Aufnahmen, die sie jeweils einspielen kann und viel Feingefühl, um auch eher kamerascheue Personen aus der Reserve zu locken. Die klar definierten Prozesse ermöglichen es, dass heute zwischen dem Stellenbesetzungsantrag und dem fertig aufgeschalteten Video nicht mehr als zehn Tage verstreichen.

Warum setzen die VBZ auf Video?

Während die Interessenten mit klassischen Stelleinseraten wenige Zeilen zu lesen bekommen und anschließend mit ihrer Bewerbung sehr persönlich Daten preisgeben müssen, gewinnt dieses ungleiche Informationsverhältnis mit den Jobvideos bei den VBZ wieder an Balance. Oder, um es mit Jörg Buckmanns Worten zu sagen: „Die Bewerber müssen bei den VBZ endlich nicht mehr die Katze im Sack kaufen." Kein anderes Medium schafft es, innerhalb weniger Minuten einen Arbeitsplatz so umfassend und authentisch zu präsentieren. Die Interessentinnen und Interessenten gewinnen einen ersten Eindruck von ihrem zukünftigen Arbeitsplatz und -umfeld und haben so eine echte Entscheidungsgrundlage für oder gegen eine Bewerbung. „Videos treffen den Zeitgeist und vor allem kommen sie dem Informationsverhalten der Zielgruppen entgegen. Es sind die Bewegtbilder, die Distanz zu einem Unternehmen abbauen, formelle und informelle Informationen bewusst und unbewusst transportieren, Einblicke in den Alltag ermöglichen und Menschen zu Menschen sprechen lassen." (Christoph Beck, Personalmarketing 2.0). Die Karten so früh im Bewerbungsprozess auf den Tisch zu legen, ist nicht nur aus Sicht der Interessentinnen und Interessenten ein Gewinn. Authentizität und Transparenz an diesem Punkt sparen Zeit für alle Beteiligten. Denn wenn's nicht passt, kann dies dank dem Jobvideo eventuell bereits erkannt werden, bevor der ganze Bewerbungsprozess ins Rollen kommt.

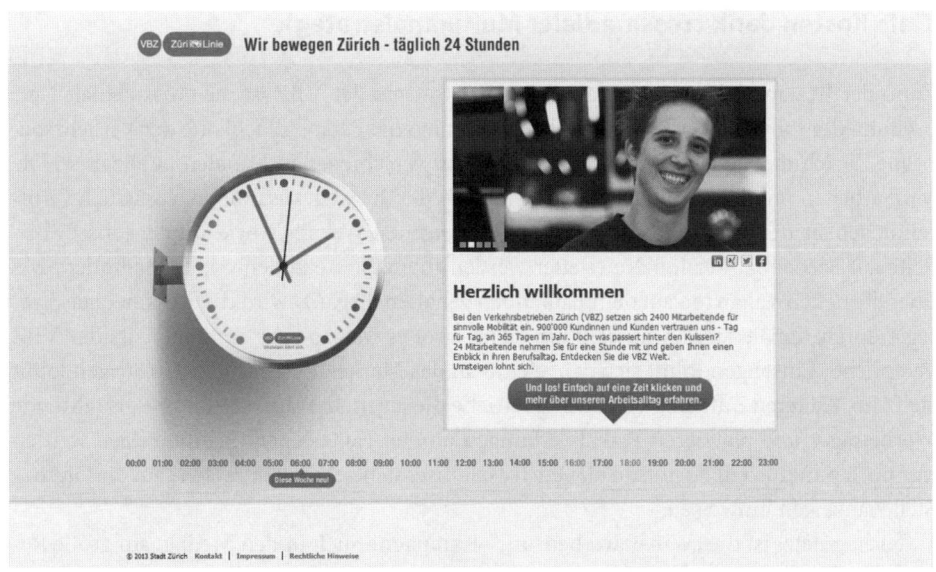

Abb. 56 Die Microsite „24 Stunden VBZ" bietet Einblick in den Arbeitsalltag bei den Verkehrsbetrieben Zürich (Quelle: Verkehrsbetriebe Zürich (VBZ))

Die Jobvideos sind in die Online-Stellenanzeigen der VBZ eingebaut. Und unter Online-Stellenanzeigen verstehen wir bei den VBZ auch tatsächlich interaktive Anzeigen und nicht, einfach ein klassisches Inserat als PDF ins Web zu stellen (mehr zu den Möglichkeiten von Stellenanzeigen im Beitrag von Matthias Mäder in diesem Buch). Das Jobvideo bildet das Herzstück der interaktiven Stellenanzeige. Unterhalb des Videos befinden sich die „harten Fakten" zur Stelle, zudem bietet das Online-Inserat Informationen rund um die Arbeitgebervorteile der VBZ.

Des Weiteren besteht im Inserat die Möglichkeit zur direkten Kontaktaufnahme mit der zuständigen Personalfachperson. Eine Option zum Verbreiten des Inserates auf den gängigen Social-Media-Plattformen und via E-Mail sowie die Möglichkeit zur direkten Online-Bewerbung sind ebenfalls vorhanden.

In Form der Microsite „24 Stunden VBZ", ebenfalls in die Stellenanzeige integriert, erhalten Interessierte einen Einblick in den Arbeitsalltag 24 verschiedener Mitarbeitenden. Zu jeder Stunde wurde eine Mitarbeiterin oder ein Mitarbeiter aus den verschiedensten Berufsfeldern porträtiert. Mit Fotos, Comics und zu einem Großteil mit Filmaufnahmen. Die Mitarbeitenden erzählen ehrlich und direkt von ihrem Arbeitsalltag, kritische Punkte wie beispielsweise die Schichtarbeit werden ebenso angesprochen wie Fringe-Benefits der VBZ, so zum Beispiel das Mitarbeitenden-Generalabonnement. Der Einbezug echter VBZ-Mitarbeitenden verleiht dem Employer Branding viel wertvolle Authentizität. Auch hier sprechen Menschen zu Menschen (Abb. 56).

Tiefe Kosten dank crossmedialer Multikanalstrategie

Zentraler Bestandteil der Personalmarketing-Strategie der VBZ ist die crossmediale Verbreitung der Jobvideos. Mit wenigen Klicks können die Personalfachleute der Verkehrsbetriebe Zürich die Stellenanzeigen inkl. Video auf verschiedenen Kanälen publizieren. Die VBZ arbeiten mit den großen Stellenplattformen der Schweiz zusammen, zusätzlich veröffentlichen sie die neuen Stellen jeweils auf der eigenen Website sowie auf der Jobs@VBZ-Seite auf Facebook. Per Job-Newsletter werden Interessierte zudem via E-Mail oder SMS über die neuen Vakanzen auf dem Laufenden gehalten. Ergänzt wird die crossmediale Strategie durch Kanäle zum Anfassen: Ein 72 m^2-großes Megaposter am Hauptsitz der VBZ verspricht „Einsteigen lohnt sich", angelehnt an das Markenversprechen „Umsteigen lohnt sich". Im Weiteren nutzen die Verkehrsbetriebe die eigenen Trams und Busse als fahrende Werbeträger und platzieren Plakatwerbungen an den Haltestellen. Printanzeigen werden nur noch punktuell in Form von blauen Teaser-Inseraten geschalten, welche auf die Online-Stellenanzeigen hinweisen.

Nicht zuletzt ist die „Wir-bewerben-uns"-Kampagne auch in den Medien auf große Resonanz gestoßen. Zahlreiche Zeitungen, Radiosender und das Zürcher Regional-Fernsehen „Tele Züri" haben darüber berichtet. Auch das stete Interesse der HR-Fachwelt bestätigt den Erfolg der neuen Personalmarketing-Strategie.

Die VBZ haben rund 50.000 Franken in die Konzeption der Jobvideos gesteckt. Die Produktion eines neuen Films kostet jetzt noch ca. 3000 Franken. Die hohen Kosten für die Schaltung in Stellenanzeigern der Tageszeitungen entfallen durch den Fokus auf Online, gleichzeitig ist die Durchdringungskraft der einzelnen Inserate gestiegen. Zu Beginn ist die Implementation einer neuen Personalmarketingstrategie, insbesondere seitens des Personalmanagements, mit viel Mehraufwand verbunden. Dies schreckt zunächst ab. Ist ein neues Konzept allerdings erst einmal eingeführt, entwickelt sich eine gewisse Routine. Die VBZ haben heute für die Ausschreibung einer neuen Stelle per Jobvideo nur einen minimal höheren Zeitaufwand, der finanzielle Aufwand ist über alles betrachtet sogar gesunken.

Eine Prise Expertise: Interview mit Florina Saladin, Videoproduzentin

„Sie wollen etwas bewegen? Ich liefere Ihnen Bilder und Worte dafür!", schreibt Florina Saladin auf ihrer Website. Und das tut sie. Die selbstständige Videoproduzentin ist die Mutter der VBZ-Jobvideos, sie war von Anfang an mit dabei, konzipiert, coacht, filmt und schneidet. Wenn nötig auch nachts um drei Uhr, Hauptsache das Ergebnis ist perfekt. Die erfahrene Fernsehfrau startete ihre Karriere vor 20 Jahren beim Zürcher Regionalfernsehen „TeleZüri", zuerst vor der Kamera, anschließend als Newsproduzentin und Redaktionsleiterin. Seit über zehn Jahren arbeitet Florina Saladin selbstständig als Videoproduzentin, Moderatorin und Medientrainerin.

▸   Florina Saladin, Sie sind seit 20 Jahren im Video-Business tätig, zuerst als Video-
     Journalistin, dann als Newsproduzentin und Redaktionsleiterin. Was macht das
     Medium Video für Sie so besonders?

Florina Saladin: „Bewegte Bilder sind unmittelbar und verraten viel – oft mehr, als den
Akteuren lieb ist! Zuschauer merken während Bruchteilen einer Sekunde, ob der gefilmten Person wohl ist in ihrer Haut und ob sie hinter dem steht, was sie sagt. Wenn jemand
zum ersten Mal in ein Kameraobjektiv zu einem virtuellen Zuschauer spricht, ist er oder sie
meistens sehr um Textsicherheit bemüht. Dabei könnte diese Person das Telefonbuch vor-
lesen – wenn das mit Herzblut geschieht, würden die Zuschauer dranbleiben. Der Text ist
sekundär! Nichts ist blutleerer als perfekt vorbereitete und rezitierte Sätze. Entscheidend ist
der Gesichtsausdruck der Person. Am wichtigsten ist der Ausdruck der Augen, die gesamte
Körperhaltung spielt aber ebenso mit. Die Basis jeder Kamerapräsenz ist die persönliche
Überzeugung. Das, was die gefilmte Person wirklich denkt, fühlt und meint, kommt auch
„rüber". Schummeln gelingt vor einer Videokamera nur absoluten Profis."

▸   Was sind die zentralen Erfolgsfaktoren für ein Recruiting-Video?

Florina Saladin: „Der Zuschauer soll den Eindruck haben, er nähme an einer persönlichen Führung im Unternehmen teil. Das gelingt dann, wenn die Akteure im Video die
Zuschauer direkt ansprechen, also in die Kamera, wenn möglichst viele Schauplätze und
potenzielle neue Kolleg/innen gezeigt werden und sich diese, im Idealfall, ebenfalls an die
Zuschauer wenden. Ein weiterer zentraler Erfolgsfaktor ist, dass mit konkreten Beispielen
gearbeitet wird. Heißt: Null-Sätze im Stil von „Ich biete Ihnen einen spannenden Job" unbedingt vermeiden! Den Zuschauer dafür mit Details fesseln, z. B. „In einem Tram haben
unsere Elektriker mit weit über 1000 Kabeln zu tun." Als Zuschauer mitgerissen werde ich
dann, wenn entweder die Bilder attraktiv sind – außergewöhnliche Gebäude, spezielle Ma-
schinen, überraschende Tätigkeiten – oder das, was im Bild nicht gezeigt werden kann, von
einer Person mit Begeisterung beschrieben wird."

▸   … und alle VBZ-Chefs und -Chefinnen sind charismatische Persönlichkeiten und
     können das?

Florina Saladin: „Wer seinen Job wirklich gern macht, zeigt ihn auch mit Engagement.
Geht er oder sie das Wagnis ein, dabei gefilmt zu werden, springt der Funke über! Wir
mussten bis heute nicht einen einzigen Dreh abbrechen und sagen „geht leider nicht". Fast
schwieriger als die Statements in die Kamera sind für die Akteurinnen und Akteure oft die
Speakertexte, also die Tonaufnahmen für ihre Erklärungen aus dem Off, die ich im Schnitt
dann mit Bildern decke. Das ist eine Besonderheit der VBZ-Jobvideos: Es gibt keine professionellen Texte aus dem Off. Nur die Akteure selbst kommen zu Wort. Damit diese Teile
des Drehbuchs nicht abgelesen klingen, braucht es oft intensives Coaching, mehrere An-
läufe und manchmal im Schnitt das Zusammenfügen etlicher Einzelteile zu einem „erzählt

und nicht aufgesagt" klingenden Ganzen. Am Ende haben wir es bisher immer geschafft!
Jeder Film wird dadurch eindeutig persönlicher. Es ist ein Riesenunterschied, ob ein Mitar-
beitender der rekrutierenden Firma die Zuschauer selber von A bis Z auf eine Reise durch
seine Abteilung mitnimmt, oder ob ein distanzierter Profi-Sprecher die Fakten vermittelt.
Ich arbeite unterdessen auch für viele andere Kunden nur noch mit „Off-Texten" der Akteure."

▸   Und wie erreichen Sie, dass die Akteure vor der Kamera ihr Lampenfieber able-
     gen?

Florina Saladin: „Es wird ja niemand einfach am Drehtag ins kalte Wasser geworfen und
muss auf Kommando „spontan" ins schwarze Objektiv meiner Kamera sprechen. Die von
mir entwickelte „Kleeblatt-Methode" unterstützt die Akteure im Vorfeld dabei, in einer Art
Brainstorming zu verschiedenen Themen zusammenzutragen, was sie sagen könnten. Gemeinsam, meist am Telefon, schauen wir dann, wie die Bausteine eine Geschichte ergeben
könnten. Womit beginnen, wie aufhören? Wichtig ist beim Drehbuchschreiben: Es müssen
die Sätze der Akteure sein, ihre Wortwahl. Wenn eine Aussage später am Set ein paar Mal
holpert, dann liegt es am Text! Entweder stimmt die Aussage für diese Person nicht und
muss ergo geändert werden, oder es ist nicht ihre eigene Sprache. Ich schreibe die Drehbücher mit den Akteuren bewusst auf Schweizerdeutsch, um am Drehtag die zusätzliche
Hürde der „Simultanübersetzung" zu vermeiden. Der Satzbau stimmt sonst oft nicht und
die Aussagen wirken gestelzt. Ist das Drehbuch für die zu filmenden Personen stimmig,
ist nicht nur eine erste Hürde geschafft, sondern sie starten auch zuversichtlicher in den
Drehtag."

▸   Und am Drehtag selbst?

Florina Saladin: „Authentisch wirken sie an diesem Tag dann, wenn sie sich – trotz des
auf sie gerichteten Objektivs – wohl fühlen, soweit das unter diesen Umständen geht. Was es
dafür braucht, hängt vom Typ ab, von der Tagesform, von früheren Kameraerfahrungen,
von allfälligen Störfaktoren am Set … Ich plane Drehtage meist so, dass es „hinten Luft
hat", also weder die Akteure noch ich bis zum Zeitpunkt x zwingend fertig sein müssen.
Das mindert den Stress. Oft funktioniert ein Statement „in die Kamera" entweder sofort,
oder dann erst im x-ten Anlauf. Ein Killer ist in diesen Fällen Ungeduld und Ärger des
Akteurs über sich selber. Heißt: Zwei Schritte zurück, durchatmen, den Stress versuchen
raus- und dafür eine Haltung einzunehmen im Sinne von „ganz egal, und wenn wir 20 Ta-
kes brauchen, wir probieren es einfach nochmal!". Lachen, und sei es aus Verzweiflung über
sich, ist super: Es löst!"

▸   Der Grat zwischen Authentizität und Laientum ist teilweise ein schmaler. Wie
     viel Inszenierung ist für ein Jobvideo nötig? Und wie viel ist zu viel?

Florina Saladin: „Jedes Mal ist das ein Balanceakt! Es gibt Akteure, die haben selber Drehbücher vorbereitet, in denen sie jede einzelne Kameraeinstellung beschreiben. Das macht es nicht unbedingt einfacher und manchmal schwitze ich Blut und Wasser, um ihnen Ideen auszureden, die aus irgendwelchen Gründen nicht funktionieren würden. Ich will ihren Elan ja nicht bremsen! Und es muss am Ende „ihr" Film sein! Das Drehbuch soll ein freudiger Schritt auf diesem Weg sein, kein Frust. Dann gibt es Akteure, die kommen mit acht Stichworten zur Drehbuchbesprechung. Und es gibt solche, mit denen hat man nach allen Regeln der Kunst – also „gesprochene" Sprache, keine Schachtelsätze – ein Drehbuch erstellt, zum Termin erscheinen sie aber strahlend mit einem vier Mal so umfangreichen Ausdruck in der Hand, weil ihnen „Verschiedenes eingefallen ist und sie noch ein wenig ergänzt" haben. Der Entstehungsprozess jedes Films ist einzigartig und eine Herausforderung!"

▸　　Hängt das „wie viel Inszenierung verträgt es" also stark vom jeweiligen Akteur ab?

Florina Saladin: „Absolut! Da muss man sehr flexibel sein. Im Notfall gilt: Liebevoll die Handbremse ziehen, wenn von den Akteuren Szenen vorgeschlagen werden, die nur künstlich wirken. Ich rate ab von allem, das in dieser Form im Berufsalltag nie stattfinden würde, z. B. „drei Fachleute nehmen in schneller Abfolge das tupfengleiche Werkzeugköfferchen aus dem Gestell". Das mag zwar ein tolles Bild sein und es lässt sich zu cooler Musik auch gut schneiden, aber es ist reine Inszenierung. L'art pour l'art. Würde ich, zumindest im Rahmen des VBZ-Projekts, nicht machen. Hat nichts mit der Authentizität zu tun, die wir anstreben. Wenn hingegen ein Akteur zu mir als Zuschauerin spricht, während er durchs Großraumbüro zu einem seiner Mitarbeitenden läuft, dann wirkt das im Film meist besser, als wenn er einfach hilflos und wie angenagelt im Raum steht. „Still stehen" oder „sitzen" ist für viele Akteure sowieso nicht einfacher, als sich beim Sprechen zu bewegen. Zu Beginn des Projekts „Wir bewerben uns" war ich schon froh, wenn die Akteure bei ihren Statements in die Kamera schauten und präsent wirkten – unterdessen lasse ich sie oft agieren während ihrer Aussagen. Es ist immens viel passiert in den letzten drei Jahren! Die VBZ-Jobvideos der ersten Stunde sind mit dem, was heute möglich ist, kaum zu vergleichen. Ich habe große Freude an der Motivation und dem aktiven Mitwirken der VBZ-Akteure und bin dankbar für die Akzeptanz, die diese Form des Recruiting mittlerweile innerhalb des Unternehmens genießt! Außerhalb der VBZ war das Echo ja vom ersten Video an sehr positiv."

Auch das ist Frechmut: Silberner Sellerie für den BMW-Rap

Im Mai 2011 hat die BMW Group mit ihren Praktikanten ein Musikvideo produziert, auch bekannt als BMW Rap (Sie kennen den Film noch nicht? Unbedingt anschauen, zu finden auf der größten Video-Plattform, Suchbegriff „BMW Rap"). Ziel der Aktion war es,

Abb. 57 Florina Saladin,
Videoproduzentin. Quelle:
Florina Saladin

auf unterhaltsame Art und Weise Hochschulabsolventen für ein Praktikum bei BMW zu motivieren und Vorurteile abzubauen.

Das Video verbreitete sich auf Social-Media-Plattformen rasend schnell und schaffte es gar in Hochschulvorlesungen. Leider nicht im positiven Sinne. Es wurde belächelt, kritisiert und teilweise regelrecht verrissen. Schließlich wurde es gar mit dem „Silbernen Sellerie 2012" der European Web Video Academy für den schlechtesten Deutschen Online-Film ausgezeichnet. Fabian Stenger, Spezialist Employer Branding und Social Media bei der BMW Group, war für das Video mitverantwortlich. Herr Stenger, haben Sie mit diesen negativen Reaktionen gerechnet? „Das Video hat polarisiert. Es war uns bewusst, dass es auch negative Kommentare geben wird. Gerade wenn man eine neue Form der Kommunikation testet, muss man mit einer differenzierten Reaktion der Zielgruppe rechnen. Wichtig ist hierbei, dass man konstruktiv mit der Kritik und den Anmerkungen der User umgeht", so Stenger. „Um das Video möglichst authentisch zu produzieren, haben wir unseren Praktikanten und Azubis damals freie Hand gelassen und das Ergebnis dann als BMW Video ohne Veränderungen so veröffentlicht. Diese Herangehensweise war vermutlich für viele Zuschauer nicht direkt erkennbar. Unser Protagonist Marvin war beispielsweise Auszubildender bei BMW. Er spielt selbst Gitarre, ist ein leidenschaftlicher Musiker und hat den Text selbst geschrieben. Für uns hat der Song schlussendlich funktioniert. Natürlich gibt es gewisse Punkte, die wir heute anders angehen würden, jedoch hat das Video in Bezug auf die erreichte Viralität seine Wirkung keinesfalls verfehlt", führt er weiter aus.

Ich finde: Der BMW Rap ist frech und die ganze Aktion mutig. Das Video ist nach wie vor online verfügbar und auch der entsprechende Post auf der Karriere-Facebookseite der BMW Group ist noch vorhanden. Der virale Effekt, der dieses Video ausgelöst hat, wenn auch kein positiver, hat dem Unternehmen und der Sache viel Aufmerksamkeit generiert. Und: Der Rap ist gar richtig gelungen, professionell produziert, frisch und einfach mal „etwas anderes". Daumen hoch für den Frechmut der BMW Group und alle beteiligten Praktikantinnen und Praktikanten.

Mal eben kurz zu 2500 Mitarbeitenden sprechen

Zwei wichtige Ziele der internen Kommunikation sind die Bereitstellung von Informationen sowie die Erhöhung und Verfestigung von Glaubwürdigkeit und Vertrauen der Mitarbeitenden in das Unternehmen (Mast 2010, S. 220). „Die Mitarbeiter möchten über Ziele, wichtige Projekte und Vorhaben aber erfahrungsgemäß lieber in persönlicher, unvermittelter Kommunikation informiert werden", so Kommunikationswissenschaftlerin Claudia Mast (Mast 2010, S. 231). Die Herausforderung bei den VBZ: Rund 2500 Mitarbeitende, verteilt an unterschiedlichen Standorten und mit komplett unterschiedlichen Arbeitszeiten. Eine persönliche, unvermittelte Kommunikation mit wirklich sämtlichen Mitarbeitenden ist unter diesen Rahmenbedingungen nicht möglich.

Aber: Seit dem Jahr 2012 haben die VBZ einen internen Blog ins Intranet eingebaut. Dieser soll Unterhalten, Informieren und den Austausch fördern. Durch die Publikation von Videobotschaften über den internen Blog ist die Kommunikation direkter und persönlicher als dies über einen schriftlichen Austausch möglich wäre. Die VBZ posten daher bei wichtigen Mitteilungen Videointerviews mit den zuständigen Fachpersonen. So haben beispielsweise der Direktor der Verkehrsbetriebe und der Leiter Betrieb, welcher für sämtliche Fahrdienst-Mitarbeitende verantwortlich ist, gemeinsam vor der Kamera Rede und Antwort zum neuen Gesamtarbeitsvertrag gestanden. Der Aufwand ist dabei minimal, die meisten dieser Blog-Videos produzieren die VBZ gleich selbst mit einer kleinen Kamera, die in jeder Schreibtischschublade Platz findet. Mit den entsprechenden Privatsphäreneinstellungen kann man die Filme problemlos auf einer Online-Videoplattform ablegen und von da aus verknüpfen. Kurzum: Möchte der Direktor in einer halben Stunde zu seinen zweieinhalbtausend Mitarbeitenden sprechen, ist das zwar etwas hektisch, aber durchaus realistisch.

Die Mitarbeitenden haben im Blog die Möglichkeit, diese Posts zu kommentieren und allenfalls ergänzende Fragen zu stellen. So kann ein wirklicher Dialog entstehen. Es sprechen Menschen mit Menschen.

Autorenbeschreibung: Katharina von Wyl

Frechmut ist für mich, Ideen mit Entschlossenheit, Engagement und Leidenschaft zu vertreten, ehrlich, direkt aber immer mit dem nötigen Charme und Respekt.

Katharina von Wyl studiert Kommunikation & Journalismus an der Zürcher Hochschule für Angewandte Wissenschaften und unterstützt die VBZ als Fachspezialistin für Personalmarketing. Nebenbei ist von Wyl zudem als freie Journalistin tätig. Die diplomierte Kauffrau fand in der Hotellerie ihren beruflichen Einstieg und durchlief anschließend verschiedene Stationen im kaufmännischen Bereich, bevor sie 2011 ihr Studium antrat.

Kontakt: https://www.xing.com/profiles/Katharina_vonWyl

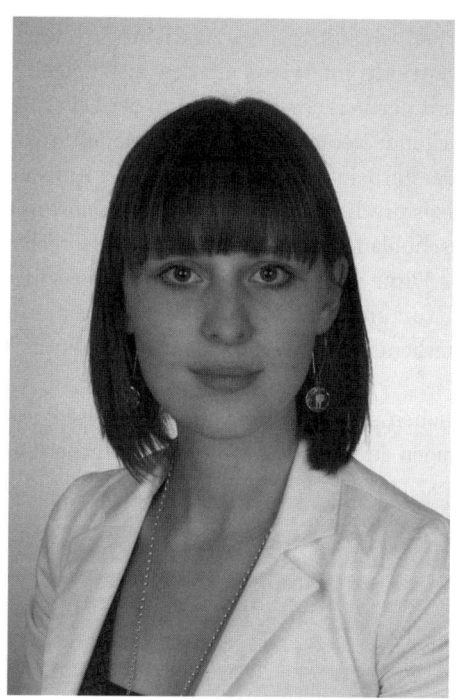

Literatur

Braunschweig, J. (2009). „*Employer Branding: Die Bedeutung von schwer quantifizierbaren Perso-nalthemen*" (S. 6). München: Grin Verlag.

Buckmann, J. (2012). Personalmarketing auf den Kopf gestellt: Die Vorgesetzten der Verkehrsbetriebe Zürich bewerben sich bei Interessenten. In C. Beck (Hrsg.), *Personalmarketing 2.0: Vom Employer Branding zum Recruiting* (2. Aufl., S. 160). Köln: Luchterhand.

Mast, C. (2010). *Unternehmenskommunikation* (4. Aufl., S. 231). Stuttgart: Lucius & Lucius.

Blog: Den Dialog aufnehmen

Marcus Fischer

Zusammenfassung

Versucht man herauszufinden wie viele Blogs es weltweit gibt, scheitert man kläglich. Zieht man nur die Blogs zusammen, die auf den führenden Plattformen gehostet werden, sind es heute mehr als 250 Millionen. Tendenz weiter steigend. Ein authentisches Schaufenster in ein Unternehmen, eine Plattform zum Dialog und zum Austausch, ein mächtiger Hebel um im Internet besser sichtbar zu sein – es gibt viele gute Gründe für das Bloggen. Gerade im Rahmen des Employer Brandings sollten die Chancen, die sich für Arbeitgeber durch das Bloggen ergeben, genutzt werden. Die Baloise Group, eine der größten Versicherungen der Schweiz, hat schon sehr früh auf das Thema gesetzt und betreibt heute damit erfolgreich Employer Branding. An diesem Praxisbeispiel lässt sich anschaulich verfolgen, warum ein Blog im Kommunikationsmix eine zentrale Rolle einnehmen kann, worauf man im Vorfeld und im Bloggeralltag achten sollte und welche Fehler man besser anderen überlassen sollte.

Eine Ode an den Blog oder warum ich Blogs mag

Seit den 90er Jahren des letzten Jahrtausends, den ersten Jahren des World Wide Webs, sind Blogs fester Bestandteil des Internets. Ursprünglich als reine Online-Tagebücher erdacht, sind sie heute wahre Know-how- und Inspirationsquellen. Als bekennender Blogleser möchte ich Ihnen hier eine allzu akademische Definition eines Blogs ersparen. Dazu finden Sie auf Wikipedia und ähnlichen Seiten im Internet mehr als genug Informationen, und ich denke, wenn Sie sich zum Kauf dieses Buches entschlossen haben, ist Ihnen der Begriff geläufig.

Marcus Fischer ✉
Baloise Group, Aeschengraben 21, 4002 Basel, Schweiz
e-mail: marcus.fischer@baloise.com

J. Buckmann (Hrsg.), *Einstellungssache: Personalgewinnung mit Frechmut und Können*, DOI 10.1007/978-3-658-03700-0_16, © Springer Fachmedien Wiesbaden 2013

Lieber erzähle ich Ihnen, warum für mich Blogs die eigentlichen Spielführer in der Social-Media-Mannschaft sind.

Mein Job fordert von mir, informiert zu sein. Kurzfristig und aktuell. Sicher, ich schätze gute Fachbücher wie dieses hier und auch die Fachzeitschriften haben ihren Wert für mich. Aber ehrlich gesagt fehlt mir oft die Zeit, mich durch Bücher zu arbeiten, von denen es ohnehin sehr viele gibt. Zeitschriften überfliege ich, wenn sie denn zufällig zur Hand sind und ich Zeit und Muße habe, mich der Lektüre hinzugeben. Beides kommt im Übrigen nicht an den persönlichen Austausch mit kreativen und inspirierenden Fachkollegen heran. Aber auch dafür bietet sich die Gelegenheit seltener als gewünscht, schließlich haben wir alle gut zu tun.

Was tut man also, wenn man in kurzer Zeit Informationen zu einem Thema bekommen möchte? Man googelt. Und so trifft man zwangsläufig auf Blogs (Warum? Dazu später mehr). Man beginnt in den einzelnen Blogs zu stöbern, und wenn man eine bestimmte Qualität feststellt, abonniert man diese Blogs – das heißt, man wird benachrichtigt, wenn es neuen Lesestoff gibt. Das ist praktisch, das macht mein Leben leichter.

Mein Tag beginnt jeden Morgen mit einem Blick in meinen RSS-Reader. RSS steht für „Really Simple Syndication" und bedeutet so viel wie „wirklich einfache Zusammenfassung". Dort finde ich eine Auflistung der neuen Beiträge, die die Blogschreiber veröffentlicht haben, denen ich folge. Das sind viele – einige Dutzend am Tag. Ich überfliege die Überschriften und lese die Blog-Beiträge, die es geschafft haben, mich mit ihrer Überschrift neugierig zu machen.

Privat habe ich schon oft mit der Idee geliebäugelt selbst zu schreiben – bis heute ist es nur zu einem kleinen Tumblr-Account gekommen. Beruflich sieht das anders aus, hier habe ich das Vergnügen, Teil des Teams zu sein, welches einen der ersten Unternehmens-Karriereblogs der Schweiz betreibt: baloisejobs.com. Und weil wir bei der Baloise Anhänger des Onlineprinzips „sharing is caring" sind, teile ich im Folgenden gerne einige Gedanken mit Ihnen, die wir uns zum Bloggen im Employer-Branding-Umfeld gemacht haben.

Warum ist ein Blog wichtig im Personalmarketing-Mix?

Fünf starke Gründe, warum sich Bloggen lohnt:

1. Rein marketing-technisch ist ein Blog aus Effizienzgesichtspunkten betrachtet mit das Beste, was Sie im Internet tun können, um Ihre Arbeitgebermarke zu präsentieren, denn im Gegensatz zu Ihrer Webseite hat ein Blog eine Eigenschaft, die seinen Wert ausmacht: Er wird von Suchmaschinen gemocht, das heißt, er unterstützt Sie bei Ihren SEO-Aktivitäten – positiv wie negativ. SEO? Das steht für „Search Engine Optimisation" und bezeichnet die Maßnahmen, die ein Anbieter von Informationen initiiert, um in den Suchmaschinen bei relevanten Anfragen möglichst früh als Treffer gelistet zu werden. Sie kennen das: Sie suchen etwas im Web und erhalten bei Suchmaschinen meist Tausend und mehr Vorschläge. Wie viele sehen Sie sich an? Wahrscheinlich

nur die ersten Treffer. Der Rest der Vorschläge bleibt unbesucht. Suchmaschinen listen Treffer aus Blogs tendenziell weiter oben als aus normale Webseiten. Und wenn man bei der Entwicklung eines Blogs darauf achtet, dass zum Beispiel wichtige Schlüsselbegriffe richtig verwendet werden, funktioniert das umso besser. Der Dienstleister des Vertrauens wird da gerne behilflich sein. SEO ist inzwischen so komplex, dass man das Fachleuten überlassen sollte. Denn die Höchststrafe, die droht, wenn man es übertreibt – die Verbannung aus den Suchergebnislisten von Google und Co – sollte man unter allen Umständen vermeiden.

2. Nachhaltige Wirkung erfolgreicher Beiträge: Wir bekommen noch heute viele Zugriffe auf Blogposts, die schon länger zurückliegen, weil sie für bestimmte Abfragen immer noch bei Google top-gelistet werden. Hier zahlt sich Qualität in den Blogposts aus. Gutes und Relevantes wird lange mit guten Suchmaschinenplatzierungen belohnt.

3. Man stärkt seinen Expertenstatus und kommt mit Anderen ins Gespräch – wenn man anerkannter Experte auf seinem Gebiet ist oder wenn man polarisierend schreibt. Letzteres ist allerdings für einen Karriereblog nur bedingt zu empfehlen – zu groß ist hier die Gefahr, die Unternehmensmarke zu beschädigen, wenn ein Post öffentlich negativ diskutiert wird. Politik, Wettbewerbsverunglimpfung und zu viele Belanglosigkeiten sind hier zu vermeiden.

4. Der Blog gibt Ihnen die Freiheit jenseits der hochoffiziellen Präsenzen mit den juristisch geprüften und ausgewogenen Formulierungen, das Unternehmen auch mal aus einer anderen Perspektive zu zeigen: aus der eines Mitarbeitenden. In den meisten Fällen führt das zu wesentlich authentischerer Darstellung des Arbeitgebers und stellt eine wertvolle Ergänzung zur Homepage dar.

5. Bloggen ist preiswert – aber nicht billig! Einen Blog zu erstellen ist kein Hexenwerk und kostet nur selten viel Geld. Trotzdem würde ich im Unternehmensumfeld immer empfehlen, bei der Entwicklung auf Profis zurückzugreifen. Sie werden hoffentlich mit einem professionellen, funktionierenden und attraktiven Auftritt belohnt und können sich ganz dem Inhalt widmen. Wer dann später den Blog betreibt steht auf einem anderen Blatt.

Aber es gibt auch einige Nachteile von Blogs, über die man sich im Klaren sein sollte:

1. Bloggen braucht Zeit und Kapazität. Ein Blogpost alle drei Monate ist zu wenig. Ein Blog betreut sich nicht mal eben nebenher. Er bedarf Pflege, Kontrolle und Weiterentwicklung.

2. Bloggen will gelernt werden – wenigstens wenn man kein geistiger Erbe von Hemingway ist. Und das sind die Wenigsten. Aber Vieles kann man lernen und am Anfang gehört immer ein wenig Üben dazu. Das Lesen anderer Blogs hilft dabei, seinen Stil zu finden und umzusetzen.

3. Ein Blog ist ein Dialogmedium – machen Sie sich auf Kritik gefasst. Die muss nicht kommen, kann aber kommen. Dann sollte man gewappnet sein und nicht als einzige Antwort das Deaktivieren der Kommentarfunktion in Petto haben. Legen Sie sich

vorher Eskalationsstrategien fest, besprechen Sie diese mit Ihrer Unternehmenskommunikation. Und wenn es passiert: Nicht warten, handeln Sie zügig.

Have a plan: Vorabgedanken zum Bloggen als Unternehmen

Auch wenn Vieles im Internet ausprobiert werden muss, um zu erfahren, ob es funktioniert, sollte man trotzdem nicht einfach loslegen. Also zuerst die Sinnfrage: Warum?

Hier werden die Weichen gestellt hinsichtlich Charakter, Inhalt und Erfolg des Blogs. Es ist noch nicht erforderlich, sofort hart messbare Ziele zu definieren, was ohnehin nicht leicht sein dürfte, aber ganz ohne Zielsetzung sollte ein solches Projekt nicht gestartet werden.

Wollen Sie mit dem Blog in erster Linie Mitarbeitende rekrutieren oder wollen Sie etwas Gutes für Ihre Arbeitgebermarke tun? Soll diese bekannt gemacht werden oder sollen vielleicht falsche Eindrücke korrigiert werden? Wollen Sie Ihre Arbeit darstellen oder das Arbeiten in Ihrem Unternehmen? Das sind nur einige der Fragen, über die man sich vorab Gedanken machen sollte.

„Weil es andere auch tun" ist übrigens ein denkbar schlechter Grund – ohne Leidenschaft für das Thema und nur zu bloggen, weil man meint es machen zu müssen, ist der beste Weg zu Scheitern.

Es gilt zu entscheiden, ob es ein redaktionell geführter Blog sein soll wie unser Baloise-Blog, oder ein von den Mitarbeitenden selbst gespeister Blog wie zum Beispiel der Daimler Blog.

Machen Sie sich dabei klar, was auf Sie zu kommt. Unsere Entscheidung für einen vom Employer-Branding-Team geführten Blog basiert zum Beispiel auf folgenden Überlegungen:

- Wir wollten sicherstellen, dass wir ein möglichst breites Themen- und Interessensspektrum bedienen, was aufgrund unserer Größe und der daraus resultierenden Menge potenzieller Autoren eventuell nicht machbar gewesen wären. Durch unsere redaktionelle Führung stellen wir sicher, dass kein Themenbereich zu kurz kommt.
- Die Baloise ist eine tolle Firma, aber kein Unternehmen, in dem alle Mitarbeitenden mit der Nutzung Sozialer Medien gleich gut vertraut sind. In der Konsequenz kommt es selten vor, dass Mitarbeitende von sich aus mit dem Wunsch zu uns kommen, etwas veröffentlichen zu wollen. Fragen wir aber aktiv nach Beiträgen und bieten unsere Unterstützung an, bekommen wir fast ausschließlich Zusagen – ganz im Sinne unserer Unternehmensphilosophie machen wir unsere Kollegen sicherer.
- Wenn sich niemand aktiv mit potenziellen Geschichten für den Blog beschäftigt, gelangt vieles, was für potenzielle Mitarbeitende interessant ist, niemals nach außen, weil es für unsere Mitarbeitenden oft Selbstverständlichkeiten sind, die das Arbeiten in der Baloise mit sich bringt.

Wohlgemerkt: Für Ihr Unternehmen muss das nicht genauso gelten. Ihr Erfolgsrezept kann anders aussehen.

Die Öffentlichkeitsarbeit: Freund oder Feind?

Sie sollten bei Ihren Überlegungen von Beginn an Ihre Kollegen aus der Öffentlichkeitsarbeit/PR aktiv mit einbinden. Zum einen profitiert Ihr Blog so vom Fachwissen der Kollegen, zum anderen werden diese immer eine Rolle spielen, besonders bei der Freigabe eventuell kritischer Berichte oder beim Prozedere einer möglichen Eskalation. Unter Umständen werden Mitarbeitende aus der Öffentlichkeitsarbeit Ihre Aktivitäten anfangs misstrauisch beäugen, wenn nicht sogar als Bedrohung für die eigene Arbeit sehen.

Trotz aller guten Beziehungen zur Öffentlichkeitsarbeit sollten Sie aber darauf achten, die Hoheit über den Blog zu behalten. Politisch korrekte, fachlich ausgefeilte Formulierungen sind der Todfeind eines funktionierenden Blogs. Es darf sich nie so anfühlen, als sei Ihr Blog nur ein weiterer Veröffentlichungskanal für die Pressemitteilungen Ihres Unternehmens. Ihre Leser merken das und werden die Bloglektüre schnell einstellen. Wenn das passiert, können Sie aufhören.

Die große Freiheit – der fremdgehostete Blog?

Eine andere Entscheidung, die es zu treffen gilt, ist die Frage des Hostings. Wollen Sie den Blog direkt in die eigene Webpräsenz, vielleicht sogar auf dem eigenen Server betreiben? Die meisten der modernen Content Management Systeme (CMS) bieten heute Funktionen zum Aufsetzen eines Blogs. Damit machen Sie sicher die hauseigenen Wächter des Corporate Designs (CD) glücklich. Der Nachteil ist sehr oft, dass es meist ein langer steiniger Weg ist, bis der Blog dann so funktioniert, wie man möchte. Man hört von Kollegen, die damit Lebensjahre verbracht haben. Außerdem tun sich die Betreiber der Webpräsenz oft schwer damit, externen Besuchern die Möglichkeit einzuräumen, im CMS aktiv Inhalte zu hinterlassen (in Form von Kommentaren).

Hier kann die Lösung sein, eine auf Blogs spezialisierte Plattform wie Wordpress oder Blogger zu nutzen. Dort findet man eine von Millionen Usern genutzte, reife Technologie – eine Community, die ständig die Plattform weiter entwickelt und die unbegrenzte Möglichkeiten, den eigenen Blog in Bezug auf Design und Funktion zu gestalten. Und man entzieht sich etwas dem direkten Einfluss von IT und CD – selbstverständlich nur, wenn das wirklich nötig sein sollte. Auch aus SEO-Sicht empfiehlt sich die Nutzung der großen Blogger-Plattformen, denn hier liefert der Anbieter von Haus aus schon viel mit.

Der Nachteil ist, dass es oft niemanden im Unternehmen gibt, der technischen Support leisten könnte – man begibt sich meist in die Hände externer Dienstleister. Aber wenn der Blog erst einmal aufgesetzt ist, lässt er sich in der Regel über einen längeren Zeitraum störungsfrei nutzen, das zeigt sich bei unserem Blog eindrucksvoll.

Bevorzugt man eine ganz einfache Variante, kann man auch den Dienst Tumblr nutzen, eine Mischung aus Sozialem Netzwerk und Blogging-Plattform. Dieser erfreut sich immenser Wachstumsraten, ist in der Bedienung wahrscheinlich die einfachste Plattform, bietet im Gegenzug aber wenig Möglichkeiten, den Blog anzupassen. Dafür kann man die Vorteile der Vernetzung mit anderen Tumblr-Blogs stärker nutzen und so die Reichweite der eigenen Posts erhöhen.

Kapazitäten und Frequenzen: Mit was muss man rechnen?

Um es vorweg zu nehmen: Das ist schwer zu sagen. Hier muss man probieren. Wie viele Posts verträgt Ihr Publikum pro Woche und welchen Inhalt mag es? Wie talentiert sind Ihre Autoren? Wie hoch ist Ihr Abstimmungsbedarf? Es gilt die Grundregel: Man hat nie genug Kapazität. Wir haben am Anfang viel probiert und analysiert. Nach einiger Zeit hat sich eine Frequenz von zwei bis drei Posts pro Woche als optimal erwiesen. Mehr führt zu einem Rückgang von Lesern, weniger auch. Die Tatsache, dass wir unseren Blog redaktionell führen und produzieren bedeutet für uns, dass es fast einer Vollzeitarbeitskraft bedarf, um die verschiedenen Aktivitäten zu planen, zu koordinieren und zum Teil auch durchzuführen. Wie oben bereits geschrieben: Bloggen ist preiswert, aber nicht billig.

Was zu sagen ist – Content-Strategie wählen

Die prinzipielle Entscheidung über den Inhalt wurde ja schon bei der Konzeption des Blogs getroffen. Hier hat man den Rahmen festgelegt: die Themen, über die geschrieben werden soll, die Tonart, die Leserzielgruppe, die Länge der Posts und mehr. Im täglichen Betrieb gilt es, die richtige Mischung von Inhalten zu finden und inhaltliche Feinjustierung vorzunehmen. Auch hier muss man das Leserverhalten ständig im Auge behalten: Worauf reagieren Leser positiv, was wird weiter geteilt, bei welchen Themen kommt es zu Leserrückgängen etc.?

Überwinden Sie die eigenen Vorlieben: Der Wurm muss dem Fisch schmecken, nicht dem Angler. Machen Sie sich Gedanken, wie Sie Ihren Lesern einen Mehrwert bieten können. Denn nur wenn Sie dieses Ziel erreichen, gewinnen Sie viele Leser.

Es gilt: Zu wenig Abwechslung schadet dem Blog ebenso wie das Fehlen von Humor. Der Blog ist ein Werkzeug um des Unternehmen authentisch zu präsentieren. Also tun Sie das auch. Wie ist das Arbeiten in normalen Unternehmen: Es wird an Themen gearbeitet, aber auch mal gescherzt, man hilft sich und gibt seine Erfahrungen weiter. Wenn dem so ist, sollte sich das auch im Blog widerspiegeln: Finden Sie die für Sie richtige Mischung. Bei uns sieht das zum Beispiel so aus wie in Abb. 58.

Seitens des Blogbetreibers ist übrigens immer auch etwas Frustrationstoleranz gefragt: Obwohl die ernsthaften Berichte und Posts sehr viel Aufwand und Arbeit bedeuten, erhalten sie meist deutlich weniger positive Beachtung als pure Unterhaltung. Die süße Katze,

Abb. 58 Tagcloud des
Baloise-Blogs „baloise-
jobs.com". (Quelle: Baloise
Group)

TAG CLOUD

6 Fragen 150 Jahre Baloise Anschreiben
Ausbildung Auslandblock Baloise
Berufseinstieg Bewerben Bewerber
Bewerbung Bewerbungsgespräch
Bewerbungsunterlagen CV Einstieg Entwicklung
Erfahrungsbericht
Führungsentwicklung Geschichte HR Marketing
Interview IT Job Karriere
Karrieremesse Kommunikation Kurzinterview
Lebenslauf Montagstipp Networking
Online Reputation Personalentwicklung Philipp
Praktikum Praktikum EB&R
Recruiter Sicherheit Social Media Stelle
Studium Team Trainee
Traineeprogramm Vorbereitung
Vorstellungsgespräch Werkstudent

die den Laserpunkt jagt, erhält ein Vielfaches der Likes, Shares und Comments des mühsam geschriebenen oder gefilmten Berichts über die Herausforderungen von Ingenieuren,
Marketingspezialisten oder Trainees.

Das liegt nicht an der Qualität des Posts, sondern schlicht in der Einfachheit des Inhalts:
Die Katze versteht man in Sekunden, und genauso schnell drückt man dien „Like"-Button
(Abb. 59).

Abb. 59 Eye-Catcher im Blog:
Praktikantensuche mittels
Instajob. Die gestalterische
Freiheit im Blog erlaubt Aus-
reißer aus dem „normalen"
Kommunikationskonzept und
hat hier zu starker positiver
Resonanz geführt. (Quelle:
Baloise Group)

Wanted: Praktikant/in HR Marketing

Von Michele in der Kategorie Mitarbeitende, am 13. August, 2013

We're Hiring

HR & Social Media Enthusiast (Praktikum)

bit.ly/1cK2ESg

Wir suchen ab Mitte Januar 2014 wieder eine/n Praktikant/in HR Marketing!

→ Weiterlesen

4 Comments »

Abb. 60 Mit ABBA erfolgreich im Jobinterview: Eine Headline die neugierig macht, ein auffälliges Bild, Inhalte, die für die Leser relevant sind. Das sind die Bestandteile, die einen Blogpost erfolgreich machen. (Quelle: Baloise Group)

Mit ABBA zum Vorstellungsgespräch

Von Michele in der Kategorie Tipps & Tricks, am 9. Juli, 2013

Image credit: lenm / 123RF Stock Photo

Das ABBA-Prinzip hat natürlich herzlich wenig mit der Gruppe "ABBA" zu tun, ist auch um einiges weniger bekannt und überhaupt nicht musikalisch ☺ Aber im Bewerbungsprozess kann euch das, im Gegensatz zu "ABBA", weiterhelfen. Nur wenn der Recruiter ein riesen Fan der Gruppe ist und ihr das im Vorfeld erfahren habt, sieht die Situation etwas anders aus, und ihr könnt das eventuell zu eurem Vorteil nutzen. Aber die Chance ist klein. Deshalb jetzt zum Thema:

→ Weiterlesen

Daraus lässt sich eine weitere, nicht unwichtige, Empfehlung ableiten: Meist ist weniger mehr. Wie bei der Gestaltung von Online-Stellenanzeigen gilt auch für Blogs: Nicht zu viel, nicht zu lang. Online gelten andere Lesegewohnheiten als offline. Die richtigen Umfänge zu finden, ist erfolgskritisch für den Blog. Denken Sie nur an Ihre mobile Kundschaft: Niemand ist gewillt, die lustigen Abenteuer Ihrer Praktikanten in Tolstoij'schen Umfängen zu genießen.

Achten Sie auf den Medienmix im Blog: Ein Bild sagt mehr als tausend Worte – oft gehört und immer noch richtig. Vermeiden Sie Textwüsten, lockern Sie Posts mit Bild und Video auf. Kein Bild zur Hand? Fotolia, 123rf.com und andere helfen hier schon für wenig Geld. Ein ausdrucksstarkes Bild hilft jedem Beitrag immens, das sollte man nie unterschätzen (Abb. 60).

Zum Schluss noch ein letzter Hinweis: Sorgen Sie für Posting-Titel, die Lust auf mehr machen und schon erste Informationen liefern. Vermeiden Sie generische Titel („Wie man erfolgreich wird") zu Gunsten von möglichst spezifischen Aussagen („In 10 Schritten zum erfolgreichen Verkäufer"). So erfasst der Leser schnell, worum es geht und steigt hoffentlich tiefer ein.

Guter Inhalt ist zu wenig: Die Reichweite Ihres Blogs vergrößern

Synergien realisieren: den Blog mit anderen Social Media Plattformen verknüpfen

Bei der Überlegung, wie man seine verschiedenen Social Media Plattformen ideal miteinander verknüpfen kann, sollte man in zwei Richtungen denken:

1. Die Zulieferungen von Inhalten und anderen Plattformen. Das Netz bietet für jede Art von Inhalten viele spezialisierte Plattformen an: So werden Videos normalerweise bei YouTube, Vimeo und anderen veröffentlicht, Bilder bei Flickr, Picasa, Instagram oder EyeEm. Präsentationen vielleicht bei Slideshare, und so lässt sich die Liste beliebig fortführen. Diese Inhalte gehören meist auch in den Blog – sorgen Sie dafür, dass diese Möglichkeiten genutzt werden.
2. Die Weiterverteilung der Bloginhalte. Zur Erhöhung der Reichweite sollten Sie dafür sorgen, dass Ihre Blogposts weiter verbreitet werden: Sie sollten wenigstens für die wichtigsten Social-Media-Plattformen eine „Teilen"-Möglichkeit anbieten: Facebook, Google+, Twitter, Xing und LinkedIn gehören zum Standard, mehr ist immer möglich. Dienste wie ShareIt und Addthis bieten hier passende Produkte an.

Dass die Blogposts über alle eigenen Social-Media-Profile verteilt werden, sollte sich von selbst verstehen. Abb. 61 zeigt das BaloiseJobs-Social-Media-Framework.

Vermarktung des Blogs – Bloggen allein reicht meist nicht.

Alles ist eingerichtet und designt, das Team steht und postet, also alles wunderbar könnte man meinen. So kann das funktionieren, wenn die Welt auf Ihren Blog gewartet hat, Sie

Abb. 61 Das BaloiseJobs Social-Media-Framework: Der Blog als zentrales Instrument zur Inhaltserstellung und -verteilung bedient alle weiteren Social Media Plattformen. (Quelle: Baloise Group)

durchgängig eine exorbitant hohe journalistische Qualität liefern und Ihre Mitarbeitenden jeden Ihrer Posts auf allen Netzwerken teilen wie die Wilden. Leider ist das im echten Leben selten der Fall.

Nochmals: Bloggen ist preiswert, aber nicht billig. Planen Sie also schon in Ihrer Strategie die Mittel für die Blogvermarktung ein. Google Adwords und Facebook Ads sind dabei heute die wohl wichtigsten Angebote, die dabei helfen, den eigenen Blog bekannt zu machen. Dazu gehört aber auch, dass die handelnden Personen verstehen, wie Online-Marketing funktioniert. Hier sollte man, wenn man diese Themen nicht extern bearbeiten lassen möchte, in die Qualifizierung der Blogverantwortlichen investieren. Diese Ausgabe lohnt sich. Eine Vermarktung nach dem Schrotflintenprinzip ist nicht zielführend. Man kann sein meist überschaubares Budget für dieses Thema heute sehr präzise einsetzen – zum Beispiel indem man exakt festlegt, welche Zielgruppen mit Ihren Botschaften erreicht werden sollen. Alter, Ausbildungshintergrund, Geschlecht, regionale Herkunft, Sprachfähigkeiten, Vorlieben, Kenntnisse und Vieles mehr lassen sich hier dank der Informationen, die Google, Facebook und Co. über ihre Nutzer haben, als Filterkriterien beliebig kombinieren. Man arbeitet also statt mit der Schrotflinte mit dem Scharfschützenmodell – die (bezahlte) Botschaft erreicht so nur diejenigen, die sie erreichen soll.

Aber auch über die bezahlten Angebote hinaus kann man Einiges tun, um dem Blog zu mehr Bekanntheit zu verhelfen. Das sinnvolle Einsetzen relevanter Keywords gehört hier ebenso zum Handwerkszeug eines guten Bloggers wie der Austausch mit anderen Bloggern. In den Sozialen Medien ist das Teilen relevanter Inhalte eines der Prinzipien, das diese Medien so erfolgreich macht. Spielen Sie mit, bieten Sie im Blog ein Verzeichnis von weiteren Blogs an, die Ihre Leser interessieren könnten, die sogenannte „Blogroll" – teilen Sie also Ihr Wissen über relevante Informationsquellen. Nicht selten werden dann auch Sie in den Blogrolls anderer Blogger auftauchen – eine hohe Qualität Ihrer eigenen Posts vorausgesetzt.

Pflegen Sie gute Beziehungen zu anderen Bloggern, lernen Sie von anderen und pflegen Sie Erfahrungsaustausch, vielleicht laden Sie Gastblogger ein – es gibt viele Möglichkeiten. Werden Sie dabei aber keinesfalls aufdringlich. Ein offensives Werben um Erwähnung, Verlinkung oder Berichterstattung wird zu Recht von den meisten Bloggern als „No-Go" gesehen und führt zum Gegenteil.

Beyond Employer Branding: Der Blog als Recruiting-Werkzeug

Wir sind stolz darauf, dass wir mit unserem Blog Einstellungen realisiert haben (wie inzwischen übrigens mit den meisten Social Media Plattformen), aber man sollte hier keine Wunder erwarten. In erster Linie dienen Blogs heute noch der Imagepflege. Der Blog bietet sich als Ergänzung zur Stellenausschreibung an – vor allem um Talente anzusprechen, die nicht aktiv auf Stellensuche sind. Eine Vernetzung von Ausschreibung und Blogpost ist in jedem Fall empfehlenswert. Ein Ersatz für die Ausschreibung kann der Blog jedoch nicht sein. Leider tun sich heute nach wie vor noch viele eRecruiting-Tools schwer damit, externe Inhalte wie Blogbeiträge attraktiv in die Ausschreibung einzubinden. Der Blog bietet die Chance, den „cultural fit" der eingehenden Bewerber zu verbessern, wenn man es schafft, die Stelle im Blog mit persönlichen Eindrücken der aktuellen Kollegen der Abteilung anzureichern. So werden Atmosphäre und Werte, die das suchende Team erfolgreich machen, gut vermittelt. Und der Leser bekommt schnell ein Gefühl dafür, ob er oder sie zum Team passen könnte.

Monitoring und Erfolgskontrolle

Ein gut funktionierendes Monitoring sollte schon bei der Entwicklung bedacht werden. Wer spricht wo was über Sie? Wo werden Sie zitiert oder kritisiert? Wird kommentiert? Wie gut funktionieren Ihre Marketing-Maßnahmen? All das gilt es zu beobachten, um im Ernstfall schnell reagieren zu können und um den eigenen Auftritt zu optimieren. Das kann man zwar ohne Hilfsmittel geschehen, jedoch geht das mit Hilfe von Softwarelösungen für diesen Zweck deutlich einfacher und komfortabler.

Neben dem Monitoring sollte man sich auch mit dem Thema Reporting auseinandersetzen. Wie bei den meisten Employer-Branding-Instrumenten ist es auch bei einem Blog kaum möglich, den Wirkungsgrad exakt zu messen. Zwar kann im Vergleich zu traditionellen Medien leicht ermittelt werden wie viele Menschen eine Seite besucht haben oder wie viele einen „Like"-Button angeklickt haben. Jedoch lässt sich nicht zuverlässig nachweisen, welchen Einfluss der Bloginhalt auf die Entscheidung zur Bewerbung letztlich gehabt hat.

Die reine Abonnentenzahl ist bei den meisten Blogs nicht sehr groß, denn die Mehrzahl der Leser kommt durch die Verteilkanäle wie den Facebook-Account des Unternehmens oder eine Suche bei Google oder Bing zur Lektüre.

Die Anzahl der Seitenaufrufe gibt sicherlich ein Gefühl für den Erfolg der Blogvermarktung – eine Aussage über den Erfolg des Blogs lässt sich jedoch auch daraus nicht einwandfrei ableiten. Weitere denkbare Erfolgskennzahlen können Zitate sein, die in anderen Blogs übernommen werden, Reaktionen auf Artikel, zum Beispiel in Form von Kommentaren oder auch die Verweildauer auf den Seiten des Blogs – soweit diese auswertbar sind.

Die härteste Währung, die das Employer Branding liefern kann, sind realisierte Einstellungen von externen Bewerbern. Aber auch hier kämpfen viele Unternehmen noch mit der Auswertungsfähigkeit ihrer eRecruiting-Systeme. Und nicht jeder, der sich aufgrund eines Blogbeitrages bewirbt, tut das auf direktem Weg. Stattdessen liest er vielleicht erst unterwegs den Beitrag auf seinem Smartphone und bewirbt sich später vom Heimcomputer aus durch direktes Einsteigen in den Stellenmarkt.

Es ist also im Moment noch nicht einfach, eine belastbare Antwort auf die Frage zu finden: „Lohnt sich das eigentlich?" Aber dieses Dilemma kennt das Personalmarketing ja auch schon von anderen, traditionellen Instrumenten.

Der Blog als internes Bindungstool

Meist wird die externe Wirkung des Blogs betrachtet – als Instrument, das einen Arbeitgeber authentisch präsentiert und einen Einblick in die Unternehmenswirklichkeit gewährt, den traditionelle Personalmarketing-Instrumente kaum zu zeigen vermögen.

Dabei wird übersehen, welche Wirkung ein Blog auch für das interne Arbeitgebermarketing hat. Zum einen durch die Mitarbeitenden, die ihre Geschichten erzählen – da wird meist Stolz auf Erreichtes und Selbstbewusstsein für die eigene Position und das eigene Handeln gestärkt. Zum anderen für alle Mitarbeitenden des Unternehmens; auch bei Ihnen wird die Identifikation mit dem eigenen Arbeitgeber gestärkt. Oft bekommen Mitarbeitende über diesen Kanal Einblicke in Unternehmensbereiche, mit denen sie im täglichen Arbeiten keine Berührungspunkte haben. Auch die Faszination für die eigene Arbeit, die mit der Zeit auf der Strecke bleibt, kann so wieder geweckt werden, weil der Blick auf das eigene Tun nochmals aus einer anderen Perspektive erfolgt.

Fazit: Bloggen wird bleiben

Man muss nicht zwingend so weit gehen wie wir und den Blog zum zentralen Ort der Online-Arbeitgeberdarstellung machen. Aber ignorieren sollte man das Thema auf keinen Fall. Ich kann mir zukünftig keine nachhaltig erfolgreiche Arbeitgebermarke mehr vorstellen, die auf einen Blog oder ein artverwandtes Medium verzichtet. Zu wichtig ist die Wirkung, die sich erzielen lässt. Wie „der" erfolgreiche Blog aussieht, vermag ich nicht zu sagen, das hängt Ihrem Unternehmen und Ihrer Employer-Branding-Strategie ab. Sicher ist nur eines: Wenn Sie sich für eine Nutzung des Instruments entscheiden, tun Sie das konsequent, denn: Bloggen ist seinen Preis wert.

Autorenbeschreibung Marcus Fischer

Frechmut ist für mich, immer wieder neu mit unkonventionellen Methoden auszuloten, wo die Grenzen des Machbaren sind, niemals Angst vor Neuem haben, auch wenn man sich hin und wieder beim ausprobieren eine Beule holt.

Seit dem Jahr 2012 verantwortet Marcus Fischer mit seinem Team die Employer-Branding-Aktivitäten der Baloise Group. Vor seiner Aktivität in Basel war er in verschiedenen Rollen im Personalmarketing, der Personalbeschaffung und -entwicklung für den Ingolstädter Automobilhersteller Audi aktiv.

Seine Karriere startete der Familienvater und begeisterte Onliner als Consultant bei der amerikanischen HR-Beratung Aquent. Fischer ist seit 1991 im Internet aktiv und auf zahlreichen Plattformen mit Profilen zu finden.

Kontakt: https://www.xing.com/profiles/Marcus_Fischer

Social Media: Kontakte zählen – und Inhalte

Jürgen Sorg

Zusammenfassung

Will man seine Zielgruppe im Social Web richtig adressieren, dann ist es zweifelsohne ratsam, *zuzuhören*. Was interessiert sie, was treibt sie, worüber will sie reden? Erfolgreiches Recruiting und Personalmarketing im Social Web fragt nach den sozialen und kommunikativen Bedürfnissen der Nutzer und richtet die eigenen Aktivitäten nach diesen aus. Social Media sollte dabei nicht auf einen Kanal oder Maßnahme reduziert werden, Social Media ist eher eine Frage der Haltung. Es geht um das Interesse am Gegenüber, um die Kommunikation zwischen Menschen. Social Media Personalmarketing und Recruiting verlangt somit nach einem neuen Selbstverständnis, welches das *Wie* der Talentansprache und des Dialogs mit potenziellen Kandidaten in den Blick nimmt und den persönlichen Kontakt ernst nimmt.

[…] we have to reclaim who we are. A simple way to do so is to show more of our humanness and to let go of what is often perceived as professionalism. […] When we show a bit more of who we are, people find it endearing and will connect with us more easily (Baréz-Brown 2011, S. 32 f.).

So ungefähr könnte man die eigentliche Herausforderung in der Social Media Kommunikation auf den Punkt bringen. Denn darum geht es: Nähe, Authentizität und insbesondere um uns Menschen. Nur so wird man Teil der Konversationen und Interaktionen, nur so gewinnt man das nötige Vertrauen der eigenen Community. Das gilt umso mehr für das Personalmarketing und Recruiting im Social Web. Menschen wollen nicht mit Unternehmen, sondern mit *Menschen* sprechen. Und dieser Maxime sollte man folgen, will man als Arbeitgeber mit potenziellen Mitarbeitern und Multiplikatoren in den Dialog treten und sie für das eigene Unternehmen begeistern und binden.

Jürgen Sorg ✉
Techniker Krankenkasse, Bramfelder Straße 140, 22305 Hamburg, Deutschland

J. Buckmann (Hrsg.), *Einstellungssache: Personalgewinnung mit Frechmut und Können*,
DOI 10.1007/978-3-658-03700-0_17, © Springer Fachmedien Wiesbaden 2013

Auch wenn *Social Media Personalmarketing* und *Recruiting* hierzulande freilich schon angekommen sind – sicherlich in unterschiedlichsten Facetten und Ausprägungen, von der qua Integration von Sharing-Funktionalitäten „teilbaren" Stellenanzeige über Facebook-Karriereseiten und Blogs hin zum „Active Sourcing" und der Pflege eigener Talentcommunities – wird „Social Media" immer noch viel zu oft als weiterer Kommunikationskanal missverstanden. Sicher, *Facebook, Twitter, Xing, Tumblr* sind zunächst nichts anderes als reine Infrastruktur und somit auch Kanäle. Aber „Social Media" ist mehr und eben *nicht* nur ein weiterer Kommunikations- und Werbekanal, der als Absatztrichter für die eigenen Stellenangebote oder als neue, „hippe" Plattform für das Employer Branding dient.

Social Media ist vielmehr auch eine Frage der Haltung. Wie will ich meine Zielgruppe ansprechen? Welche Erwartungen und Wünsche hat diese? Wie und wo antworte ich auf Fragen, Kommentare oder Kritik? Was gebe ich von mir selbst preis? Wie ehrlich bin beziehungsweise darf ich sein? Wie befördere ich den Dialog und wie baue ich eine Community auf? Wer ist überhaupt „ich"? Ein Recruiter, ein Social Media Manager oder jeder einzelne Mitarbeiter meines Unternehmens? Das sind die Fragen, die man sich stellen sollte. Und diese sind allesamt kanalunabhängig. Denn sie drehen sich um das menschliche, soziale Miteinander. Und dieses Miteinander findet überall statt: innerhalb des Digitalen, ebenso wie im Analogen. Man spricht mit Kollegen beim Kaffee in der Küche, chattet mit Freunden über *Skype, WhatsApp* oder *Facebook* und telefoniert nach Feierabend mit Bekannten. Vielleicht redet man dann ja auch über den eigenen Arbeitgeber, über das neue Projekt oder den täglichen Frust im Büro. Oder man spricht über neue Herausforderungen, Möglichkeiten bei der Konkurrenz oder über die aktuelle Stellenausschreibung im eigenen Team. Arbeitgeberkommunikation findet auch hier statt. Ungesteuert durch das Personalmarketing oder Recruiting. Denn jeder einzelne Mitarbeiter kann über seinen Arbeitgeber glaubwürdig und unvermittelt berichten. Jeder hat hier ganz persönliche Erfahrungen, die einen potenziellen Bewerber durchaus interessieren könnten. Auch Dritte können und tun dies: Freunde, Familie, Bekannte usw. Man muss kein Mitarbeiter eines Unternehmens sein, um eine Empfehlung oder Warnung auszusprechen. Mundpropaganda, „Hören-Sagen" das alles spielt hier mit rein. Und all das ist kein Phänomen des Social Webs. Das Social Web ist nur ein weiterer Ort, an dem das Ganze stattfindet.

Was sich allerdings verändert hat ist die Dimension des Ganzen. Vernetzung und Informationsflüsse vollziehen sich dank *Facebook, Twitter, Foren* und *Webcommunites* schneller. Und öffentlicher. Ein bis zwei Klicks und schon kann ich persönliche Erfahrungen mit einem Arbeitgeber nachlesen, mich mit Gleichgesinnten austauschen und eigene Fragen stellen. Standardisiert über Bewertungsportale wie *kununu* oder ganz formlos in den zahlreichen *Facebook*-Communities, Foren und Frageportalen: von gutefrage.net über *Qype* hin zu den diversen Fachforen auf *Xing*. Insofern sich Nutzer untereinander verstärkt vernetzen und austauschen, entstehen quasi eigene einflussreiche Informationsnetzwerke. Informationsnetzwerke, in denen Erfahrungen geteilt werden, die zukünftige Entscheidungen beeinflussen, Images prägen und nicht zuletzt *auch Zielgruppenbedürfnisse und*

Märkte verändern.[5] Was im Social Web entsteht, ist eine neuer Typ Kunde, der Nutzer wie Multiplikator zugleich ist und neue Anspruchs- und Erwartungshaltungen an den Tag legt, die von Unternehmen bedient werden müssen.

In seinem Buch „The End of Business as Usual" macht der US-amerikanische Social Median Brian Solis mehr als deutlich, dass Zielgruppenbedürfnisse und deren Einfluss sich derart verändert haben, dass Unternehmen umdenken *müssen*: „At the center of an adaptive business is a culture that supports change. Change is something that requires design, support, and execution. And everything begins with understanding the gaps between business and its connected traditional, and online Customers" (Solis 2012, S. 270). *Change* lautet also die Devise. Ohne *Change*, kein Social Media. Eine schnell eingerichtete Facebook-Karriereseite, ein Twitteraccount oder ein „2.0" hinter der Berufsbezeichnung reicht eben nicht aus, um souverän mitzuspielen. „Ein asoziales Unternehmen bleibt ein asoziales Unternehmen", so der Blogger André Vatter. „Social Media erfordert einen integrierten Ansatz, dem Mitarbeiter, Prozesse und die Hausregeln folgen. Die Social Media-Bühne muss sich backstage spiegeln, es muss unterbrechungsfreie Weiterleitungen geben, andernfalls erscheint dem Nutzer jede Netzwerkbemühung als groteske Scharade" (Vatter 2012, o. S.)

Bestehende Konzepte, Praktiken und Prozesse müssen aus der Perspektive der Nutzer daher neu überdacht werden. Und Voraussetzung hierfür sind zweifellos Antworten. Antworten auf Fragen zur Zielgruppe und deren Bedürfnisse, Wünsche und Erwartungen, ebenso wie auf Fragen der eigenen internen Auffassung, Zufriedenheit und Bedarfe. Konkret: Schlichtes Zuhören, Mitarbeiterbefragungen, Benchmarking aber auch Markt- und Zielgruppenforschung sind gefordert. Es geht darum – und genau das werde ich in den folgenden Absätzen unter anderem auch am Beispiel der Personalmarketingaktivitäten und -strategien der Techniker Krankenkasse diskutieren – Social Media *ganzheitlicher* zu begreifen. Und dabei den Fokus auf das Wesentliche dieses neuen Phänomens lenken: auf das *Soziale*.[6]

Social Media und Frechmut

Bevor ich beginne, lassen Sie mich noch einige Anmerkungen zum Thema meines Beitrags im Kontext des vorliegenden Buches machen. „*Social* Media", so der Titel. Befragt man *Wikipedia* zum Begriff „sozial", dann findet sich folgendes: „In der Umgangssprache bedeutet „sozial" den Bezug einer Person auf eine oder mehrere andere Personen; dies beinhaltet die Fähigkeit (zumeist) einer Person, sich für andere zu interessieren, sich einfühlen zu können […]"(Wikipedia 2013). Und genau hierin findet sich bereits ein Teil der Erfolgsformel: Ziel der eigenen kommunikativen Anstrengungen im Personalmarketing sollte darin bestehen, einerseits den Bezug zu den potenziellen Zielgruppen herzustellen, andererseits sich

---

[5] Eine ganz interessante Sichtweise auf diese Veränderungsprozesse zeigt Gunter Dueck mit seinem Konzept vom „Internet als Gesellschaftsbetriebssystem" auf (vgl. Dueck 2011; Sorg 2011).
[6] Verwiesen sei an dieser Stelle auch auf die Beiträge von Mollet, von Wyl, Schrodt, Fischer und Hesse, die allesamt den Faktor Mensch im Personalmarketing fokussieren.

für die kommunikativen und sozialen Bedürfnisse der Zielgruppen zu interessieren und diese bestenfalls auch zu bedienen. Social Media Personalmarketing und Recruiting wäre nach diesem Verständnis dann vielmehr auch eine Kommunikationsform und -praxis, die wie schon oben skizziert stärker das *Wie* der Talentansprache und des Dialogs mit potenziellen Kandidaten zu konzipieren hätte, als das *Wo* (im Sinne des Kanals oder Technologie). In anderen Worten: eine ausgehend von Zielgruppenbedürfnissen gelebte re- und proaktive Kommunikation. Ein neues Selbstverständnis der eigenen Rolle und der des eigenen Unternehmens als Arbeitgeber. Idealerweise gepaart mit etwas *Frechmut*.

Denn immer dann, wenn bestehende Praktiken, Konzepte oder Erwartungen neu gedacht, diskutiert und modifiziert werden müssen, entsteht auch Reibung. Auf verschiedensten Ebenen. Was es bedarf ist Überzeugungsarbeit, Durchhaltevermögen und vor allem Leidenschaft für das Thema. Also das, was Jörg Buckmann *Frechmut* nennt und die vielen Beiträge in dem vorliegenden Buch überzeugend demonstrieren. „Practice what you preach" lautet ein mittlerweile fast schon verbrauchter Aphorismus, der aber gerade in Bezug auf *Frechmut* dazu motivieren sollte, bereits auf Ebene erster Überlegungen, Konzepte und Ideen zu greifen. Frechmut ist ganz im Sinne Buckmanns eine *Einstellung* – oder eine Art „Software" – die gerade im Kontext von *Social Media* eine wesentliche Voraussetzung bildet, um dem notwendigen Change-Prozess souverän begegnen zu können.

Context is King!

Was man hierzulande in Bezug auf Social Media Aktivitäten im Personalmarketing oft hört, ist die Aussage, dass sich viele der Zielgruppen doch gar nicht in Social Media aufhalten.[7] Es heißt zwar „When I go fishing, I go where the fish are", aber eignet sich etwa eine *Facebook*-Karriereseite dazu, den zu suchenden IT-Spezialisten oder Apotheker anzusprechen? Eine völlig berechtigte Frage. Gegenfrage: Eignet sich *Facebook* überhaupt dazu, neue Zielgruppen anzusprechen? Von der Plattform selbst aus gedacht, könnte man zumindest argumentieren, dass *Facebook* eine derart weite gesellschaftliche Durchdringung genießt,[8] dass die eigenen „Botschaften" durch die virale Verbreitung oder mithilfe von *Facebook Ads* die entsprechenden Zielgruppen erreichen müsste. Ergänzt durch die Möglichkeiten, die eigene Präsenz auch noch designtechnisch gemäß des bestehenden Employer Brands zu gestalten sowie mit Hilfe der *Facebook Insights* die eigenen Aktivitäten in ein Reporting und Controlling zu überführen bietet *Facebook* doch eine kompakte Infrastruktur für die Verbreitung von Unternehmensinformationen, den Dialog mit den Zielgruppen und insbesondere dem Aufbau einer eigenen Community. Vorhandene Ressourcen, Content- und

---

[7] Sollten Sie mal diese Frage gestellt bekommen, verweisen Sie doch einfach auf den Social Media Planner von Inpromo: http://socialmediaplanner.de.

[8] Für eine regelmäßig aktualisierte Darstellung der globalen Verbreitung von Facebook empfehle ich die „World Map of Social Networks" (Cosenza 2013).

Dialogstrategien freilich vorausgesetzt.[9] Das würde zumindest die Prominenz der zahlreichen Karriereseiten auf *Facebook* erklären. Aber – so habe ich ja bereits einleitend in diesem Beitrag geschrieben – sollte das eigentlich nicht der Ausgangspunkt sein. Vorangehen sollte ein *Zuhören*. Gerade im Zusammenhang von Personalmarketing und Recruiting kann man das gar nicht oft genug sagen. Man muss auf die Bedürfnisse der Zielgruppe hören und die eigenen Aktivitäten an diesen ausrichten.

Bevor ich im Folgenden auf die Zielgruppenstudie der Techniker Krankenkasse eingehe, möchte ich die Antwort auf die obigen Fragen aber nicht schuldig bleiben: Ich glaube nicht, dass *Facebook* sich für die Ansprache *neuer* Zielgruppen eignet. Aber für die Kommunikation mit *bestehenden* beziehungsweise mit Bewerbern, die bereits im Prozess stecken. Im Marketing-Sprech formuliert: Die Stärke von Social Media Kanälen besteht in der Kunden*bindung*, nicht in der Kunden*gewinnung*. Dieser Antwort voraus geht zugleich auch die Anforderung, richtig *zuzuhören*. Ob durch Rückgriff auf Studien, eigene Befragungen und Marktforschungen oder durch Gespräche mit Kandidaten, Kollegen oder Experten. Ja, „Practice what you preach“. Warum nicht also selbst die eigenen Netzwerke und Kontakte nutzen? An dieser Stelle eine klare Empfehlung: Nutzen Sie Social Media für das eigene Informations- und Wissensmanagement, sprechen und vernetzen Sie sich mit Kandidaten und Interessenten, gehen Sie auf Veranstaltungen und Netzwerktreffen, beteiligen Sie sich am Dialog in Fachforen, stellen Sie Ihre Ideen und Best Practices für Fachkollegen zur Diskussion und schauen Sie sich an, was Mitbewerber und andere Unternehmen im Social Web praktizieren. Zeigen Sie Frechmut. Für die Evaluierung der eigenen Aktivitäten ist ein adäquates Zielgruppenverständnis und -feedback sowie Benchmarking unerlässlich. Nur so, davon bin ich überzeugt, können Sie ein besseres Verständnis dieser neuen digitalen Kultur und deren Praktiken gewinnen.

Zurück zum Thema: Circa 270 Auszubildende sucht die Techniker Krankenkasse jährlich an bis zu über 60 Standorten in Deutschland. Befragt man jugendliche Berufsanfänger nach Kriterien, Barrieren und Treibern für die Berufswahl, erfährt man schnell, dass hier je nach Kontext ganz unterschiedliche entscheidungsrelevante Faktoren greifen.[10] Um zu erfahren, was die Zielgruppe bewegt, was sie treibt, sorgt und wie sie letztlich Entscheidungen für Arbeitgeber und Berufe fällt, hat die Techniker Krankenkasse im letzten Jahr eine qualitative Zielgruppenforschung durchgeführt, in der sowohl mit eigenen Auszubildenden und Dual-Studierenden ebenso wie mit externen Fokusgruppen in Einzel- und Gruppeninterviews gesprochen und das Ganze mit Analysen aus dem Social Web verglichen wurde (vgl. Sorg 2013). Herausgekommen sind zahlreiche Erkenntnisse, die zum Teil die bisherige Arbeit bestätigten aber insbesondere viele weitere wertvolle Anknüpfungspunkte für Inhalte, Stories und Optimierung der Kommunikationsstrategien ergaben. Ich

---

[9] An dieser Stelle sei auf den durchaus Facebook-kritischen Beitrag von Henner Knabenreich verwiesen, der in seinem Plädoyer gegen Facebook deutlich macht, wie wichtig ernst gemeintes Engagement von Unternehmensseite ist (vgl. Knabenreich 2013).

[10] Einen sehr empfehlenswerten Überblick über die Karrierewünsche und Ängste jugendlicher Berufsanfänger findet sich in der McDonald's Ausbildungsstudie (McDonald's 2013).

möchte hier vor allem drei zentrale Ergebnisse der Studie und die sich daraus abgeleiteten Empfehlungen für die eigenen Personalmarketingaktivitäten skizzieren:

1. Der Bewerbungsprozess läuft selten gezielt ab. Ausgehend von persönlichen Interessen und Stärken tasten sich jugendliche Berufsanfänger an die letztlich gewählte Ausbildung oder das Studium heran. Dabei wechseln sich passive und aktive Phasen bei der Informationssuche kontinuierlich ab. Nicht zuletzt sind es dann externe Impulse wie Messen, persönliche Empfehlungen etwa durch Eltern, Lehrer, ein Unternehmensvortrag an der eigenen Schule usw., die erste aber wichtige Orientierungspunkte bei der Suche nach Ausbildungs- und Studienplätzen beziehungsweise potenziellen Arbeitgebern bieten. Generell lässt sich der Bewerbungsprozess aus Kandidatensicht in drei Phasen unterscheiden: *Orientierung* (Informieren, sich inspirieren lassen, eigene Interessen und Stärken prüfen, Vorauswahl treffen), *Bewerbung* (aktive Suche und Information, gezielte Vorbereitung, Auswahl, Fakten sammeln, Unternehmen und Menschen kennenlernen) und *Entscheidung* (Abwägen nach Maßgabe eigener sowie auch stellenweise externer Faktoren durch Freunde, Eltern und andere Meinungsführer, Unternehmen und Menschen besser kennenlernen, Nach-Recherche, Rückversicherung).
2. Das Internet ist zentraler Anlaufpunkt für Suche und Information, in der Orientierungsphase, aber vor allem auch in der Bewerbungsphase. Am relevantesten sind hier die Suchmaschinen, Stellen- und Informationsportale sowie Unternehmens- und Karrierewebsites. Aber auch Offline-Events bleiben sehr wichtig. Es sind speziell die persönlichen Kontakte durch Messen, Schulevents, Bewerbungsgespräche, die Entscheidungen für oder gegen ein Unternehmen maßgeblich beeinflussen. Diese persönlichen Kontakte spielen als emotionale und unmittelbar erlebbare Kontaktpunkte vor allem in den Phasen der Orientierung und Entscheidung eine ausschlaggebende Rolle.
3. Social-Media-Angebote wie soziale Netzwerke, Blogs oder Foren bedienen als Kontaktpunkte „auf Augenhöhe" zwar die Kommunikationsroutinen junger Erwachsener, spielen aber meist in einer späteren Phase, oftmals erst nach persönlichem Erstkontakt mit Unternehmen, eine Rolle. Dann fungieren sie allerdings durchaus als Katalysator. Dort gefundene Informationen und Dialogangebote werden unbedingt gewünscht, sehr positiv wahrgenommen und wirken sich – wenn Tonalität und Inhalt stimmen – sehr positiv auf das Arbeitgeberimage und die Berufs- und Unternehmenswahl aus.

Entscheidend ist, dass sich der Orientierungs-, Bewerbungs- und Entscheidungsprozess je nach Phase mit eigener Spezifik vollzieht. Die sozialen und kommunikativen Bedürfnisse variieren je nach Phase und somit auch die Relevanz der jeweiligen Kontaktpunkte. Es ist also der *Kontext* und nicht etwa der Inhalt, der die jeweiligen Kommunikationsansprüche und -erwartungen prägt. Wie Brian Solis auch hier wieder treffend bemerkt: „[C]ontent is important. After all, without it, what would people read, watch, interpret, remix, and share? But without context, content is simply a message or story trying to find a home" (Solis 2012, o. S.). Eine zielgruppengerechte Ansprache verlangt somit vom Personalmarketing – offline wie online – je eigene Kommunikationsangebote: Für allgemeine und arbeitgeberbezogene

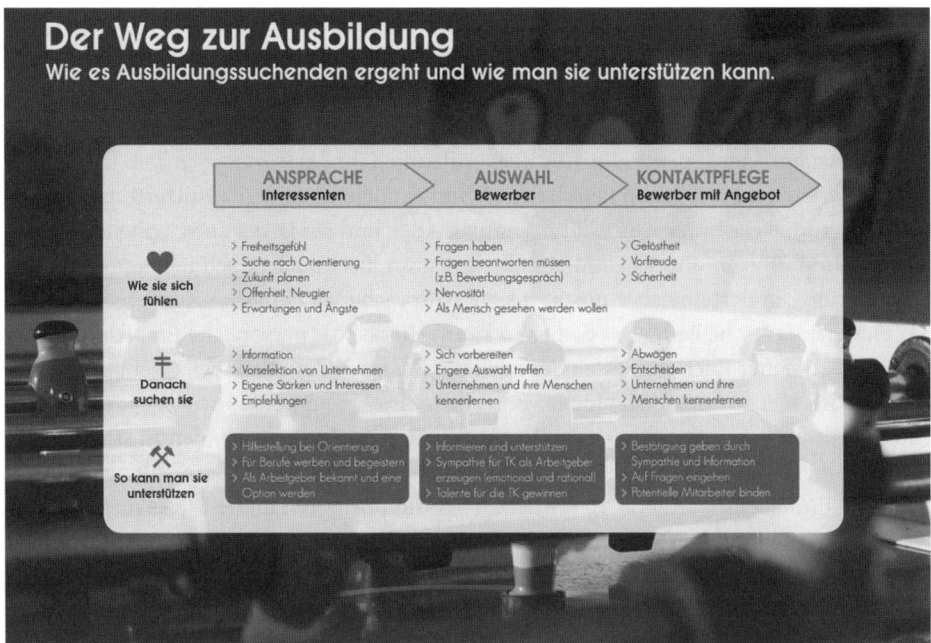

Abb. 62 Der Weg zur Ausbildung. Zielgruppenforschung der Techniker Krankenkasse (Quelle: Techniker Krankenkasse 2013)

Inhalte, für die allgemeine Information und Orientierung von Interessierten oder für Ansprache, Dialog und Kontaktpflege mit dem Bewerber während der Bewerbungsphase (vgl. Abb. 62). In all diesen Phasen und Kontexten wird es darum gehen, emotionale und sinnstiftende Anknüpfungspunkte zu identifizieren. *Context is King!* Allein dieser Anspruch verbietet uns nicht nur in Zukunft, sondern bereits jetzt, in separaten Kanälen zu denken.

Dadurch verändert sich auch das Anforderungsprofil an die Personalmarketer und Recruiter fundamental. Robindro Ullah nennt diesen Typus Recruiter in diesem Buch den R-NG, den Recruiter Neue Generation. Dieser muss, so Robindro Ullah, gerade im kommunikativen Bereich *fitter* sein als die Generationen zuvor und Social Media Kommunikation ebenso beherrschen wie crossmediale Strategien und Storytelling.

The „Social" War for Talents

Bei den zwei weiteren Ergebnissen der Studie – Faktor „Mensch" als entscheidungsrelevanter Kontaktpunkt und Social-Media-Angebote als Rückversicherungs-Kanäle – hat vor allem auch letzterer überrascht. Zur *Ansprache* und zur Steigerung der Bekanntheit sind von Unternehmen betriebene Social-Media-Kanäle wie etwa eine *Facebook*-Karrierepage für jugendliche Berufsanfänger demnach wenig geeignet. Zwar tauschen sich auch Jugendliche zu Beginn ihrer Berufswahl in ihren eigenen sozialen Netzwerken über Themen zur Berufswahl aus, so dass man auch als Unternehmen die eigene *Facebook*-Community nutzen kann, um diese Jugendlichen zu erreichen: Vermittelt über die Freunde der eigenen Fans und die Freunde der Freunde der Fans. Denn nochmal: Im Social Web haben wir es mit *vernetzten* Zielgruppen zu tun, die quasi-öffentlich ihre *Erfahrungen* teilen. Die Adressaten unserer Kommunikation tauschen sich immer auch mit anderen Nutzern aus und haben wiederum eigene, weitere Zuhörerschaften. Aber, und das ist der entscheidende Punkt: jugendliche Berufsanfänger befinden sich zu Beginn ihrer Suche noch in einer Phase der Orientierung, in der eine eher unspezifische Ansprache via *Facebook*-Karrierepage nicht das phasenspezifische Bedürfnis bedienen kann. Hier ist die persönliche Empfehlung, das Gespräch auf einer Karrieremesse oder auch die Beratung bei der Arbeitsagentur wichtig. Der Faktor „Mensch" und Gespräche von Face-to-Face, wenn Sie so wollen. Idealerweise auf Augenhöhe oder mit vertrauensvollen Autoritäten. Vielversprechenden Aussagen eines Unternehmens glaubt man in dieser Phase nur selten. Eine elterliche Empfehlung, ein Vortrag im Rahmen einer „Azubis an die Schule"-Aktion bringt in dieser Phase mehr, als das spektakuläre Recruiting-Video auf *YouTube* oder der beworbene *Facebook*-Post. Sie schaffen *Nähe*, *Vertrauen* und im Idealfall *Sympathie*. Wichtige Voraussetzungen also, um sich auf Seiten des Bewerbers orientieren und inspirieren zu lassen.

Nähe, Vertrauen und Sympathie spielen vornehmlich auch in der Entscheidungsphase eine wesentliche Rolle. Arbeitgeber wurden ausgewählt, ein Informationstag oder das Assessment-Center hinter sich gebracht und nun stehen Entscheidungen an. „Sage ich den Termin zum Vorstellungsgespräch zu?" „Soll ich das Duale Studium beginnen?" „Unterschreibe ich den Ausbildungsvertrag?" Es geht um Rückversicherung für die bevorstehende Entscheidung. Und hier sind es die „weichen" und „menschlichen" Aspekte, die zur Abwägung der Entscheidung herangezogen werden: „Wie sind die Kollegen?" „Wie ist mein Chef?" „Wie ist die Atmosphäre?" „Wie wird mit meinen Fragen, Sorgen und Erwartungen umgegangen?" Zurate gezogen werden dann zum einen Erfahrungen, Eindrücke und Einschätzungen, die zu Beginn der Arbeitgebersuche sowie an allen anderen Kontaktpunkten mit dem Arbeitgeber entstanden sind. Die Chance einer Absage durch den Bewerber sind groß, sollte dieser negative Erfahrungen bei einem Informationstag oder beim Bewerbungsgespräch gemacht haben. Aber auch wenn man hier als Unternehmen punkten konnte, begeben sich Bewerber in dieser Phase oft auf eine Nach-Recherche. Und genau hier können auch Social Media Präsenzen eines Arbeitgebers wie eine *Facebook*-Karriereseite der Ort für den Bewerber sein, die ihm authentische und verhältnismäßig unvermittelte Einblicke in das zukünftige Unternehmen und Zugang zu Kollegen und Mitbewerbern ermöglicht. Der Ort also, an dem ein Unternehmen Sympathie aufbauen, mit Glaubwürdigkeit und Ehrlichkeit punkten und künftigen Mitarbeitern Sicherheit in der zu erwartenden Unternehmenskultur vermitteln kann.

Unter dem Begriff der „Candidate Experience"[11] wird dieser Fokus auf die gesammelten Wahrnehmungen und Erfahrungen eines potenziellen Kandidaten mit einem Arbeitgeber

---

[11] Aktuelle Beiträge sowie eine hilfreiche Quellenliste zum Thema findet sich in Verhoevens „NochEinPersonalmarketingBlog": http://nocheinpersonalmarketingblog.blogspot.de.

seit längerem diskutiert. Dahinter liegt der Anspruch an Unternehmen an ein Umdenken der Rolle potenzieller Mitarbeiter vom „bittstellenden" Bewerber zum Wunschkandidaten oder Partner auf Augenhöhe. Das gilt heute dank des demografischen Wandels in alternden Gesellschaften für den potenziellen Azubi ebenso wie für Fach- und Führungskräfte. Es sind die Unternehmen, die um die Gunst geeigneter Talente buhlen müssen und nicht umgekehrt. Man tut also gut daran, diesen Wechsel mitzugehen. Man spricht vom „War for Talents" und dieser Gedanke ist keineswegs neu. Bereits um die Jahrtausendwende haben Michaels et al. (2001) auf Basis einer McKinsey-Studie von 1997 die gestiegene Konkurrenz um geeignete Talente beschrieben: „Today, of course, it's a whole different game. The balance of power has shifted to talented people. […] What made it worse for companies was that this happened precisely when companies needed not just *more* people, but *more talented* people than ever before" (Michaels et al. 2001, S. 69 f.).

Heute ist es nicht anders. Dazu kommt, dass es für die gegenwärtige Generation der 20- bis 30-Jährigen – der sogenannten „Generation Y" oder „Millenials" – selbstverständlich ist, dass man individuell auf sie eingeht (vgl. Fellinger 2013, o. S.). Ein Selbstverständnis, das nicht zuletzt auch durch die kommunikativen Praktiken im Social Web bestätigt und zugleich bedient wird sowie in der Ansprache durch Arbeitgeber erwartet wird. Damals wie heute reichte und reicht es nicht aus, nur auf klassische Personalmarketingaktivitäten zu setzen. Auch mit Hilfe externer Personaldienstleister, ausgedehnter Mitarbeiter-Empfehlungs-Programme oder durchdesignter Karrierewebseiten wird man hier nicht punkten können. „To *really* win on the recruiting front, you have to do much more. You must rebuild every part of your recruiting strategy" (Michaels et al. 2001, S. 70.). Etwa indem man sich als Arbeitgeber „kümmert", also ernsthaft am Kandidaten Interesse zeigt. Man darf nicht vergessen, dass gerade bei Fach- und Führungskräfte für die potenziellen Kandidaten kein Druck besteht. Oftmals sind es hier ja latent Suchende, mit denen man als Arbeitgeber im Gespräch ist, das heißt das Interesse am Wechsel ist da, aber Zeitpunkt oder Arbeitgeber sind noch völlig offen. Mit einer unspezifischen Massenmail, via *Xing* beispielsweise, wird man hier nichts erreichen. Im Gegenteil. Was auf Kandidatenseite bleibt, ist der fade Beigeschmack unprofessioneller Kommunikation von Seiten des Arbeitgebers. Gefordert ist hier ganz klar mehr Interesse am Kandidaten. Von der ersten Ansprache bis hin zur Einstellung und darüber hinaus. Der Fokus auf die „Candidate Experience" über alle Phasen hinweg ist hier zweifellos ein erster Schritt, den neuen Erwartungen auf Seiten der Kandidaten zu begegnen. Das Gebot der Stunde lautet jedoch: eine auf die entsprechenden kommunikativen und sozialen Bedürfnisse aufsetzende *Social Media Strategie*.

Soziale vs. Digitale Strategien

Jeder Social Media Strategie zugrunde liegen, sollte die Unterscheidung von *digitalen* und *sozialen Strategien*. Erstere fokussieren die Möglichkeiten der Verbreitung bestehender Angebote, Services und Dienste über digitale Kanäle, letztere die Unterstützung sozialer Interaktionen. Beide freilich immer vor dem Hintergrund strategischer Ziele: Etwa der Ansprache neuer und passender Kandidaten, der Optimierung des Recruiting-Prozesses, oder dem Aufbau eines attraktiven Arbeitgeberimages.

Wie bereits erwähnt, sollte Social Media nicht auf Kanäle beziehungsweise eine Kanalstrategie reduziert werden. Um dies an einem Beispiel einmal zu verdeutlichen: Sie haben vor, die Recruiting-Prozesse offen zu legen; jeder Bewerber soll zu jedem Zeitpunkt erfahren können, in welchem Stadium sich seine Bewerbung befindet und wie diese bereits bewertet wurde. Das Ganze mit dem Ziel, die „Candidate Experience" zu verbessern. Auch wenn – nehmen wir mal an – das Telefon ihr zentrales Medium für die Bewerberkommunikation wäre, würde es sicher kaum Sinn ergeben, eine reine *Telefonstrategie* zu entwickeln. Warum? Weil es zu wenig Eigenschaften besitzt, die strategisch durchdacht werden müssten? Nein, auch hier könnte man darüber nachdenken, zu welchem Zeitpunkt man Kandidaten anruft, welcher Anrufbeantworterspruch außerhalb der Bürozeiten zu hören ist, welche Musik in der Warteschleife ertönt, mit welchen Begrüßungsformeln man Kandidaten anspricht usw. Sie verstehen, worauf ich hinaus will? Auf genau derartige Features und technologischen Gesichtspunkte wird auch beim Einsatz von Social Media viel zu oft Wert gelegt. Wenn Sie erwägen, Social Media im Personalmarketing und Recruiting einzusetzen, dann deswegen, weil ihre Zielgruppe Social Media nutzt. Social Media ist schlichtweg Normalität. Ebenso wie das Telefon. Die gleiche Situation. Eine Kanalstrategie würde unnötigerweise viel zu kleinteilig ansetzen und auch das eigentliche Anliegen kaum sinnvoll in strategische Handlungen überführen können. Zumal das Vorhaben keine Frage des Kanals ist, sondern einen Servicegedanken und eine interne Prozess-Optimierung spiegelt, die auch mit der Spezifik von Social Media zunächst nur wenig zu tun haben.

Anders bei der Verbreitung von Stellen- oder Imageanzeigen. Eine digitale Strategie würde hier nach dem Einsatz von *Facebook-Ads* und *Google AdWords* fragen, nach Integrationsmöglichkeiten weiterer Service-Funktionen und Rückkanäle – zum Beispiel via Online-Chat – auf Karriereseiten, auf welchem Wege – stationär oder mobil etwa – ein Nutzer Zugriff auf das Bewerbungsportal bekommen sollte und wie der Erfolg des Ganzen gemessen werden könnte. Genau das sind die Fragen, auf die auch eine digitale Strategie Antworten liefern sollte.

Diese doch eher traditionelle Marketing-Perspektive verkennt allerdings das eigentliche Potenzial von Social Media. Dabei liegt es auf der Hand. Es geht schlicht um *Vernetzung*. Und zwar die Vernetzung *untereinander*. Etwas was Menschen tagtäglich tun. Offline wie Online. Der Unterschied zur Offline-Welt ist dabei zugleich der Erfolg der zahlreichen Social-Media-Angebote, -Dienste und -Netzwerke: Sie *vereinfachen* die Vernetzung. Sie gestalten sie schneller, effektiver, multimedialer, stellenweise sogar automatisch und ermöglichen zugleich den Zugriff von den unterschiedlichsten Plattformen und Geräten aus.

Eine soziale Strategie sollte genau hier ansetzen. Mit der Frage nach den *sozialen und kommunikativen Bedürfnissen*, die hinter der Vernetzung stehen. Zwei soziale Grundbedürfnisse lassen sich hierbei für das Social Web unterscheiden (vgl. Piskorski 2012, S. 64):

1. *Stärken* und *Aufrechterhalten* bestehender Beziehungen und
2. *Aufbau* neuer Beziehungen.

Selbstverständlich sollte man auch den entsprechenden Zweck der Vernetzung fokussieren. Denn dieser unterscheidet sich je nach Kontext. Für die soziale Strategie eines Unternehmens reicht es aber, sich überhaupt zu verdeutlichen, dass die Chance für die eigenen Aktivitäten im Social Web darin bestehen, *Menschen dabei zu helfen, bestehende Kontakte zu pflegen oder neue aufzubauen.* Konkret: Eine *Facebook*-Karrierepage, ein Blog oder ein Forum kann Interessierten die Möglichkeit bieten, mit zukünftigen Kollegen ins Gespräch zu kommen oder sich mit Menschen in ähnlichen Situationen auszutauschen. Auch der Aufbau kollegialer Beziehungen und Freundschaften lässt sich durch Social Media unterstützen. Um welche Inhalte es sich dort drehen und mit welchen Themen man sich auch von Unternehmensseite am Gespräch beteiligen könnte, ist dann eine Frage der jeweiligen Bedürfnisse. Denken Sie aber einfach mal an so etwas wie Talentmanagement oder andere „Kundenbindungsmaßnahmen". Schon über eine simple *Facebook*-Gruppe könnte man potenzielle Kandidaten, Talente oder Interessierte zusammenbringen und miteinander vernetzen. Zum Beispiel als Vorbereitungsgruppe für ein Assessment-Center, als Kontaktpflege-Gruppe bis zum Ausbildungsstart für Azubis, die bereits einen Vertrag haben oder als offene Gruppe interner Mitarbeiter als Markenbotschafter, die Interessierten einen direkten und unvermittelten Kontakt und somit Einblick in die Welt eines potenziellen Arbeitgebers ermöglichen könnte.

Aus der Perspektive von Social Media sollte man jedoch Abstand davon nehmen, die strategische Relevanz der eigenen Arbeitgeberkommunikation an der faktischen Bewerbung oder Einstellung zu bemessen. Das kann nicht das primäre Ziel einer Social Media Strategie sein. Im Gegenteil: Aus der Perspektive einer sozialen Strategie wäre die Bewerbung oder die Einstellung vielmehr ein „Abfallprodukt" der sozialen Anstrengungen. Sicher ein gewünschtes, aber eben nicht das primäre Ziel. Eigentliches Ziel sollte es hingegen immer sein, Kandidaten schon früh an das Unternehmen zu binden und Social Media dazu zu nutzen, offen und vertrauensvoll im Gespräch zu bleiben; sich für die Sorgen, Wünsche und Fragen zu interessieren und den Austausch untereinander zu unterstützen. Wichtig ist, Relevanz und Werte für die Nutzer zu schaffen. Und natürlich über Sympathie und Nähe, Vertrauen und Bindung aufzubauen. Das alles muss im Dialog mit der Zielgruppe erwachsen, indem man schlicht auch ausprobiert und stetig die eigene Arbeit reflektiert und anpasst. Erfolgreiche Social-Media-Kommunikation braucht Zeit und soziales Fingerspitzengefühl.

Diese sozialen Wirkungen sind jedoch keineswegs nur Selbstzweck und frei von strategischen Effekten. Insofern man Mitarbeitern oder Bewerbern hilft, mit zukünftigen Kollegen zu sprechen und Bindung herzustellen, lässt sich idealerweise die Bewerbungsbereitschaft steigern, die wechselseitige Passung prüfen oder durch den Austausch unter den Fans und/oder mit eigenen Mitarbeitern Nachfragen und Probleme beseitigen, die sonst in langwierigen Einzeltelefonaten oder Mails hätten beantwortet werden müssen. Damit können also nicht nur Reibungskosten, sondern durchaus faktische Kosten gesenkt werden. Das alles hat strategische Relevanz. Eine soziale Strategie sollte diese Wirkungen daher immer mitdenken.

Change, Relevanz und Vertrauen

Social Media Kommunikation ist immer auch gelebte Kommunikation. Ein ganzheitlicher auf „soziale Zielgruppenbedürfnisse" ausgerichteter Ansatz verlangt auf ganzer Linie Umdenken. Und Frechmut. *Change* und *Relevanz*: Das sind zwei der drei Erfolgsfaktoren im Social Web, um die es in den vorangegangenen Abschnitten ging. Was fehlt, ist allerdings die eigentliche soziale Währung: *Vertrauen*.

Hierfür gibt es keine Anleitung, außer vielleicht dem schlichten Tipp: Seien Sie ehrlich! Angefangen bei dem, wofür Sie als Arbeitgeber stehen, was Sie bieten oder nicht bieten bis hin zum Recruiting-Prozess, etwa zu den „Nachteilen" der ausgeschriebenen Stelle oder zum Status der Bewerbung. Sagen Sie wer Sie sind, wer hinter einer *Facebook*-Seite oder einem *Twitter*-Account steht, wer der Ansprechpartner ist oder meine Gegenüber beim kommenden Vorstellungsgespräch sein werden. Zeigen Sie Fotos, machen Sie Interviews und Porträts oder lassen Sie zukünftige Kollegen und Führungskräfte selbst zu Wort kommen. Nur so können Sie Vertrauen aufbauen.

Für Henrik Zaborowski besteht allerdings genau hier das Problem. Die meisten Unternehmensdarstellungen sind nicht nur nicht beweisbar, sondern das Vertrauensproblem liegt in der Natur der Sache: „Wer etwas von seinem Gegenüber will („Bewirb Dich! Jetzt!") sagt immer das, was sein Gegenüber vermutlich hören will. […] Wir wollen belogen werden! Wem das zu hart klingt: Beim ersten Date verrate ich auch nicht gleich, dass ich schnarche, faul bin und keine Kohle habe, oder?" (Zaborowski 2013, o. S.).

Die von Zaborowski aufgeworfene Analogie zur Partnerwahl und -beziehung zwischen Menschen eignet sich gut, um die Vertrauensbildungsprozesse zu demonstrieren. Denn auch beim Paarbindungsprozess – ganz gleich ob der Treiber sexueller oder platonischer Natur ist – geht es zu Beginn, beim Flirt oder in der Balz, darum, die eigenen Stärken in den Vordergrund zu stellen. Vertrauen kommt erst später. Und auch der Bewerber – so zumindest hat es die Studie der Techniker Krankenkasse gezeigt – weiß durchaus wert zu schätzen, wenn Arbeitgeber unter der Flagge ihres Employer Brands „schicke" Webseiten, ansprechende Fotos oder ästhetisch anspruchsvolle Filme produzieren. Das Signal lautet immerhin: Der Arbeitgeber „kümmert sich", diesem ist die Ansprache, das Auffallen offensichtlich einiges wert. Nur: Glauben wird man diesen Werbeversprechen und Hochglanzbildern nur selten. Nicht anders ist es mit Testimonials und Markenbotschaftern. Denn auch diese werden aus Sicht der Kandidaten auch „nur vom Unternehmen ausgewählt". Das Vertrauen fehlt. Wie Zaborowski richtig bemerkt: „‚Insider Einblicke' werde ich nur unter der Hand von Insidern bekommen. Sonst wären es keine Insider Einblicke mehr, richtig? Was wollen Bewerber wirklich wissen? Alles, was nicht offizielle Arbeitgeberkommunikation ist!" (Zaborowski 2013, o. S.).

Nicht-offizielle Arbeitgeberkommunikation nimmt man immer dann wahr, wenn man das Gefühl hat, mit Menschen auf Augenhöhe zu sprechen. Mit Menschen, mit denen man sich identifizieren kann, mit denen man sich verbunden fühlt, denen man Vertrauenswürdigkeit zuspricht. Dabei ist es gleichgültig, ob die Vernetzung zwischen dem Kandidaten und seinen zukünftigen Kollegen oder seiner Führungskraft stattfindet. Keine Frage: Das wäre sicher ein Idealzustand. Und es lohnt, darüber nachzudenken, ob nicht das Recruiting dann – wie auch Zaborowski fordert – idealerweise direkt schon bei den Führungskräften zu liegen hätte (vgl. Zaborowski 2013, o. S.). Denn die zukünftige Führungskraft ist zweifellos der entscheidendste Faktor in der „Beziehung" zwischen Kandidat und Arbeitgeber.

Aber ganz gleich wer nun mit welchem Kandidaten spricht. Was bleibt ist die Frage, wie die Social-Media-Kommunikation ablaufen sollte, um Vertrauen aufzubauen. Nun, die Antwort ist einfach: Es ist *Sympathie*. Und eine wesentliche Voraussetzung hierfür hat der Journalist Andreas Bernhard in einem Filmdialog im US-Blockbuster „Die Tribute von Panem" entdeckt:

Dort fordert der Coach zu Beginn des Hauptteils die Filmheldin dazu auf, Sponsoren für ihren kommenden Wettkampf aufzutreiben, worauf sie ihm begegnet: „Ja, aber ich bin nicht gut genug darin, Freunde zu finden. Wie bringt man Leute dazu, einen zu mögen?". Die Antwort: „Sei einfach du selbst!" (Bernhard 2013, S. 2).

Ich bin überzeugt davon, dass es gerade im Tagtäglichen der Social-Media-Kommunikation das frechmutige Ausprobieren, die Leidenschaft und die Personen dahinter sind, die die Notwendigkeit für ein Umdenken vorantreiben. Im Zentrum von Social Media muss die Zielgruppe, der Mensch, stehen. Denn ganz klar: In der Zukunft des Personalmarketings wird es zunehmend weniger um Marketing gehen, als darum, den *Mensch* wieder in die Human *Resources*, und das *Soziale* in Social Media zurückzuführen.

Übersicht

Jürgen Sorg arbeitet als Fachreferent für Social Media Personalmarketing und Recruiting bei der Techniker Krankenkasse. Daneben wirkt er ehrenamtlich bei managerfragen.org mit und beschäftigt sich in Vorträgen, Seminaren und Facharti- keln zu Themen rund um digitale Medien. Nach Studium der Kommunikationswis- senschaft und Medienwirtschaft forschte und lehrte er zunächst an der Universität Siegen. Im Anschluss arbeitete er als Bildungsreferent und Projektmanager in der digitalen Wirtschaft in Köln und Hamburg.

Frechmut ist für mich insbesondere eine Frage der Einstellung, ein Handlungsmo- dus mit dem qua Leidenschaft und Neugierde Ideen verwirklicht, das eigene Umfeld motiviert und Neues geschaffen werden kann.

Kontakt: https://ww.xing.com/profile/Juergen_Sorg2

Literatur

Baréz-Brown, C. (2011). *Shine – How to Survive and Thrive at Work*. London.: Penguin.

Bernard, A. (2013). Zukunft war gestern. *Süddeutsche Zeitung Magazin, 2013*(22). http://sz-magazin. sueddeutsche.de/texte/anzeigen/40013/Zukunft-war-gestern (10.07.2013)

Cosenza, & Vincenco (2013). *World Map of Social Networks* Juni 2013, http://vincos.it/world-map-of-social-networks/

Dueck, G. (2011). *Professionelle Intelligenz: Worauf es morgen ankommt*. Frankfurt am Main: Eichborn.

Fellinger, C. (2013). Eine stille Revolution. *Humanresourcesmanager.de*. http://www. humanresourcesmanager.de/ressorts/artikel/eine-stille-revolution. Zugegriffen: 02.09.2013.

Knabenreich, H. (2013). *Vergesst Facebook! Von Vertrauen, Feingefühl und der Interaktion auf Facebook-Karriereseiten* http://personalmarketing2null.de/2013/10/13/vergesst-facebook-von-vertrauen-feingefuehl-interaktion-facebook-karriereseiten/. Zugegriffen: 13.10.2013.

McDonald's Deutschland Inc (2013). *Pragmatisch glücklich: Azubis zwischen Couch und Karriere* http://mcdw.ilcdn.net/MDNPROG9/mcd/files/pdf/090913_Publikationsstudie_McDonalds_Ausbildungsstudie.pdf (10.09.2013)

Michaels, E., Handfield-Jones, H., & Axelrod, B. (Hrsg.). (2001). *The War for Talent*. Boston: Harvard Business School Publishing.

Piskorski, M. J. (2012). Die richtige Strategie für Social Media. *Harvard Business Manager*, 5/2012, 62–70. Der Jobs-Code, Mai 2012

Solis, B. (2012a). *Context is King! Facebook's „Page Post Targeting Enhanced" Sets The Stage For Contextual Marketing* http://networkingexchangeblog.att.com/small-business/context-is-king/ (24.08.2013)

Solis, B. (2012). *The End of Business as Usual: Rewire the Way you work to Succeed in the Consumer Revolution*. Hoboken: John Wiley & Sons.

Sorg, J. (2011). Wissen, Infrastruktur und Sozialität in der Digitalen Gesellschaft. *Fachjournalist*, 3, 18–25. http://www.fachjournalist.de/PDF-Dateien/2012/05/FJ_3_2011-Wissen-Infrastruktur-und-Sozialität-in-der-digitalen-Gesellschaft.pdf. Zugegriffen: 24.8.2013.

Sorg, J. (2013). Context is King! Markt und Zielgruppenforschung im Personalmarketing. *Personalblogger.net*. http://www.personalblogger.net/2013/04/19/context-is-king-ein-pladoyer-fur-das-gesprach-mit-der-zielgruppe/. Zugegriffen: 19.4.2013.

Vatter, A. (2012). Social Media 2012: Wie die USA den Europäern mit Anlauf in den Arsch treten. *avatter.de*. http://www.avatter.de/wordpress/2012/07/social-media-2012-wie-die-usa-den-europaern-mit-anlauf-in-den-arsch-treten/. Zugegriffen: 12.7.2012.

Wikipedia (2013). Suchbegriff „sozial", http://de.wikipedia.org (12.08.2013)

Zaborowski, H. (2013). Über Employer Branding Scheinriesen – und was die Zwerge von Schneewittchen wissen wollten, in: Personalblogger.net, http://www.personalblogger.net/2013/05/21/uber-employer-branding-scheinriesen-und-was-die-zwerge-von-schneewittchen-wissen-wollen/. Zugegriffen: 21.05.2013.

Recrutainment: Unterhaltsam und effizient rekrutieren

Joachim Diercks

Zusammenfassung

Recrutainment – dieses aus Recruiting und Entertainment zusammengesetzte Kunstwort – erfreut sich nicht nur einer umfangreichen journalistischen Berichterstattung. Auch aus der wissenschaftlichen Fachdiskussion und der unternehmerischen Praxis ist das Thema nicht mehr wegzudenken. Recrutainment bezeichnet dabei den Einsatz spielerisch-simulativer Elemente in Berufsorientierung, Employer Branding, Personalmarketing und Recruiting und es unterstützt eine effiziente Personalgewinnung. Dabei gibt es verschiedene begünstigende Rahmenbedingungen, die dabei helfen, den Aufschwung des Themas zu erklären. Zwei Praxisbeispiele zeigen das Spektrum der Möglichkeiten speziell im Online-Recrutainment exemplarisch auf: Das Berufsorientierungsspiel C!You, mit dem die Freie und Hansestadt Hamburg junge Menschen über eine Karriere in der Allgemeinen Verwaltung der Millionenmetropole informiert, sowie das „recrutainte" Online-Assessment Phasenprüfer, das der E.ON Konzern einsetzt, um darüber Ausbildungsplatzbewerber in der Kraftwerksparte vorauszuwählen.

Recrutainment. Eine Modeerscheinung?

Man könnte Recrutainment – dieses aus Recruiting und Entertainment zusammengesetzte Kunstwort – für eine Modeerscheinung halten. Allein 2012 und 2013 wurde darüber in einer ganzen Reihe reichweitenstarker Medien im Internet, Radio und Print berichtet, u. a. dem Bayerischen Rundfunk, ZEIT ONLINE, Wirtschaftswoche, VDI Nachrichten, 1live Radio, ProSieben Galileo oder SPIEGEL Online (Abb. 63). Darin wurde unter zum Teil reißerischen Überschriften wie „Daddeln fürs Vorstellungsgespräch" oder „Zocken für

Joachim Diercks ✉
Cyquest GmbH, Lokstedter Steindamm 61a, 22529 Hamburg, Deutschland
e-mail: j.diercks@cyquest.net

J. Buckmann (Hrsg.), *Einstellungssache: Personalgewinnung mit Frechmut und Können*,
DOI 10.1007/978-3-658-03700-0_18, © Springer Fachmedien Wiesbaden 2013

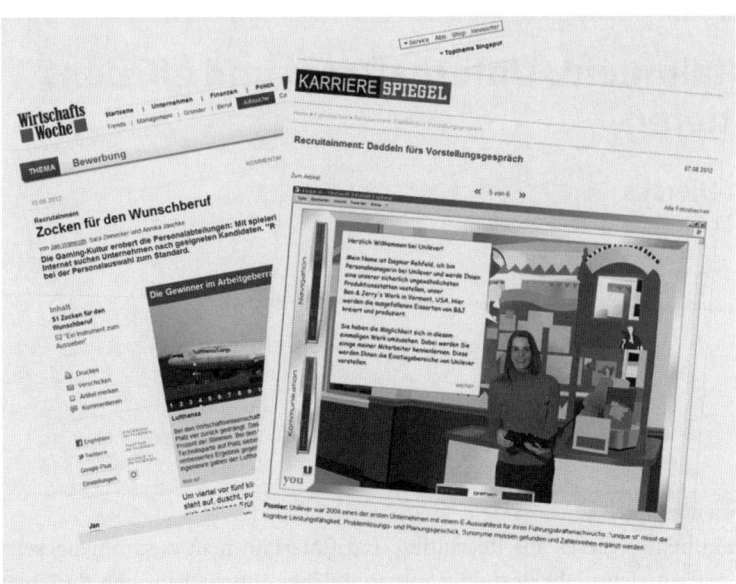

Abb. 63 Recrutainment in den Medien (Quelle: CYQUEST GmbH)

den Wunschberuf" die Verbindung spielerischer Elemente mit Aufgabenstellungen des Recruitings und Personalmarketings thematisiert.

Doch ganz so neu ist das Thema nicht. Bereits 2001 erschien in der WELT ein Beitrag mit dem Titel „That's Recrutainment", in dem das damals neu erschienene Online-Event „Karrierejagd durchs Netz" beschrieben wurde. Dieses bettete erstmals konsequent Personalmarketingbotschaften und eignungsdiagnostische Tests zusammen in einen Spielplot ein. Bis im Jahr 2005 nahmen daran deutlich über 100.000 Nutzer teil und es waren insgesamt mehr als 40 bekannte Unternehmen verschiedenster Branchen (wie Unilever, VW, Ernst&Young oder Beiersdorf) in die Spielgeschichte eingebunden (vgl. Diercks et al. 2007).

Die eigentliche Geburtsstunde des Recrutainment liegt also bereits einige Jahre zurück. Doch während es damals doch eher exotisch anmutete, möglicherweise begünstigt durch die Euphorie der New Economy, hat Recrutainment sich inzwischen zu einem allgemein akzeptierten Instrument der Personalgewinnung gemausert – sowohl in der Praxis, als auch in der Wissenschaft.

Recrutainment zieht nicht nur journalistisches Interesse auf sich, sondern hat inzwischen ein hohes Maß an praktischer Relevanz erlangt. So veröffentlichen etwa die schwedischen Marktforscher von Potenzialpark jährlich im Rahmen der repräsentativen Studie „Top Employer Web Benchmark" eine Liste an Merkmalen, die aus Sicht der Zielgruppen Studierende, Absolventen und „Early Career Professionals" auf einer Unternehmens-Karrierewebsite vorhanden sein sollten. Diese sog. Features werden entsprechend ihrer jeweiligen Wichtigkeit gerankt. In der 2013er-Erhebung landete dabei etwa das Merkmal

„Business Games and Online Events" auf Platz 55 von insgesamt 70 Merkmalen, eine Verbesserung um sechs Plätze gegenüber dem Vorjahr. Jetzt könnte man meinen, dass Platz 55 von 70 nicht unbedingt auf eine überragende Bedeutung schließen ließe, doch stellen *Business Games* ja nur *eine* Facette des Recrutainment dar. So werden mit „Skills and Interest Matcher" auf Platz 30 und „Degree Matcher" auf Platz 22 zwei weitere mögliche Website-Bausteine aufgeführt, die ebenfalls in den weiter unten präsentierten definitorischen Rahmen des Begriffs Recrutainment fallen. So wird die Frage, ob Interesse an Selbsttests zur Überprüfung der eigenen Passung als Element einer Karriere-Website besteht, mit 83 % von mehr als 4/5 der Befragten mit „Ja" beantwortet (vgl. Skrobol 2011).

Die zuweilen etwas undifferenzierte journalistische Darstellung des Themas („Bewerbung per Online-Game") ist für das Thema Recrutainment Segen und Fluch zugleich. Natürlich wird dadurch Aufmerksamkeit geschaffen, gleichzeitig werden jedoch auch stereotype und inhaltlich oft falsche Assoziationen geweckt. Die Vorstellung etwa, dass es sich bei Recrutainment um *Spiele* handelte, die auf wundersame Weise in der Lage seien, aus dem im Spiel gezeigten Verhalten valide Rückschlüsse auf die berufliche Eignung zu ziehen, um damit am Ende eine verlässliche Auswahlentscheidung zu begründen, ist schlichtweg falsch.

Eine solche magische Kugel der Personalgewinnung ist Recrutainment nicht. Doch was ist Recrutainment dann?

▶ **Recrutainment. Eine Definition.** Nach Diercks und Kupka (2014) lässt sich der Begriff Recrutainment aus heutiger Sicht wie folgt definieren:

- Recrutainment bezeichnet den Einsatz spielerisch-simulativer und benutzerorientierter Elemente in Berufsorientierung, Employer Branding, Personalmarketing und Recruiting.
- Recrutainment dient der Verbesserung des Zusammenfindens von „passendem" Kandidat und „passendem" Arbeitgeber bzw. „passender" Ausbildungseinrichtung.
- Unterhaltung ist im Recrutainment kein Selbstzweck. Wichtig ist immer der konkrete Bezug zu einem Arbeitgeber, einer Ausbildungseinrichtung, Berufen/Berufsbildern oder Berufs- und Bildungswegen.
- Unter Recrutainment fallen SelfAssessment Verfahren wie Selbsttests und Berufsorientierungsspiele, Events mit Interaktionselementen und Auswahlverfahren und -tests („Assessment"), sofern diese Unterhaltungs-, Informations- und/oder Simulationscharakter haben – Online und Offline.

Vier Einflussfaktoren lassen das Recrutainment blühen

Es lassen sich im Wesentlichen vier Einflussfaktoren identifizieren, die helfen, die große aktuelle und zukünftig voraussichtlich weiter steigende Bedeutung des Themas Recrutainment zu erklären (Abb. 64).

Abb. 64 Vier Einflussfaktoren
auf die aktuelle Entwicklung
des Recrutainment (Quelle:
[Urheberrecht beim Autor])

a) Gaming,

b) Gamification,

c) Generation Y,

d) Trends und Entwicklungen in Recruiting und Employer Branding.

Diese vier Faktoren hängen wechselseitig voneinander ab. Um ihre jeweilige begünstigende Wirkung auf die Entwicklung des Recrutainment zu verstehen, macht es jedoch Sinn, sie didaktisch zu trennen und einzeln zu beleuchten.

Gaming

2012 lag der Umsatz mit Computer- und Videospielsoftware in Deutschland bei ca. 1,85 Mrd. Euro (BIU, o.J.). Laut einer Untersuchung der Gesellschaft für Konsumforschung (GfK) im Auftrag des Bundesverband Interaktive Unterhaltungssoftware (BIU) e. V. mit knapp 25 Millionen Personen spielt etwa ein Drittel aller Deutschen regelmäßig Computer- und Videospiele (Abb. 65). Dabei ist der deutsche Gamer im Schnitt 32 Jahre alt. Gespielt wird vor allem in Familien mit Kindern und Jugendlichen, und zwar über alle Bildungsniveaus und soziale Schichten hinweg. Kurz: Games sind ein nicht mehr wegzudenkender Wirtschaftsfaktor und fester Bestandteil unserer Gesellschaft.

Gamification

Seit einigen Jahren ist zudem ein Trend zu erkennen, der unter dem Schlagwort „Gamification" nicht mehr aus der Marketingkommunikation wegzudenken ist. Laut Deterding (2011) ist Gamification dabei der „Einsatz von Game-Elementen in Nicht-Game Kontexten". Es werden also Produkte, Anwendungen oder kommunikative Aussagen spielerisch

Abb. 65 Gamer in verschiedenen Einkommensgruppen (Quelle: BIU e. V.)

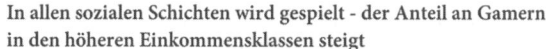

In allen sozialen Schichten wird gespielt - der Anteil an Gamern in den höheren Einkommensklassen steigt

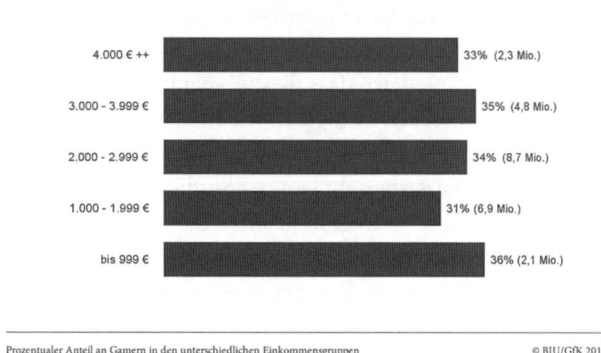

Prozentualer Anteil an Gamern in den unterschiedlichen Einkommensgruppen   © BIU/GfK 2012

aufgeladen und verpackt, die für sich genommen gar keine Spiele sind; sie werden „gamifiziert". Während Spiele vor allem der Befriedigung hedonistischer Unterhaltungs-, Zerstreuungs- oder Zeitvertreibsbedürfnisse dienen, also bereits einen Nutzen „in sich" tragen, geht es bei Gamification vielmehr darum, aus Spielen bekannte Techniken einzusetzen, um etwas anderes zu erreichen: Zum Beispiel die Vermittlung von (Lern-)inhalten, die Erhöhung der Verkaufszahlen eines Produkts oder eben – auf den hier vorliegenden Kontext bezogen – die Vermittlung von Arbeitgebermarketing-Inhalten.

Spielelemente wie Credits, Badges, Ranglisten, Anreize und Belohnungen, Techniken wie Storytelling oder die Ausnutzung von Neugier und Entdeckergeist, um darüber den Nutzer zu fesseln und im Idealfall in einen Zustand völliger Vertiefung (oft als „Flowzustand" bezeichnet, vgl. Csíkszentmihályi 2010) zu versetzen, dienen bei Gamification in erster Linie spielexternen Zielen didaktischer, edukativer, kommunikativer oder kommerzieller Art, nicht primär dem Spiel selbst.

Die Anwendung von Gamification auf Themen wie Berufsorientierung, Personalmarketing und Arbeitgeberkommunikation zur Übermittlung ansonsten eher „trockener Information" bzw. auf Recruiting und Personalauswahl zur Auflockerung etwas ansonsten oft eher als stressend Empfundenen, ist vor diesem Hintergrund kaum überraschend.

Generation Y

Es ist oft riskant, eine Generation stereotyp zu beschreiben. Das gilt natürlich auch für die oft als „Generation Y" oder „Millenials" bezeichnete Generation der nach 1980 Geborenen. Insbesondere im internationalen Vergleich gibt es auch innerhalb dieser Altersgruppe große Unterschiede. Dennoch zeigen sich Eigenschaften und Ansichten, die die Generation Y deutlich von den vorherigen Generationen der Baby Boomer oder der Generation X unterscheiden und die den Bedeutungsanstieg des Themas Recrutainment stark begünstigt haben:

Die Deloitte-Studie „Managing the Talent Crisis in Global Manufacturing – Strategies to Attract and Engage Generation Y" (Koudal und Chaudhuri 2007) beschreibt die Millenials als „von Natur aus unternehmerisch, elektronische Spiele mögend, Innovation einen hohen Wert beimessend und teamorientiert" (eigene Übersetzung).

Es wird argumentiert, dass diese Generation souverän, weil von klein auf praktiziert, im Umgang mit interaktiven Medien wie Instant Messaging, Blogs und Multiplayer Games ist. Aus dieser Souveränität leitet sich auch eine veränderte Erwartungshaltung gegenüber Arbeitgebern ab. Diese besteht laut der Studie „Millenials at work: Reshaping the workplace" vor allem in einem weitverbreiteten Wunsch nach flexiblem Arbeiten und regelmäßigem Feedback. Werden die Erwartungen vom Arbeitgeber nicht erfüllt, so bescheinigt die Studie der Generation Y wenig Skrupel, „weiterzuziehen und die Zelte woanders aufzuschlagen" (vgl. PricewaterhouseCoopers 2012). Entspricht das Arbeitsumfeld jedoch den Vorstellungen, so ist diese Generation durchaus an einer langfristigen Arbeitsbeziehung interessiert.

Man erkennt insbesondere hieran, dass Mitarbeitergewinnung und -bindung zunehmend Merkmale des Beziehungsmanagements erfüllen muss, will man in der Zielgruppe der Generation Y punkten. Die Zielgruppe fordert Transparenz in Bezug auf den möglichen Arbeitgeber ein und will wie bei einer Beziehungsanbahnung im wahrsten Sinne „vorher wissen, worauf man sich einlässt", ob man „zueinander passt bzw. miteinander glücklich wird". Selbstauswahl fördernde Realistic Job Preview Techniken, SelfAssessments oder informativ-unterhaltsam gestaltete Auswahlinstrumente zeigen, dass die Ära der „Personalauswahl von oben herab" zu Ende geht. Auswahl erfolgt sowohl durch das Unternehmen als auch – und zeitlich vorgelagert! – durch den potenziellen Bewerber. Die Generation Y hat viel stärker als die vorherigen Generationen verinnerlicht, dass über Passung der Kandidat genauso mitentscheidet wie das Unternehmen. All dies sind maßgebliche Treiber hinter dem Trend zum Recrutainment.

Trends und Entwicklungen in Recruiting und Employer Branding

Veränderte Wertevorstellungen und Erwartungen der Generation Y, die Verbreitung sozialer Netzwerke, die zunehmende Bedeutung mobiler Endgeräte zur Nutzung des Internets oder auch der demografische Wandel – all diese veränderten Rahmenbedingungen haben in den letzten Jahren auch das Recruiting und die Arbeitgeberkommunikation (Stichwort: „Employer Branding") gravierend verändert.

Erstens haben sich *Art und Weise* bzw. der *Stil* der Kommunikation verändert:

Unternehmen bemühen sich unübersehbar um eine Kommunikation „auf Augenhöhe" mit ihren Bewerberzielgruppen. Man versucht, sich von absendergetriebener Personalkommunikation zu lösen und agiert insgesamt stärker dialogorientiert. Klassische Corporate Communication basierte auf dem Paradigma, dass nur das Unternehmen die Deutungshoheit darüber besitzt, was „wahr" ist. Heute akzeptieren Unternehmen zunehmend, dass es – vor allem begünstigt durch Soziale Netzwerke – viele Wahrheiten geben kann und dass sich die Deutungshoheit darüber stärker demokratisiert hat. Stilprägend für moderne Arbeitgeberkommunikation wird zunehmend der Begriff „Authentizität".

Doch nicht nur Art und Weise der Arbeitgeberkommunikation haben sich gewandelt – auch deren *Inhalte*. Damit eine reelle Chance besteht, dass sich letztlich auch die passenden Kandidaten vom Unternehmen angesprochen fühlen und bewerben, müssen sowohl positive *und* auch vermeintlich negative Arbeitgebermerkmale Inhalt der Kommunikation sein (Konzept der sog. „Realistic Job Previews", vgl. Premack und Wanous 1985). Vielerorts haben daher realistische Darstellungen in Bezug auf Begebenheiten und Eigenschaften des Arbeitgebers oder der angebotenen Stellen Einzug gehalten und es wurde viel in „Selbstauswahl verbessernde" Instrumente wie Mitarbeiter-Testimonials oder die dem Recrutainment zuzuordnenden SelfAssessment-Verfahren investiert.

Schließlich haben sich neben Inhalt und Stil der Kommunikation natürlich auch die *Instrumente* des Employer Brandings verändert. Unternehmen öffnen sich dem Web 2.0 und lassen auf ihren Karriere-Websites und Unternehmensblogs Mitarbeiter zu Wort kommen und in direkten Dialog mit potenziellen Bewerbern treten. Auch werden zunehmend unternehmensexterne Soziale Medien wie LinkedIn, XING, Facebook, Twitter oder Pinterest eingesetzt, um das Unternehmen dort darzustellen und eine Dialogmöglichkeit mit etwaigen Kandidaten zu bieten. Und natürlich erweitert sich der von Unternehmen einzusetzende Medienmix auch durch neue Endgeräte (Smartphones, Tablets) und Nutzungsformen (z. B. Apps).

Wie eingangs gesagt lassen diese Ausführungen erkennen, dass die vier hier genannten Einflussfaktoren für die gestiegene Bedeutung des Themas Recrutainment nicht unabhängig voneinander zu sehen sind, sondern höchstgradig interdependent sind.

Verschiedene Teilbereiche des Recrutainment

Man kann argumentieren, dass Recrutainment ein spezieller Teilbereich der Gamification ist, weil auch hier spielerische Elemente oder Methoden auf einen Bereich angewendet werden, der selber kein Spiel ist. Recrutainment umfasst jedoch auch Facetten, die sich nicht mit den Merkmalen der Gamification vereinbaren lassen. Dies gilt insbesondere für die Teilbereiche des Recrutainment, bei denen es explizit um „Auswahlinstrumente" wie etwa Online-Assessment-Verfahren geht. Laut Kupka (2014), handelt es sich bei Online-Assessments im Kern um eignungsdiagnostische Verfahren, die selbst dann, wenn sie nach Recrutainment-Gesichtspunkten gestaltet werden, so gut wie keine „Game-Elemente" in sich tragen. Hier besteht die Recrutainment-Komponente vielmehr in einer ansprechenden Gestaltung, der Integration informatorischer Komponenten und simulativer Elemente. Recrutainment ist daher nach dem hier vertretenen definitorischen Rahmen nur zum Teil eine Teilmenge von Gamification, zum Teil aber eben auch nicht.

Innerhalb des Recrutainment können dann prinzipiell die beiden großen Bereiche „Online-" und „Offline-Recrutainment" unterschieden werden. Offline-Recrutainment-Events setzen dabei eine physische Zusammenkunft von Menschen voraus, während

Online-Recrutainment auf Mensch-Maschine-Interaktionen beruht. Als Mischform existieren Recrutainment-Beispiele, die sowohl Online- als auch Offline-Merkmale bieten. Diesen Bereich kann man als „Blended Recrutainment" bezeichnen.

Innerhalb des Teilbereichs „Online-Recrutainment" sind dann wiederum die Themen SelfAssessment einerseits und Online-Assessment andererseits zu unterscheiden. Diese beiden Formen des Assessments unterscheiden sich zunächst einmal hinsichtlich ihrer grundlegenden Zielsetzung:

SelfAssessments sind Übungen oder Selbsttests, bei denen die Qualität des Bearbeitungsergebnisses *nur* dem jeweiligen Nutzer rückgemeldet wird. Hier wird Interessenten Einblick in typische Arbeitsfelder und Berufsbilder beim Unternehmen gegeben, damit diese ihre Befähigung und Neigung mit den vom Unternehmen gestellten Anforderungen vergleichen können – *vor* einer möglicherweise erfolgenden Bewerbung. SelfAssessments sind folglich Instrumente zur Verbesserung der Selbstselektion. Eine detaillierte Diskussion, was unter SelfAssessments zu verstehen ist, nebst einem Modell zur systematischen Einordnung verschiedener SelfAssessment-Typen, findet sich bei Diercks (2014).

Demgegenüber sind Online-Assessment-Verfahren Instrumente der Fremdauswahl, die die Auswahlentscheidung rekrutierender Unternehmen unterstützen. Es handelt sich dabei um internetgestützte, eignungsdiagnostische Instrumente zur Beurteilung und Vorhersage beruflich relevanter Variablen zur Abschätzung der Eignung (vgl. Konradt und Sarges 2003). Die Teilnahme an Online-Assessments ist im Gegensatz zu SelfAssessments nicht anonym und in aller Regel nur auf explizite Einladung durch das rekrutierende Unternehmen möglich. Die Ergebnisse dieser Onlinetests fließen direkt in die Auswahlentscheidungen des Unternehmens ein. Per se sind Online-Assessments zunächst einmal keine Recrutainment-Applikationen, sondern Testverfahren. Die primäre Qualitätsbeurteilung von Online-Assessment-Verfahren erfolgt daher auch auf Basis der klassischen psychologischen Gütekriterien, deren Erfüllung für solche Verfahren allgemein gefordert wird. Die eingangs dargestellte oftmals von journalistischer Seite vorgetragene Vorstellung, dass es sich bei Recrutainment um Spiele handele, die zu Testzwecken eingesetzt werden und bei denen aus dem Spielverhalten auf auswahlrelevante Personenmerkmale geschlossen würde, ist wie schon erwähnt nicht korrekt. Gleichwohl fällt ein großer Teilbereich des Online-Assessments in den definitorischen Rahmen des Begriffs Recrutainment, nämlich dann, wenn die Tests ansprechend, nach Maßgabe der jeweiligen Arbeitgebermarke, gestaltet sind, Informationselemente (zum Beispiel über den jeweiligen Arbeitgeber) beinhalten, simulative Elemente umfassen und/oder zuweilen sogar in eine Art Rahmenhandlung eingebettet sind. Die Erfahrung im Einsatz von nach Recrutainment-Gesichtspunkten gestalteten Online-Assessments zeigt, dass durch eine ansprechende Gestaltung insgesamt die Akzeptanz des Testinstruments deutlich erhöht werden kann. Die Zielgruppe honoriert, dass die Verfahren im Sinne einer Zwei-Wege-Kommunikation „nicht nur etwas nehmen, sondern auch etwas geben" (vgl. hierzu insb. Kupka 2014). Online-Assessments fallen also in Abhängigkeit von ihrer konkreten Ausgestaltung zum Teil unter den Begriff Recrutainment, zum Teil nicht.

Abb. 66 Teilbereiche des Recrutainment (Quelle: Diercks und Kupka 2014)

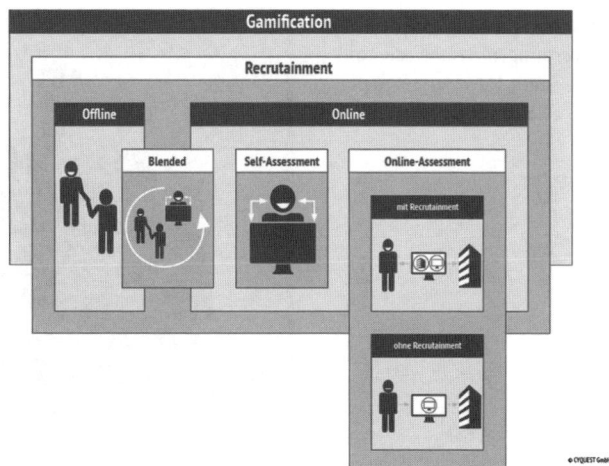

Abbildung 66 fasst noch einmal schematisch alle Teilbereiche des Recrutainment zusammen (vgl. Diercks und Kupka 2014).

Wie zu erkennen, ist die Welt des Recrutainment durchaus vielschichtig.

Abschließend sollen an dieser Stelle noch zwei Praxisbeispiele vorgestellt werden, die exemplarisch für Recrutainment stehen: Das Berufsorientierungsspiel und SelfAssessment „C!You" der Freien und Hansestadt Hamburg sowie das Online-Assessment-Verfahren „Phasenprüfer" von E.ON.

Ein Beispiel: Das Berufsorientierungsspiel und SelfAssessment C!You

… mit dem die Freie und Hansestadt Hamburg über das Berufsbild „Beamter" informiert.

Auch in Hamburg wird fleißig Beamtennachwuchs gesucht. Bereits 2007 startete das Personalamt der Freien und Hansestadt Hamburg daher ein Selbsttestverfahren unter dem Namen *C!You*, um Interessenten einen Einblick in den Arbeits- und Ausbildungsalltag in der Allgemeinen Verwaltung einer Millionenmetropole wie Hamburg zu bieten (Abb. 67).

C!You ist ein webbasiertes SelfAssessment mit interaktiven Elementen, das zur innovativen Vermarktung des Verwaltungsberufes entwickelt wurde. Ebenfalls sollte die Freie Hansestadt Hamburg (FHH) als moderner Arbeitgeber präsentiert werden. Vor dem Hintergrund, dass der öffentliche Sektor trotz attraktiver Ausbildungsangebote mit einem ambivalenten Ansehen des Beamtenberufes zu kämpfen hat. Darüber hinaus ist die Ausbildung in der Verwaltung und im öffentlichen Dienst nicht hinreichend bekannt und die Anzahl an ungeeigneten Bewerbungen traditionell sehr hoch (vgl. Diercks 2012).

Durch das Berufsorientierungsspiel C!You (Abb. 68) wird interessierten Schulabgängern die Möglichkeit gegeben, durch eine anonyme und spielerische Selbsteinschätzung das Berufsbild im öffentlichen Dienst zu erleben. Dabei schlüpfen die Kandidaten in die

Abb. 67 Erklärungsvideo
Bewerbungsprozess Freie und
Hansestadt Hamburg (Quelle:
CYQUEST GmbH)

Abb. 68 Planungsaufgabe im
Berufsorientierungsspiel C!You
(Quelle: CYQUEST GmbH)

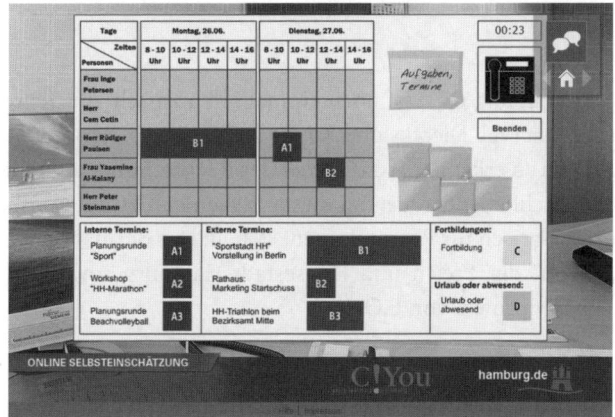

Rolle eines Auszubildenden und erleben die einzelnen Ausbildungsabteilungen virtuell im
Schnelldurchlauf. Statt jedoch einfach Informationen präsentiert zu bekommen, werden
den Usern Aufgaben übertragen, die sie selber zu bearbeiten haben. Dabei geht es bei-
spielsweise um die Prüfung von Elterngeldanträgen, die Abwicklung einer Ummeldung im
Bezirksamt oder um die Planung einer sportlichen Großveranstaltung in Hamburg in der
Behörde für Inneres und Sport.

Im Anschluss an jede dieser Aufgaben erhält der User ein Feedback, wie gut er oder
sie diese gelöst hat. Wichtig: Dieses Abschneiden hat keinerlei Auswirkungen auf etwai-
ge spätere Bewerbungschancen. Dem für die Rekrutierung zuständigen Zentrum für Aus-
und Fortbildung kommt es nicht darauf an, dass jemand derartige Aufgaben schon perfekt
lösen kann. Vielmehr geht es darum, *dass* Interessenten sich einmal inhaltlich mit berufs-
typischen Aufgaben und Inhalten beschäftigt haben, *bevor* sie sich bewerben.

In der gesamten Applikation werden die Kandidaten von verschiedenen Charakteren
(Avataren) durch den Berufsalltag begleitet. Alle Charaktere, die in C!You mitwirken, sind

Abb. 69 Beratungsdialog im Berufsorientierungsspiel C!You. (Quelle: CYQUEST GmbH)

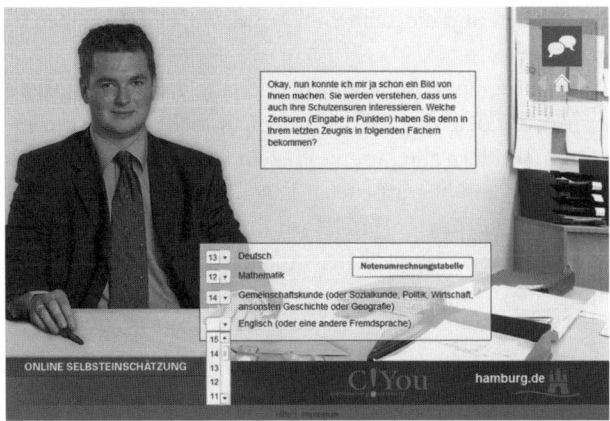

real Beschäftigte der Freien und Hansestadt Hamburg, was die Authentizität der Applikation insgesamt steigert.

Zu Beginn begibt sich der Kandidat in einen virtuellen Beratungsdialog mit einem Ausbildungsberater des Zentrums für Aus- und Fortbildung (ZAF), der je nach Pfad (mittlerer oder gehobener Dienst) unterschiedliche Fragen und Aufgaben zu verschiedenen Themenbereichen, wie z. B. Berufsbild und -motivation, in Bezug zur Stadt Hamburg sowie zum Arbeitgeber FHH stellt. Ebenfalls werden hier die Schulnoten in ausbildungsrelevanten Fächern abgefragt sowie Informationen über Ausbildung und Praktika in der hamburgischen Verwaltung vermittelt. Nach diesem Beratungsdialog (Abb. 69) bekommt der Kandidat ein erstes Zwischenfeedback über die Erfolgsaussichten einer späteren Bewerbung.

Als das Projekt im Jahr 2007 online ging, hätte wohl niemand mit diesem Erfolg gerechnet: In den vergangenen sechs Jahren haben sich insgesamt über 39.000 Teilnehmer für das Online-SelfAssessment angemeldet, von denen ein knappes Drittel die Applikation komplett durchlief. 2009 zählte C!You zu den fünf für den European Public Sector Award (EPSA) nominierten Beiträgen. Ferner erhielt C!You den Sonderpreis beim dbb Innovationspreis 2011. Dies wurde im Wesentlichen damit begründet, dass die Wirtschaftlichkeit des Auswahlverfahrens für Kandidaten für den mittleren und gehobenen Dienst in der Verwaltung seit der Einführung deutlich erhöht werden konnte. So stieg beispielsweise im Einstellungsjahr 2009 der Anteil an geeigneten Bewerbungen um ca. 7 %, während Bewerbungen von ungeeigneten Bewerbern um 12 % zurückgingen. Daneben wurde das Verfahren insgesamt von ca. 90 % aller User als hilfreich für die Berufsfindung bewertet. Schließlich wurde festgestellt, dass ca. 80 % aller zu Vorstellungsgesprächen eingeladenen Bewerber C!You durchlaufen und die Inhalte verinnerlicht hatten (vgl. Diercks 2012).

C!You war bei seinem Erst-Launch bereits überaus aufwendig gestaltet. Die Teilnehmer konnten sich wie in einer Computerspielsimulation über eine virtuelle U-Bahn frei in der Stadt bewegen, Gebäude betreten, mit anderen Charakteren interagieren oder an einer virtuellen Stadtrundfahrt teilnehmen. Dabei war die Reihenfolge der anzulaufenden Stationen vorgegeben und die Teilnehmer mussten, alle Aufgaben bearbeiten, um zum Feedback zu gelangen.

Im Zuge eines umfangreichen Relaunches wurde 2012 ein von Grund auf neues Layout erstellt, bei dem der Teilnehmer nicht mehr per virtueller U-Bahn von Station zu Station fahren, sondern alle Module einzeln über eine Übersichtsseite ansteuern kann.

Neben dem überarbeiteten Layout wurde auch die Struktur von C!You angepasst. „Weg von sequenziellen Abläufen" war die Devise. Jedes der fünf Module ist nun frei anwählbar, es gibt keinen vorgegebenen Ablauf mehr. Auch der Marktplatz mit der Stadtrundfahrt, nützlichen Downloads, Videos und weiteren interessanten Informationen ist jederzeit erreichbar.

C!You ist im Internet frei verfügbar und aufrufbar über den folgenden Link: http://cyou-startlearning.hamburg.de.

Ein anderes Beispiel: Das „recrutainte" Online-Assessment E.ON Phasenprüfer

… mit dem E.ON Azubis vorauswählt.

Auch wenn der Einsatz von Online-Tests zur Kandidaten-Vorauswahl sicherlich noch kein Standard in allen Unternehmen ist, nimmt die Zahl derjenigen Firmen, die Online-Assessments einsetzen, kontinuierlich zu, sowohl unter Konzernen als auch (größeren) mittelständischen Unternehmen. Um nur ein paar zu nennen: Daimler, Lufthansa, Tchibo, Gruner+Jahr, Unilever, Commerzbank, Targobank, Fielmann oder Media-Saturn. Seit dem Jahr 2011 gehört auch E.ON dazu.

Die Kraftwerkssparte des Konzerns, in der die Bereiche Kohle, Wasserkraft und Kernenergie zusammengefasst sind, testet Ausbildungsplatzbewerber mit dem E.ON Phasenprüfer. Für den elektrotechnisch weniger bewanderten Leser: Ein Phasenprüfer ist ein kleines, einfaches Prüfmittel zum Feststellen von Wechselspannungen im Niederspannungsbereich. E.ON hat dieses also durchaus zum Stromgeschäft passende Gerät metaphorisch als Bezeichnung für das Online-Testverfahren verwendet, handelt es sich doch auch dabei um eine Art „Prüfung" in einer wichtigen „Phase", nämlich der Bewerbung um einen Berufseinstieg (Abb. 70).

Das Testverfahren umfasst eine Reihe von unternehmensangepassten CYQUEST Testmodulen, wobei sich die genaue Zusammensetzung von Ausbildungsberuf zu Ausbildungsberuf unterscheidet.

Diese Testverfahren wurden in einem langjährigen Konstruktionsprozess vor dem Hintergrund der DIN 33430 entwickelt, evaluiert und normiert. Der Schwerpunkt liegt dabei auf der Überprüfung berufsbezogener kognitiver Leistungsfähigkeit, also der Fähigkeit zum analytischen, schlussfolgernden Denken. Anforderungsbezogen kommen dann abhängig vom jeweiligen Berufsbild auch noch Wissensaspekte wie Rechtschreibung/Grammatik und technisches Verständnis sowie die Kompetenz „Planungsfähigkeit" hinzu (Abb. 71).

Abb. 70 Startscreen des E.ON
Online-Assessments Phasen-
prüfer (Quelle: CYQUEST
GmbH)

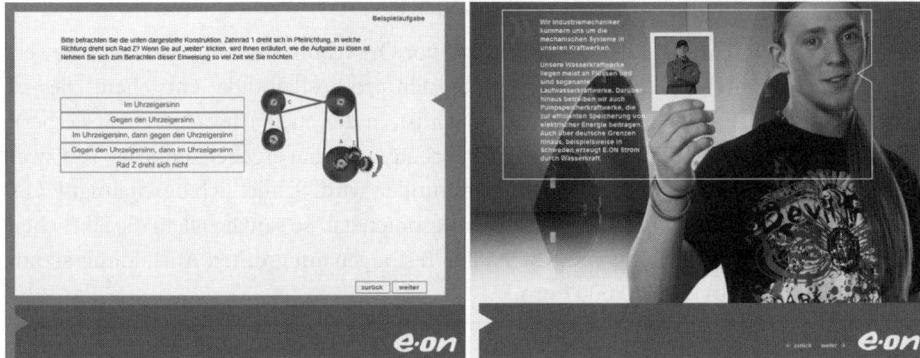

Abb. 71 Beispielaufgabe und integrierte Personalmarketinginhalte, E.ON Online-Assessment Phasenprüfer (Quelle: CYQUEST GmbH)

Aber der Phasenprüfer ist nicht nur Testinstrument. Vielmehr bietet das Online-
Assessment auch eine Menge Einblicke in die E.ON-Berufswelten. Jedes Testmodul wird
von zwei oder drei echten E.ON-Azubis anmoderiert. Jeweils nach dem Testmodul kann
der Testkandidat sich dann von diesen Azubis ein wenig über ihren jeweiligen Ausbildungsberuf sowie den jeweiligen Standort, an dem sie eingesetzt sind, berichten lassen.
Von daher ist der E.ON Phasenprüfer nicht nur Testverfahren, sondern auch Personalmar-
ketinginstrument (Abb. 72).

Möchte man sich im Vorwege auf den Online-Test (bei E.ON oder auch anderen Unternehmen) vorbereiten, so bietet E.ON einen Übungsparcours an, der im Sinne eines
Selbsttests eine gute Vorbereitung bietet.

Das Online-Testverfahren „Phasenprüfer" hat den Auswahlprozess bei E.ON insgesamt
deutlich beschleunigt. Auch konnte die Auswahlquote in der ersten Vorauswahl gegenüber

Abb. 72 Integrierte Personalmarketingbotschaften, E.ON
Online-Assessment Phasenprüfer (Quelle: CYQUEST GmbH)

der vorherigen Durchführung eines Papiertests vor Ort erhöht werden (also mehr Bewerber getestet werden), da keine zusätzlichen Kosten pro Testkandidat entstehen. Dies ist
insbesondere in der aktuellen Situation hilfreich ist, in der auch schwächeren Bewerbern
eine Chance gegeben werden soll. Eine Bewerberbefragung hat ergeben, dass der Test zwar
als anspruchsvoll, aber auch als angenehm empfunden wird. Schließlich bescheinigt E.ON
dem Phasenprüfer auch hohes Kosteneinsparungspotenzial. So sanken allein die jährlichen
Papierkosten für die Erstellung von Kopien der Testbögen am größten Ausbildungsstand-
ort Gelsenkirchen um etwa 10.000 Euro.

Autorenbeschreibung: Joachim Diercks
Frechmut ist für mich ...

- erstens: Ideen immer vom frechen Ende aus zu denken: Political Correctness und die Zwänge der Machbarkeit kommen früh genug von ganz allein dazu,
- zweitens: der Mut, auch auf die Gefahr hin, dass eine Idee nicht jedem schmeckt (unternehmensintern wie -extern), diese auszuprobieren.

Wie sich der Linienrichter bei knappen Abseitsentscheidungen im Zweifel für den Stürmer entscheiden soll, entscheidet sich der frechmutige Personalmarketeer im Zweifel eher dafür, etwas zu bereuen, was er ausprobiert hat, als zu bereuen, etwas nicht ausprobiert zu haben ...

Joachim Diercks ist Geschäftsführer der CYQUEST GmbH. Dem Studium der Betriebswirtschaft mit den Schwerpunkten Marketing, Intl. Management, Personal und Wirtschaftsenglisch an den Universitäten Hamburg und Berkeley folgte 1998 der Berufseinstieg als Marketing Analyst für Bertelsmann in London. Nach einer kurzen Station als Produktmanager bei einer Hamburger Multimediaagentur gründete er 1999 gemeinsam mit drei Partnern die Mi4 – Marketing Intelligence Four GmbH. Aus der Mi4 ging Anfang 2000 CYQUEST hervor, deren Geschäftsführer er neben der Geschäftsführung bei Mi4 bis heute ist. Diercks ist Herausgeber des Buchs „Recrutainment" (Diercks und Kupka 2014), Autor einer Reihe von Fachartikeln zu verschiedenen eRecruiting- und Employer Branding-Themen sowie regelmäßiger Referent bei Fachkongressen. Mit dem Recrutainment-Blog zeichnet er für einen der meistgelesenen deutschsprachigen HR-Blogs verantwortlich.

Literatur

BIU (o.J.). Marktzahlen. Online im Internet: http://www.biu-online.de/de/fakten. Zugegriffen: 11.06.2013.

Csíkszentmihályi, M. (2010). *Flow – das Geheimnis des Glücks*. Stuttgart: Klett-Cotta.

Deterding, S. (2011). *A Quick Buck by Copy and Paste* Online im Internet: http://gamification-research.org/2011/09/a-quick-buck-by-copy-and-paste/. Zugegriffen: 01.04.2013.

Diercks, J. (2012). Die Bedeutung der Bewerberselbstauswahl für die Rekrutierung im öffentlichen Dienst. In T. Helmke & A. Kühte (Hrsg.), *Engpass Personal im öffentlichen Dienst: Handlungsbedarf, Strategien und praxisorientierte Konzepte vor dem Hintergrund des demografischen Wandel*

Diercks, J. (2014). Warum Personalauswahl ein beidseitiger Prozess ist: Die Verbesserung der Selbstauswahl durch SelfAssessment Verfahren und Berufsorientierungsspiele. In J. Diercks & K. Kupka (Hrsg.), *Recrutainment – Spielerische Ansätze in Personalmarketing und -auswahl*. Wiesbaden: Springer.

Diercks, J., Jägeler, T., & Kupka, K. (2007). Das internetbasierte Self-Assessment-Verfahren „Die Karrierejagd durchs Netz". In L. v. Rosenstiel, J. Erpenbeck (Hrsg.), Handbuch Kompetenzmessung (2. Aufl.). Stuttgart: Schäffer-Poeschel.

Diercks, J., & Kupka, K. (2014). *Recrutainment – Spielerische Ansätze in Personalmarketing und -auswahl*. Wiesbaden: Springer.

Konradt, U., & Sarges, W. (2003). *E-Recruitment und E-Assessment*. Göttingen, Bern, Toronto, Seattle: Hogrefe.

Koudal, P., & Chaudhuri, A. (2007). Managing the Talent Crisis in Global Manufacturing. http://www.deloitte.com/assets/Dcom-Germany/Local%20Assets/Documents/de_mfg_talentcrisis062507(1).pdf. Zugegriffen: 11.07.2013.

Kupka, K. (2014). Online-Assessments im Recrutainment-Format: Wie gefällt das eigentlich den realen Bewerbern? In J. Diercks & K. Kupka (Hrsg.), *Recrutainment – Spielerische Ansätze in Personalmarketing und -auswahl*. Wiesbaden: Springer Gabler.

Premack, S. L., & Wanous, J. P. (1985). A Meta-Analysis of Realistic Job Preview Experiments. *Journal of Applied Psychology, 70*(4), 706–719.

PricewaterhouseCoopers (2012). Millennials at work – Reshaping the workplace in financial services. http://www.pwc.com/gx/en/financial-services/publications/assets/pwc-millenials-at-work.pdf. Zugegriffen: 11.07.2013.

Skrobol, C. (2011). Online-Kommunikation aus Bewerbersicht. Vortrag bei dem CYQUEST Praxisseminar. Hamburg: Grand-Elysée Hotel (22.11.2011).

Arbeitsmarkt Internet: Das Potenzial der latent Suchenden nutzen

Cornel Müller

Zusammenfassung

Das passive Ausschreiben von Stellenanzeigen auf Jobbörsen mag für einfach zu besetzende Vakanzen effizient und effektiv sein. Für viele (schwierig) zu besetzende Fach- und Führungspositionen reicht diese Maßnahme oft nicht mehr aus. Die Alternativen haben es in sich: Outsourcing ist mit happigen Headhunter-Honoraren verbunden. Active Sourcing wiederum bedingt „Headhunter"-Skills und den Frechmut, den Mitbewerbern die besten Leute „abzujagen". Social Recruiting verlangt Kenntnisse im Umgang mit den verschiedenen Social Tools sowie viel Ressourcen und „Ausdauer". Möglich ist alles, aber: Man sollte sich genau überlegen, wie die gesuchten Fachkräfte beschafft werden und ob man um jeden Preis in die Rekrutierungs-Offensive gehen will – nur weil es gerade chic ist. Oder ob nicht doch mit gezieltem Sourcing wohldosiert, mit wenig Aufwand, verhältnismäßig geringem Budget und zeitnahen Erfolgen die (besten) latent Stellensuchenden gewonnen werden können.

Arbeitsmarkt Internet

Das Internet hat unsere Welt verändert. In lebensnahen Bereichen (Auto, Partnerschaft, Immobilien, Geld, Gesundheit) und insbesondere auf dem Arbeitsmarkt spielt das Internet nun schon seit mehr als 15 Jahren eine wichtige, in den letzten Jahren sogar eine dominante Rolle. Diese Entwicklung des Internets im Arbeitsmarkt darf aber nicht darüber hinwegtäuschen, dass die beteiligten Marktsubjekte nicht nur zufrieden sind und der Arbeitsmarkt im neoklassischen Verständnis unvollkommen ist. Nachfolgende Grobanalyse des Arbeits-

Cornel Müller ✉
x 28 AG, Seestraße 40, 8800 Thalwil, Schweiz
e-mail: cornel.mueller@x28.ch

J. Buckmann (Hrsg.), *Einstellungssache: Personalgewinnung mit Frechmut und Können*, 243
DOI 10.1007/978-3-658-03700-0_19, © Springer Fachmedien Wiesbaden 2013

und Arbeitskräftesuchprozesses zeigt die wichtigsten Defizite in ausgewählten Zielgruppen auf.

Young Professionals

Studierende und Absolventen bringen in vielen Fällen wenig bis kein Wissen über die Funktionsweise des (webbasierten) Arbeitsmarktes mit. Sie wissen oft nicht, was sie nach dem Studium überhaupt arbeiten möchten, welche Einstiegsjobs für sie in Frage kommen und welche Unternehmen an ihnen interessiert sind (ausser natürlich den ungefähr 30 Unternehmen, die auf dem Campus omnipräsent sind). Umgekehrt tun sich die Unternehmen (wiederum mit Ausnahme der erwähnten vielleicht etwa 30 Unternehmen, die ein professionelles Campus-Recruiting-Team haben) beim Rekrutieren von Young Professionals in den meisten Fällen sehr schwer. Das Internet hat zwar diverse Jobplattformen von Absolventen-Jobs hervorgebracht. Dennoch handelt es sich um „Informationsinseln" mit einzelnen, manchmal nur Duzenden von Jobangeboten von – schon wieder – ebendiesen 30 Unternehmen.

Fazit: Trotz Internet ist der Arbeitsmarkt für Young Professionals sehr ineffizient. Auf beiden Seiten sind die Marktsubjekte ungenügend informiert.

Gering Qualifizierte

Geringqualifizierte Jobs gibt es zwar immer weniger, aber dennoch – im Verhältnis zur Nachfrage – viele. Die Krux liegt darin, dass „geringqualifiziert" nicht trennscharf ist. Die Stellenangebote für gering Qualifizierte sind sehr heterogen. Schreiben Unternehmen solche Stellen auf der eigenen Karriere-Seite oder sogar auf einer Jobplattform aus, besteht die Gefahr, dass sich Hunderte von Menschen bewerben. Umgekehrt ist es für gering Qualifizierte schwierig, einen Job zu suchen beziehungsweise zu finden, da sie nicht nach klaren Jobbezeichnungen suchen können (Abb. 73).

Fazit: Das Internet hat wesentlich dazu beigetragen, dass der Arbeitsmarkt für gering Qualifizierte transparenter wird. Dank der semantischen Suche kann heute sogar nach gering qualifizierten Jobs gesucht werden. Dabei werden typische Berufsbilder, bei denen in der Regel keine oder geringe Anforderungen gestellt werden, zusammengenommen (zum Beispiel Umzugs-, Reinigungs-, Fabrik-, Boten- oder Hilfspersonal).

Sachbearbeiter

Bei der Suche nach Sachbearbeitern profitieren Unternehmen erheblich vom Internet. Der webbasierte Arbeitsmarkt für diese Art von Stellen funktioniert kostengünstig, wenn auch manchmal nicht sehr effizient, weil sich (zu) viele Bewerbende melden.

Abb. 73 Beispiel jobagent.ch: Berufsgruppensuche ist häufig nur im Premium-Modus möglich (Quelle: www.jobagent.ch, 21.09.2013)

Fazit: In der nahen Zukunft werden sich diejenigen webbasierten Lösungen durchsetzen, die es möglich machen, eine überschaubare Zahl an qualifizierten Bewerbenden (zum Beispiel fünf bis zehn Dossiers) zu gewinnen. Bei dieser Zielgruppe schiessen Jobbörsen mit einer hohen Bekanntheit oft übers Ziel hinaus.

Spezialisten

Dass der sogenannte Fachkräftemangel kein reines Buzzword, sondern problematische Realität in vielen Unternehmen ist, scheint belegt zu sein. Offene Stellen für Pflegefachleute, Elektromonteure, Polymechaniker, Software-Entwickler, System Engineers, Automatikfachleute gibt es sehr viele – und der Leidensdruck auf Seiten der Arbeitgeber wird noch zunehmen.

Fazit: Unternehmen werden gezwungen sein, vermehrt auch passiv bzw. latent Stellensuchende Kandidaten anzusprechen, im Ausland zu rekrutieren oder sogar geeignete Kandidaten von Konkurrenten abwerben (zu lassen).

Führungskräfte

Vergleichbar wie Spezialisten sind erfolgreiche Führungskräfte rar. Auch bei dieser Zielgruppe sind Unternehmen vermehrt gefordert, aktiv auf passiv Stellensuchende zuzugehen, statt den „Post & Pray"-Ansatz zu verfolgen.

C-Level Positionen

Die oberste Management-Ebene oder auch die Geschäftsleitung wird „neudeutsch" als C-Level bezeichnet, weil die Positionsbezeichnungen mit einem „C" beginnen (z. B. CEO, CFO). Dieser Arbeitsteilmarkt erweist sich als besonders intransparent. Das Internet hat an diesem Tatbestand wenig verändert. Verändert hat sich allerdings, dass es für Headhunter – aber vermehrt auch für HR-Fachleute – dank dem Internet und insbesondere den Sozialen Netzwerken einfacher ist, an die relevanten Personen(daten) zu gelangen. Diesbezüglich scheint sich eine Entwicklung abzuzeichnen, dass intensiv umworbene Kandidaten mittlerweile zu oft Anfragen von Headhuntern oder Inhouse Recruitern erhalten. Diese allzu häufigen Anfragen sind allerdings dann eher bemühend, wenn das Angebot entweder gar nicht passt, oder die Ansprache dilettantisch wirkt.

Fazit: Das Internet hat das Vorgehen der Headhunter verändert beziehungsweise die Ansprache dank der neuen Technologien vereinfacht. Umgekehrt sind die offenen Stellen für interessierte Manager nach wie vor komplett intransparent. Oft bleibt ihnen gar nichts anderes übrig als auf den unberechenbaren Anruf des Headhunters zur warten.

Personalgewinnung komplett neu

Mit der enormen Entwicklung des Internets für die Job- und Kandidatensuche auf der einen Seite und des vielzitierten Fachkräftemangels auf der anderen Seite sind die meisten Unternehmen gefordert, die Personalgewinnung neu zu überdenken. Pragmatisch formuliert müssen die verantwortlichen Akteure in den Unternehmen gleich zwei Dinge grundlegend neu überdenken:

- Der Arbeitsmarkt kommt nicht mehr zum Unternehmen, sondern das Unternehmen muss zum Markt.
- Die Art der Kommunikation mit der Zielgruppe verändert sich drastisch.

Im Klartext heißt das:

▶ **Wer im Kampf um Talente erfolgreich sein will, muss …**

a) aktiv Stellensuchende so früh und
b) passiv Stellensuchende so direkt wie möglich erreichen sowie kundenorientiert abholen.

Oder noch pointierter formuliert: Das Auslagern der Personalwerbung (sprich Ausschreiben von Stellenanzeigen) an Jobbörsen reicht nicht mehr, um Personalengpässe zu beheben. Es braucht ein Personalmarketing – und zwar ein aktives:

Tab. 1 Leitfragen zur Wahl der geeigneten Personalgewinnungsmaßnahmen (Quelle: Cornel Müller; eigene Darstellung)

Fragestellung	Indikator	von …	bis …
Ist die Vakanz bzw. das gesamte Arbeitgeber-Angebot attraktiv?	Attraktivität des „Angebotes"	weniger attraktiv	attraktiv
Müssen wir eher mit zu viel oder zu wenig Bewerbenden rechnen?	Eingehende Bewerbungen	zu viel (Falsche)	zu wenig (Richtige)
Ist die Nachfrage von qualifizierten Arbeitnehmenden klein oder groß?	Arbeitsmarktangebot	klein	groß
Suchen wir (immer wieder) die gleichen Profile?	Vielfalt	heterogen	homogen
Wird die Zahl der zu besetzenden Stellen zunehmen oder abnehmen?	Zukünftiger Bedarf	zunehmend	abnehmend

- Systematisierung der Personalgewinnung (zum Beispiel Zielgruppenanalyse)
- Verbesserung der Effizienz der Personalwerbung
- Auf- und Ausbau zusätzlicher Personalbeschaffungskanäle
- Einführung eines systematischen Controllings
- Untersuchung des Arbeitgeberimages und Schaffen von Wettbewerbsvorteilen gegenüber der Nachfragekonkurrenz durch gezielte Positionierung und Profilierung
- Mitarbeitergruppen- und bedürfnisgerechte Mitarbeiterbindung und -freistellung

Im Zentrum stehen dabei insbesondere die qualifizierten Arbeitsmarktsegmente (zum Beispiel Informatikerinnen, Ingenieure, Führungskräfte, Handwerker), weil darin die ökonomischen Vorteile des Personalmarketings mehr Gewicht haben: Etwa durch Senkung von Rekrutierungskosten, die Einsparung von Fluktuationskosten und Ähnlichem. Kerngedanke dabei ist: *Vom Schrotflinten- zum Scharfschützen-Personalmarketing*. Bei der Segmentierung im Personalmarketing werden auf der Basis von wenigen und praktikablen Parametern die geeigneten Maßnahmen pro Vakanz evaluiert.

Als Grundlage für die Wahl der geeigneten Personalgewinnungsmaßnahmen dienen folgende Fragen (Tab. 1).

An folgenden fünf Beispielen soll aufgezeigt werden, wie unterschiedlich der Maßnahmenentscheid ausfällt:

1. Regional verankerte Event-Agentur sucht eine Marketingassistentin.
   Lösungsansatz: Einmalige Maßnahme mit Fokus auf Kosten und eher weniger als zu viele Bewerbende → Toplisting auf einer der gut positionierten Job-Suchmaschinen mit Klickpreis-Modell (Fr. 0,10 bis Fr. 0,80) und Budget-Obergrenze oder günstigen Fixpreisen pro Monat (Fr. 90,–).

2. Kleine Umzugsfirma sucht Büroangestellte (50 %).

   Lösungsansatz: Einmalige Maßnahme mit Fokus auf Aufwand, das heißt, dass nicht zu viele Bewerbungen eingehen → Anfrage beim zuständigen Arbeitsamt, mit der Bitte um vier bis sechs passende CVs.

3. Mittelgroßes Unternehmen in der City sucht einen Systemadministrator.

   Lösungsansatz: Einmalige Maßnahme mit Fokus auf Herausforderung, einen überdurchschnittlichen Kandidaten zu finden → Social (Out-)Sourcing, das heißt, Direktansprache von geeigneten Kandidaten von darauf spezialisierten Dienstleistern machen lassen.

4. Transportunternehmen sucht (immer wieder) Chauffeure.

   Lösungsansatz: Nachhaltige Maßnahme mit Fokus auf permanente Wirkung → gezielte Online Marketingmaßnahmen mit dem Ziel, die stellensuchenden Chauffeure direkt auf die eigene Website zu bringen (unter anderem Google und mobile optimierte Karriere-Website, GoogleAds).

5. Versicherungsunternehmen baut Vertrieb aus und sucht Nachwuchskräfte für den Außendienst.

   Lösungsansatz: Nachhaltige Maßnahme mit Fokus auf Arbeitgeber-Differenzierung, welche die richtigen Kandidaten anzieht → Employer Branding mit Push- und Pull-Maßnahmen, mit welchen aktiv und passiv Stellensuchende gezielt und kosteneffizient „abgeholt" werden.

Die Segmentierung der aktiv und passiv Stellensuchenden (siehe Beispiel 3 und 5) ist von grosser Bedeutung, denn die Zielgruppenansprache unterscheidet sich erheblich: Passiv Stellensuchende lassen sich – im Gegensatz zu aktiv Stellensuchenden – weniger von herkömmlichen Stellenanzeigen, sondern eher von außergewöhnlichen Incentives (80/90-Modell, eine Woche mehr Ferien …) hinter dem Ofen hervorlocken.

Aktiv und passiv Stellensuchende

Die Segmentierung der potenziellen Arbeitnehmenden verlangt vorerst einmal ein klares Verständnis von aktiv und passiv Stellensuchenden (Tab. 2).

Aufgrund dieser Grobanalyse lässt sich einfach erkennen, dass sich passiv Stellensuchende nicht telquel mit herkömmlichen Mitteln und Maßnahmen gewinnen lassen.

Das Potenzial der latent Suchenden

Ob die latent respektive passiv Suchenden 86 % (wie in Abb. 74) oder ca. 80 % (wie unter Experten geschätzt wird) des relevanten Universums ausmachen, spielt keine große Rolle. Dass die Zahl erheblich größer ist als die Menge der aktiv Stellensuchenden, ist entschei-

Tab. 2 Segmentierung von potenziellen Arbeitnehmenden (Quelle: Cornel Müller; eigene Darstellung)

Aktiv Stellensuchende	Passiv Stellensuchende
Sind etwa 300.000 bis 400.000 Schweizerinnen und Schweizer pro Jahr	Sind etwa 80 % der nicht aktiv Stellensuchenden, also ca. 3 Mio. Schweizerinnen und Schweizer
Suchen aktiv und intensiv eine neue Stelle	Browsen – wenn überhaupt – nur aus (Marktwert-) Interesse oder mäßiger Neugier
Sind mit einer Veränderung konfrontiert (z. B. Kündigung, Abschluss des Studiums oder der Schule, Frust beim aktuellen Arbeitgeber)	Sind nicht mit einer Veränderung konfrontiert
Gehen den Prozess der Stellensuche – mehr oder weniger – systematisch an	Gehen – wenn überhaupt – willkürlich und zufällig vor
Landen im Laufe ihrer Stellensuche i. d. R. auf Jobbörsen und/oder Jobsuchmaschinen	Werden von Headhuntern, Personalberatern – oder vermehrt auch von HR-Fachleuten – telefonisch, via E-Mail oder Business Network angesprochen
Wenden sich an Personalberater, tragen sich für Jobmails bei Jobbörsen und/oder Jobsuchmaschinen ein, verschicken Bewerbungen und werden dadurch als aktiv Stellensuchende erkennbar	Werden nicht oder kaum aktiv und sind dadurch nicht oder schwieriger auffindbar und ansprechbar
Kontaktieren Arbeitgeber und/oder Infomediäre	Werden von Arbeitgebern und/oder Infomediären kontaktiert
Müssen sich Gedanken machen über ihren nächsten Karriereschritt	Müssen sich nicht unbedingt Gedanken machen über ihren nächsten Karriereschritt
Sind jetzt und akut interessiert an geeigneten Stellen	Sind am ehesten nach 2 bis 3 Jahren seit dem letzten Jobwechsel ansprechbar
Interessieren sich oft auch für Themen rund um die Stellensuche i. e.S; z. B. Bewerbungsgespräch, CV	Interessieren sich – wenn überhaupt – nur um die nächst höhere Position, Gehalt und attraktive Arbeitgeber
Investieren relativ gesehen mehr Zeit in die Optimierung des CV als in das soziale Profil (z. B. auf XING oder LinkedIn)	Investieren – wenn überhaupt – mehr Zeit in die Optimierung des sozialen Profils (z. B. auf XING oder LinkedIn) als in das CV
Sind zwangsläufig eher bereit, lange und mühsame Bewerbungsprozesse zu durchlaufen	Sind kaum bereit, lange und mühsame Bewerbungsprozesse zu durchlaufen
Orientieren sich an den Inhalten einer klassischen Stellenanzeige	Orientieren sich eher an Differenzierungsmerkmalen eines Arbeitgebers

dend. Denn, wer sich nur auf die aktiv Stellensuchenden konzentriert, vernachlässigt einen großen Teil der potenziellen Zielgruppe.

Ob die Qualität der passiv Stellensuchenden insgesamt höher ist als die der aktiv Stellensuchenden, lässt sich schwierig nachweisen. Viele Experten gehen allerdings davon aus, dass dem so ist. In diesem Zusammenhang viel entscheidender ist die Tatsache, dass beim

Abb. 74 Passive versus aktive
Stellensuchende (Quelle: Bu-
reau of Labor Statistics, http://
www.ere.net/wp-content/
uploads/2009/08/passive-vs-
active.jpg, 25.09.2013)

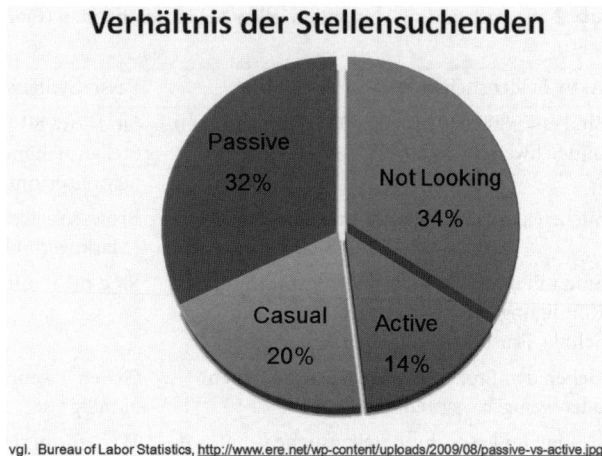

(passiven) Ausschreiben von Stellen die Qualität der Kandidaten weniger beeinflusst werden kann. Glen Cathey findet auf seinem Blog dazu eine passende Analogie: „… posting a
job is just like setting a trap. In setting a trap, the strategy is to set it in a place where you
think your quarry might come across it and be ensnared. Wherever you place the trap, you
are essentially hoping that the specific type of animal you're looking to capture will wander
into it. This is very much a passive, hope-based strategy …" (Cathey 2011, online).

Wenn das passive Ausschreiben von Vakanzen nicht mehr genügt, dann ist die Lösung
des Problems entweder das aktive Zugehen auf die aktiv Stellensuchenden, oder gar aktiv
die passiv Stellensuchenden anzusprechen.

Früh die aktiv Stellensuchenden abholen

Diverse Studien zeigen, dass ein Großteil der Menschen ihre Jobsuche mit Google star-
tet. Entsprechend klar muss die Devise sein, die aktiv Stellensuchenden möglichst früh
respektive vor den Mitbewerbern abholen. Google – richtig eingesetzt – ist ein erstaunlich
effektives Scharfschützen-Marketinginstrument. Dank der jederzeitigen Kostenkontrolle
und den explizit gewählten Keywords bestimmt der Kunde, für welche User und wo (zum
Beispiel in welchem Land) Google die Adwords einblendet.

Noch nachhaltiger ist die sogenannte organische Suchmaschinenoptimierung, wel-
che eine Website (mit ihren Untersites beziehungsweise Landingpages) in der Google-
Resultatenliste ganz nach oben bringen soll. Diese (unbezahlten) Maßnahmen können in
Onsite- und Offsite-Maßnahmen unterteilt werden. Onsite passiert auf der eigenen Web-
site (Technik und/oder Content) und Offsite passiert außerhalb der eigenen Website (zum
Beispiel Backlinks). Eine detaillierte Ausführung würde den Rahmen dieses Beitrages

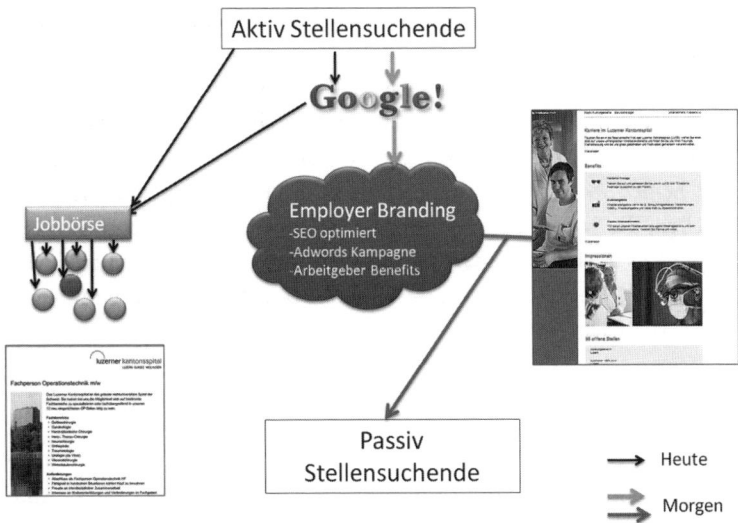

Abb. 75 „Post and Pray" von heute versus Push-/Pull-Maßnahmen in der Zukunft (Quelle: Cornel Müller (eigene Darstellung))

sprengen. Mit dem richtigen Dienstleister können Unternehmen schnell, kostengünstig und transparent „Google-Marketing" betreiben (Abb. 75).

Aktiv die passiv Stellensuchenden ansprechen

Was früher mühsam in eigenen Datenbanken oder teuer zu beschaffenden Büchern vorhanden war, ist heute – dank Web 2.0 – im Internet einfach zugänglich: Hunderte von Millionen von mehr oder weniger aussagekräftigen Profildaten von Menschen aus der ganzen Welt. Xing, LinkedIn, aber auch Facebook stellen Unmengen von relativ strukturierten und teilweise sehr relevanten Daten über Menschen zur Verfügung. Es scheint daher naheliegend, dass Unternehmen vermehrt Inhouse Headhunter anstellen und geeignete Kandidaten – insbesondere auch Mitarbeitende von Mitbewerbern – direkt ansprechen.

Web 2.0 macht das direkte Ansprechen von potenziellen Kandidaten sowie den permanenten Dialog mit dieser Zielgruppe im Vergleich zu herkömmlichen Möglichkeiten vermeintlich einfacher. Allzu oft wird das dann als Social-Media-Recruiting subsummiert. Aber was ist daran nun „sozial"? Vor dem Internet gab es unter anderem Bücher mit einer detaillierten Liste von Menschen, Positionen, aktuellen Arbeitgebern, Telefonnummern – heute gibt es XING & Co. mit denselben Informationen einfach aktueller, umfangreicher und praktischer bezüglich Zugang. Nur wäre es niemandem in den Sinn gekommen, die Direktansprache dieser gelisteten Kandidaten als „sozial" zu bezeichnen. Durchaus möglich, dass man nach einigen Versuchen dieses so verstandenen Social Media Recruiting enttäuscht sein wird.

Wenn unter Social-Media-Recruiting das Rekrutieren von Kandidaten auf oder mit Sozialen Medien verstanden wird, mag das treffend, aber eben nicht kongruent sein mit dem, was die sozialen Medien heute ausmachen: Das „Untereinander", „Miteinander", „Virale" und so weiter. Echtes Social-Recruiting beschreibt das Finden von geeigneten Kandidaten mittels Menschen, die wiederum viele Menschen kennen. Also eigentlich das, was Menschen sei eh und je im realen Leben praktizieren und mit Bezeichnungen wie „Mund-zu-Mund-Werbung" oder „Member-get-Member-Marketing" deklarieren – neu einfach vermehrt in der virtuellen Welt.

Social Sourcing

Social Sourcing ist eine Wortkombination aus **Social** Recruiting und Active **Sourcing**. Bei diesem erfolgsversprechenden Ansatz werden die Vorteile von sogenannten weit verzweigten Netzwerken mit dem Headhunter-Tagesgeschäft kombiniert. Statt als Arbeitgeber die interessanten Kandidaten des Mitbewerbers anzuschreiben (wovon dringendst abzuraten ist), überlässt man die Ansprache einem Tool, mit dem die registrierten Mitglieder einfach und „freundeskreistauglich" ihr persönliches Netzwerk aktivieren können.

Im Gegensatz zu Active Sourcing bietet Social Sourcing die Möglichkeit, die sozialen Mechanismen zu nutzen um passiv Stellensuchende zu erreichen – ohne sie direkt ansprechen zu müssen. Das ist sympathischer, erheblich weniger aufwendig und erst noch viel wirkungsvoller, da die Empfehlung eines Freundes mehr Gewicht hat als eine unpersönliche Ansprache einer unbekannten Person. So wird das Rekrutieren endlich „social", nicht mehr zufällig und vor allem auch bezüglich Risiken, welche das Social Web mit sich bringt, überschaubar.

Arbeitgeber-Mehrwerte als Conditio sine qua non

Entscheidend bei der Ansprache von passiv Stellensuchenden ist der Mehrwert, den ein Unternehmen als Arbeitgeber bieten kann. Ein Java-Entwickler bei der einen Großbank lässt sich wahrscheinlich nicht gross beeindrucken von einer Java-Entwickler-Stelle einer anderen Großbank. Lautet der Eye Catcher bei der direkten Ansprache „7 Wochen Ferien", „15 % mehr Gehalt", „5 min-Arbeitsweg" oder ähnliches, werden die meisten Angesprochenen neugierig und schauen sich die Stellenanzeige und die Arbeitgebermarke genauer an.

Die meisten Unternehmen, aber leider auch viele Headhunter, gehen nach wie vor mit der Stellenanzeige als Botschaft auf die im Internet verfügbaren Profile zu. Genau das nervt heute viele Menschen mit attraktiven Profil-Informationen. „Tatsächlich sind Netzwerke wie LinkedIn fast zu reinen Recruitingplattformen verkommen", sagt Steve Ingham, Chef der britischen Personalberatung Michael Page (Lorenzen 2013). „Für auf dem Jobmarkt wirklich gefragte Leute ist LinkedIn ein Albtraum. Sie werden ungefiltert mit Jobanfragen bombardiert und wenden sich genervt ab." Ähnlich sieht es bei der deutschsprachigen Variante Xing aus. Bei Facebook hingegen sind die Nutzer vor allem privat unterwegs und wollen in der Regel nicht mit Stellenanzeigen belästigt werden (Lorenzen 2013, online).

Unternehmen bewerben sich bei latent suchenden Kandidaten

Intensiv umworbene Kandidaten füllen keine langen und mühsamen Bewerbungsformulare aus, da sie nicht auf Jobsuche sind. Mit nur einem Klick auf den „Ich-bin-interessiert"-Button muss die Bewerbungsbarriere so tief wie möglich sein, denn „47% of job seekers have dropped off a job application because it was, too lengthy or complicated'" (Hanson 2013, online). Würde man solche oder ähnliche „Konversions-Killer" bei der Online-Bestellung von Produkten stehen lassen, ginge das Unternehmen in Nullkommanichts Konkurs. Einfach, schnell und unkompliziert! Das ist die Devise jedes Marketers. Bei neun von zehn Unternehmen ist der Bewerbungsprozess eher mühsam, langwierig und kompliziert. Es ist nachvollziehbar, dass Unternehmen mit Bewerbungsformularen nicht nur ihre Prozesse vereinfachen, sondern auch eine erste Bewerberselektion durchführen, weil sich vermeintlich nur ernsthaft Interessierte bewerben. Bei der Gewinnung der „Mangelware" Fach- und Führungskräfte ist diese Hürde allerdings unbedingt zu vermeiden.

An dieser Stelle ist fundamentales Umdenken in den HR-Abteilungen gefragt. In den letzten Jahren dominierten in den großen Unternehmen die mächtigen Bewerbungsmanagementsysteme, welche die Effizienz signifikant verbesserten, den Bewerbenden allerdings einen schweren Stein in den Weg gelegt haben. Vom mächtigen Bewerbungsformular zur OneClick-Bewerbung ist es mehr als nur eine technologische Anpassung. Es ist vor allem der Prozess und die dahinter steckende Denkhaltung, die erneuert werden muss.

Dieser eine Klick bedeutet für Recruiter die Riesenchance, unkompliziert mit dem Kandidaten ins Gespräch zu kommen.

Social Sourcing am Beispiel von Silp

Mit Social Sourcing erreichen Unternehmen einfach, effektiv und sympathisch Kandidaten, die nicht aktiv nach einer Stelle suchen, aber sich auf www.silp.com registriert haben, um über neue, spannende Herausforderungen und Karrierechancen informiert zu werden (Abb. 76).

Silp vergleicht das Jobangebot von Unternehmenskunden mit derzeit circa 280 Millionen Profilen von Kandidaten. Passende Kandidaten erhalten nicht einfach nur ein Stellenangebot, sondern sehen auf einen Blick die Arbeitgeber-Mehrwerte in einer freundlichen E-Mail und haben dann die Möglichkeit, ihr Interesse an dieser Stelle zu bekunden. Diese Kandidaten kann der Arbeitgeber anschließend direkt kontaktieren.

Abb. 76 Mit wenigen Klicks passiv Stellensuchende gewinnen: www.silp.com (Quelle: www.silp. com, 25.09.2013)

Social Sourcing macht Ihr Jobangebot „sozial": Nebst den Jobinformationen sehen die Interessenten jeweils auch, welche ihrer Freunde auf die Stelle passen könnten. Mit einem Klick kann das Angebot einem Freund weitergeleitet werden, so dass Ihr Job die richtigen Kandidaten erreicht. Silp nutzt dabei die sozialen Beziehungen von Freunden und verstärkt so das Empfehlungsprinzip.

So oder ähnlich verstandene Social-Sourcing-Aktivitäten vereinfachen nicht nur die gezielte Ansprache von ausgewählten Kandidaten im Inland, sondern insbesondere das enorme Potenzial an geeigneten Kandidaten in der großen weiten Welt.

Personalgewinnung heute und in Zukunft

Unternehmen, die in Zukunft die Gewinnung ihrer Fach- und Führungskräfte nicht dem Zufall überlassen wollen, müssen umdenken und aktiver am Arbeitsmarkt agieren (Tab. 3):

Tab. 3 Personalgewinnung heute und in Zukunft (Quelle: Cornel Müller; eigene Darstellung)

Heute	Zukunft
Kurzfristiges Ausschreiben von Stellenanzeigen auf Jobbörsen	Gezieltes Abholen von aktiv Stellensuchenden und Ansprechen von passiv Stellensuchenden
Auf Jobbörsen (teuer) eingekaufter Bewerber-Traffic	Nachhaltiger Traffic auf der eigenen Karriere-Website
Passives Post&Pray	Aktives Sourcing von geeigneten Kandidaten
Schrotflinten-Rekrutieren	Scharfschützen-Sourcing
Rekrutierungs-Blindflug	Pragmatische Analyse, wie viele Kandidaten woher kommen, welche sich bewerben und/oder „abspringen"
Wenig einladende Firmenjob-Websites mit mühsamen Bewerbungsformularen	Informative, responsive Karriere-Website mit One Click-Bewerbungsmöglichkeit
Viele ungeeignete Bewerbungen	Wenige, vielleicht sogar nur ein geeigneter Kandidat
Eindimensionale Personalwerbung	Integriertes Personalmarketing
Die Stellenanzeige ist die Botschaft	Die Arbeitgeber-Marke ist die Botschaft
Regionales Rekrutieren ist Trumpf	Internationales Rekrutieren ist unabdingbar

Autorenbeschreibung: Cornel Müller

Frechmut ist für mich progressives Unternehmertum mit Sympathie und ökonomischer Intelligenz.

Cornel Müller hat nach dem BWL-Studium an der HSG bei einer internationalen Unternehmensberatung zwei interessante Jahre in der Anstellung verbracht. Mit 27 Jahren gründete er sein erstes Unternehmen. Immer im Arbeitsmarkt und seit 1996 mit Schwerpunkt Internet blickt er auf einige Jahre Erfahrung und mehrere erfolgreiche Unternehmensgründungen zurück. Mit der x28 AG und der Silp AG bietet er national und international Lösungen für Arbeitgeber, Personaldienstleister, öffentliche Institutionen, Job-Infomediäre und Arbeitsämter an, die fast konkurrenzlos sind. Seine Schwerpunktthemen sind das semantische (Job) Web, Online-Personalmarketing, Social Sourcing und Suchmaschinenoptimierung von Karriere-Websites.

Literatur

Cathey (2011). Booleanblackbelt. Why sourcing is superior to posting jobs for talent. http://booleanblackbelt.com/2011/06/why-sourcing-is-superior-to-posting-jobs-for-talent/#. UUoWpVu9i74. Zugegriffen: 25.09.2013.

Lorenzen (2013). Talentmanagement. Talente suchen nicht, sie wollen gefunden werden. http://www.wiwo.de/erfolg/management/talentmanagement-talente-suchen-nicht-sie-wollen-gefunden-werden/8717354.html?utm_source=twitterfeed&utm_medium=twitter. Zugegriffen: 30.09.2013.

Hanson (2013). Four fortune 500 companies with long job applications. Smartrecruiter. http://www.smartrecruiters.com/blog/four-fortune-500-companies-with-long-job-applications/. Zugegriffen: 30.09.2013.

Mit Frechmut GROSS denken: careerloft – das Ganze ist mehr als die Summe seiner Teile

Gero Hesse

Zusammenfassung

Als ganzheitliche Employer Branding- und Talent Relationship-Lösung ist careerloft ein Multikanal-Ansatz, der nahezu alle aktuellen Personalmarketinginstrumente und -kanäle in sich vereinigt. Für die Zielgruppe der Studierenden bietet careerloft exklusive Informationen und Kontakt auf Augenhöhe zu attraktiven Partnerunternehmen. Für die Unternehmen ist careerloft eine ideale Plattform zur Positionierung ihrer Arbeitgebermarke und zur Rekrutierung von High Potentials. Über umfangreiche redaktionelle Maßnahmen, Videos und Social Media bis hin zu Mentoring, dem Studentenbeirat und Veranstaltungen in eigenen Räumlichkeiten ist das Karriere-Netzwerk eine „Frechmut-Fundgrube".

Was ist careerloft?

careerloft schafft als Karriere-Netzwerk Beziehungen zwischen Top-Talenten und Top-Arbeitgebern (Abb. 77).

Studierende können kostenlos Mitglied bei careerloft werden und sich für das careerloft-Förderprogramm bewerben. Als Mitglied erhält man bei careerloft authentische Einblicke zu top Arbeitgebern über einen ganzheitlichen Mix aus Personalmarketingkanälen. Um in das Förderprogramm aufgenommen zu werden, müssen Studierende sich mit sämtlichen relevanten Unterlagen bewerben. Ein Recruitingteam screent die Unterlagen, führt gegebenenfalls Telefoninterviews und nimmt die Mitglieder bei passenden Kriterien auf. Als Mitglied im Förderprogramm bekommen Studierende Kontakt auf Augenhöhe zu den attraktiven Partnerunternehmen, sowohl in die Personal- als auch in die Fachabteilun-

Gero Hesse ✉

Arvato Medienfabrik, Carl-Bertelsmann-Straße 33, 33311 Gütersloh, Deutschland
e-mail: gero.hesse@bertelsmann.de

J. Buckmann (Hrsg.), *Einstellungssache: Personalgewinnung mit Frechmut und Können*,
DOI 10.1007/978-3-658-03700-0_20, © Springer Fachmedien Wiesbaden 2013

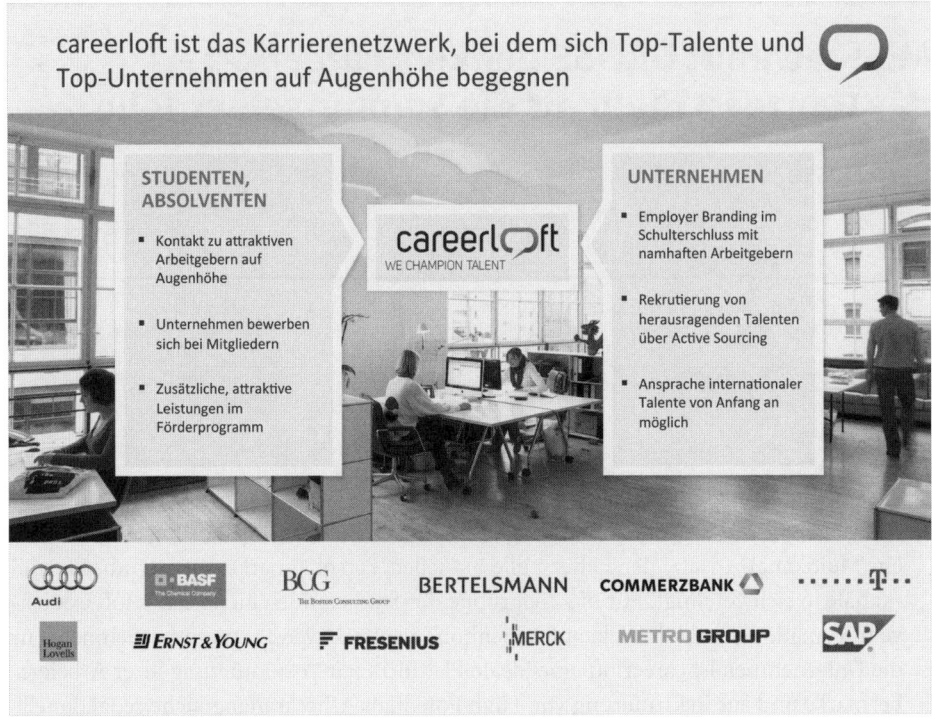

Abb. 77 das careerloft-Konzept (Quelle: careerloft)

gen. Darüber hinaus werden die Förderprogramm-Mitglieder durch Zeitschriftenabos, Karriere-Coaching, Mentoring und weitere materielle Vorteile wie Sprachtrainings oder spannende Eventformate unterstützt. careerloft strebt einen breiten Fachrichtungsmix bei den Studierenden an. Besonders spannende Zielgruppen sind die MINT-Studienfächer, aber auch top Wirtschaftswissenschaftler und Juristen gehören zu den Hauptzielgruppen.

Aus Sicht der **Partnerunternehmen** ist careerloft zunächst ein Employer-Branding-Tool. Durch den Aggregationsansatz (eine Plattform mit mehreren exklusiven Partnern) können die Unternehmen auch mit Zielgruppen in Kontakt kommen, die sie über ihre eigenen proprietären Kanäle nicht erreichen. Darüber hinaus ist careerloft durch die transparente, Active Sourcing fähige Datenbank für die Partnerunternehmen ein zunehmend wichtiger Rekrutierungskanal. Da careerloft in der Auswahl der Partnerunternehmen einen exklusiven Ansatz verfolgt, liegt der Fokus in den Partnerunternehmen auf Blue Chips und Unternehmen mit bekannten Arbeitgebermarken.

careerloft wurde im März 2012 gelauncht, verfügt heute (Stand Oktober 2013) über ca. 27.000 Mitglieder, davon knapp 76.000 High Potentials im careerloft-Förderprogramm. Von den Fördermitgliedern werden knapp 25 % im Jahr 2014 ihren Studienabschluss erlangen. Im Umkehrschluss werden also 75 % noch ein Jahr oder länger studieren. Dies ist

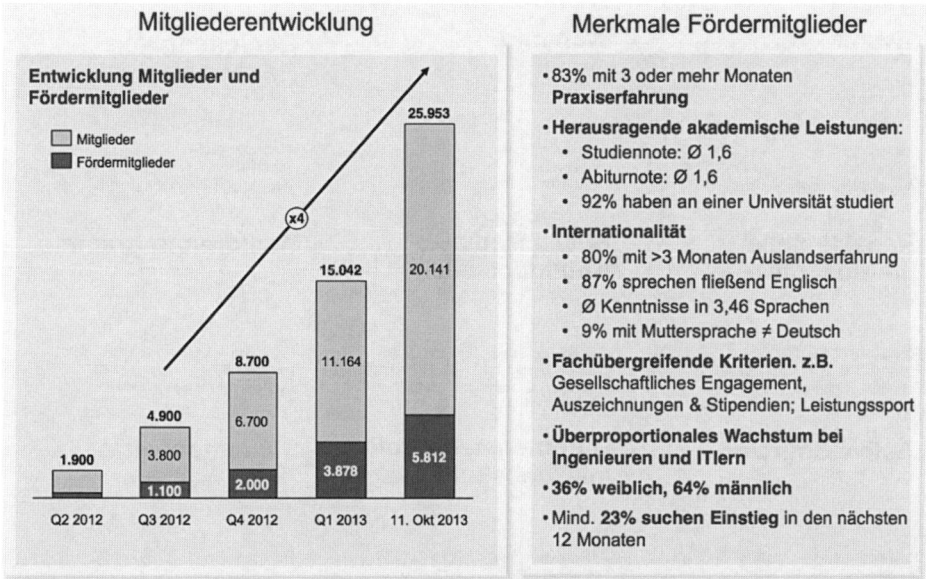

Abb. 78 Soziodemographie des careerloft-Förderpools (Quelle: careerloft)

auch die Zielsetzung: careerloft ist kein Durchlauferhitzer, sondern ermöglicht es Unternehmen, im Rahmen eines strategischen **Talent Relationship Managements** über mehrere Jahre Kontakte zu spannenden High Potentials aufzubauen. Abbildung 78 veranschaulicht die herausragende Qualität des careerloft Förderpools und die erfreuliche Mitgliederentwicklung.

Aktuell gibt es bei careerloft 13 namhafte Partnerunternehmen (u. a. Audi, BASF, Deutsche Telekom, EY oder SAP). In Summe werden nicht mehr als maximal 25 Unternehmen aufgenommen werden, um den exklusiven Charakter von careerloft nicht zu verwässern.

Wie funktioniert careerloft?

careerloft ist ein Konglomerat aus diversen Personalmarketinginstrumenten sowie -kanälen und verfolgt einen Multi-Channel-Ansatz. Jedes Instrument lässt sich im Hinblick auf den Imagefaktor (Employer Branding) und den Recruitingfaktor einordnen (Abb. 79).

Die gesamte Power hinter careerloft entsteht allerdings durch die Ganzheitlichkeit. Bei der Konzeption von careerloft haben wir uns sehr stark an Megatrends wie der demografischen Entwicklung, der Digitalisierung und dem Wertewandel, Stichwort „Generation Y", orientiert. Unsere Antwort auf die sich aus diesen Megatrends ergebenden Fragen im Employer Branding- und Recruiting-Kontext ist careerloft. Das bedeutet: Keine Fokussierung nur auf online oder nur auf offline, sondern ein hybrider Ansatz. Das bedeutet: Ganz-

	Recruiting-Effekt	Image-Effekt	Aufwand für Partner
Events	○○○○○	○○○○○	Mittel
Webinare	○○	○○○○	Gering
Begleitung von Partnerevents	○	○○○○	Gering
Redaktionelle Instrumente	○	○○○○	Gering
Social Media-Kommunikation	○	○○○○	Gering
Mentorenprogramm	○○○○○	○○○	Mittel
Active Sourcing	○○○○○	○○	Mittel bis hoch
Unternehmensprofil inkl. Jobs und Events	○○○○	○○○○	Gering
Studentenbeirat	-	○○○	Gering

Abb. 79 Das careerloft als Multi-Channel-Ansatz (Auswahl) (Quelle: careerloft)

heitliches Denken anstelle von Fokussierung auf einzelne Kanäle oder Zielgruppen. Das bedeutet auch: Exklusiver und möglichst authentischer Inhalt anstelle des PR-Gewäschs, welches man immer noch auf vielen Unternehmenswebsites lesen kann, obwohl sich durch Social Media die Erwartungshaltung gerade in der Zielgruppe der Generation Y radikal verändert hat.

Im Folgenden möchte ich kurz die wesentlichen Elemente von careerloft skizzieren:

Website

Die careerloft-Website spielt im Gesamtkontext natürlich eine große Rolle, verfolgt aber nicht den Ansatz, die Zielgruppe permanent auf diese Seite zu holen. Ich glaube, dass dieser Ansatz ziemlich gestrig ist, denn die Zielgruppe ist, wo sie ist – eben nicht nur auf www. careerloft.de, sondern auch und in der Regel viel öfter auf Facebook, YouTube oder XING. Getreu dem Motto „fish where the fish are" ist der Gedanke der careerloft-Website eher, einen Heimathafen zu haben. Dann, wenn man Fragen hat. Oder sich als Studierender eine Förderprämie bestellen möchte. Oder das Mentorenprogramm aktiv nutzen möchte. Diese Elemente finden sich auf der careerloft-Website. Der Contentstream von careerloft findet sich natürlich auch auf der Website, ist dort aber nicht exklusiv, da viele der Inhalte auch über andere Plattformen, wie beispielsweise die weiter oben genannten, zu finden sind. Letzten Endes ist die Website der Ort, wo ich careerloft aktiv nutze, nicht mehr und nicht weniger. Klar ist: Die Site ist selbstverständlich mit allen anderen online Kanälen von careerloft verbunden. Als Student kann ich mich natürlich auch mit meinem XING oder LinkedIn Profil registrieren, so erspare ich mir Arbeit beim Eintrag meiner Daten in die careerloft-Datenbank.

Förderprogramm

Das careerloft Förderprogramm hat zwei wichtige Funktionen: Einerseits sorgt das Förderprogramm mit seinen Prämien für Gesprächsstoff unter den Studierenden, ist mithin ein Marketingtool. Die Prämien sind teilweise Fachrichtungsbezogen, so gibt es exklusiv für Studierende in MINT-Fächern bestimmte Zeitschriften. Andererseits sorgt das Förderprogramm für einen aktuellen Datenpool. Denn wer Förderprämien bekommen möchte, muss sein Profil alle sechs Monate aktualisieren. So wird die Aktualität für das Active-Sourcing-Modul der careerloft-Datenbank sichergestellt und Recruiter finden unter den Förderprogramm-Teilnehmern keine Karteileichen.

Mentorenprogramm

Eine alte Weisheit: Studierende wollen nicht in erster Linie mit den Personalabteilungen des jeweiligen Unternehmens, sondern lieber mit den Fachabteilungen sprechen. Ein angehender Ingenieur hätte gern einen Ingenieur als Ansprechpartner. Logisch. Aus diesem Grund spielt das Mentorenprogramm bei careerloft eine große Rolle. Förderprogramm-Mitglieder können mit Mentoren der sie interessierenden Partnerunternehmen in Kontakt treten. careerloft hat hier einige Grundregeln definiert (persönliches Kennenlernen, Kontakt über einen definierten Zeitraum …), aber darüber hinaus können Mentee und Mentor selbst regeln, wie der Kontakt ablaufen sollte. Für Studierende die Chance, noch tiefere Einblicke zu bekommen.

Loft

Ein weiteres, relevantes Element bei careerloft ist das physische, „echte" Loft in Berlin Kreuzberg (Abb. 80). Die Idee, einen Begegnungsraum für top Talente und Unternehmensvertreter zu schaffen, entstand bei der Namensfindung von careerloft. Wenn man so heißt, benötigt man auch ein Loft, so der allererste Gedanke. Beim weiteren Brainstormen wurde unserem Team schnell klar, dass in der Verbindung von on- und offline Elementen gewaltige Chancen liegen. careerloft steht vom Gedanken her für Kommunikation auf Augenhöhe zwischen Studierenden und Unternehmen. Allein durch die Architektur des Lofts wird dieser Anspruch sofort erfüllt: Wenn im Loft ein Event stattfindet und beispielsweise ein top Manager mit einigen Studierenden vor Ort kocht, dann stehen da in erster Linie mal fünf

"Echtes" Loft in Kreuzberg mit Bewohnern aus dem Kreise unserer Fördermitglieder als Kern von careerloft

WER?
2 Talente* und die careerloft Mannschaft: Redaktion, Film- und Marketingteam

WAS?
Content aus der Zielgruppe für die Zielgruppe: Blogs, Interviews, Features der Unternehmenspartner

WO?
Im deutschen Mekka für Social Media: Berlin

WARUM?
Wir bevormunden die Zielgruppe nicht, sondern kommunizieren „auf Augenhöhe". Glaubwürdigkeit und Identifikation entstehen durch „echte" Menschen, nicht nur durch Websites. Unsere Studenten gestalten careerloft selbst (Website, Eventformate, Social Media, Content ...).

* Jeweils als Praktikum für 3-6 Monate. Vorzugsweise Medienkommunikationsleute mit Social Media Expertise.

Abb. 80   Das Berliner careerloft (Quelle: careerloft)

Menschen. Hierarchieunterschiede werden egalisiert, der ganze „Coporate Nimbus" mit ehrfurchterbietender Architektur, dunklen Anzügen und so weiter hat im Loft keinen Platz. Hier geht es um den direkten Austausch auf partnerschaftlicher Ebene.

Loftbewohner und Studentenbeirat

Die Idee des Lofts gewinnt durch die Loftbewohner noch an Profil: Hierbei handelt es sich um careerloft-Förderprogramm-Mitglieder, die für vier bis sechs Monate ein Praktikum bei careerloft machen und auch in Berlin Kreuzberg im Loft wohnen. Die Idee war, die Zielgruppe direkt mit einzubeziehen. Denn wer, wenn nicht die Zielgruppe selbst, kann am Besten sagen, welcher Content, welches Eventformat und welche möglichen Partnerunternehmen interessant sind? – Im Loft zu leben und zu arbeiten ist das möglicherweise spannendste denkbare Praktikum: Direkter Kontakt zu aktuell 15 Partnerunternehmen, Events vor Ort im Loft oder bei den Partnerunternehmen verbunden mit dem Anspruch, die eigenen Ansichten, Erwartungen und Empfindungen über den careerloft-Blog, auf Facebook und über Twitter zu teilen, ist in sich ja wieder Kommunikation auf Augenhöhe, nämlich von der Zielgruppe für die Zielgruppe. Darüber hinaus ist das Praktikum selbstverständlich gut bezahlt und das Wohnen in Berlin Kreuzberg ist gratis inkludiert. Für careerloft fungieren die Loftbewohner also als Sprachrohr direkt in die Generation Y und auch als kleiner Aufsichtsrat: Entspricht careerloft von Design, Inhalt und Formaten der Erwartungshaltung der Zielgruppe? – Ergänzt wird dies durch den careerloft-Studentenbeirat. 25 Studierende aus den Ziel-Universitäten der careerloft Partnerunternehmen fungieren einerseits als Multiplikatoren an ihren Universitäten und andererseits als Aufsichtsratsgremium, welches hilft, careerloft weiter zu entwickeln und neue Ideen zu generieren oder auf Attraktivität hin zu prüfen.

Events

Für das Gesamtkonzept careerloft haben Events eine fundamentale Bedeutung. Ob online als Webinar oder offline, ob im Loft, beim Partnerunternehmen oder auf neutralem Boden, ob als Einzelveranstaltung eines Unternehmens oder als Partnerveranstaltung mehrerer Unternehmen – der Fantasie sind keine Grenzen gesetzt und careerloft hat auch all dies bereits mit Erfolg umgesetzt. Events sind ein idealer Contentlieferant, können sie doch über Social Media ideal im Vorfeld, während der Veranstaltungen und auch als Rückblick kommuniziert werden. Am Ende des Tages werden Recruiting-Entscheidungen immer durch Menschen gefällt, auf Unternehmens- und Bewerberseite. Und die careerloft Events sind ideale Möglichkeiten, um persönlich ins Gespräch zu kommen. An dieser Stelle vielleicht ein kurzes Beispiel für ein echtes FRECHMUT-Event. Entstanden auf Nachfrage aus der Zielgruppe entstand die Idee, an 2 Tagen möglichst viele Unternehmen authentisch kennenzulernen, am Besten vor Ort in deren Räumlichkeiten. Aber nicht als normale Karrieremesse, sondern auf eine Art und Weise, die für die careerloft Fördermitglieder direkte Einblicke und das Lesen „zwischen den Zeilen" ermöglicht (wie sind die Räumlichkeiten, wie die Stimmung, wie wirkt die Unternehmenskultur … ?). Daraus entstand das Konzept „Running Company". Im Klartext: bitte Turnschuhe anziehen, denn bei „Running Company" ging es an 2 Tagen von der Fresenius-Zentrale in Bad Homburg, über das Boston Consulting Group Büro in Frankfurt und EY in Eschborn zu Merck in Darmstadt und BASF in Ludwigshafen. Für die Fördermitglieder entstand so echtes Klassenfahrt-Feeling mit authentischen und tiefen Einblicken in die jeweiligen Unternehmen. Vor Ort wurde jeweils anhand konkreter Beispiele gearbeitet und diskutiert – auf Augenhöhe, versteht sich. Abends gab natürlich eine tolle Abendveranstaltung mit allen Teilnehmern aus dem careerloft-Förderprogramm und den Partnerunternehmen beim Kart Fahren. „Running Company" bietet für die Fördermitglieder die Möglichkeit, Unternehmen direkt kennenzulernen und Kontakte aufzubauen. Für die Unternehmen ist „Running Company" auch spannend, da nach dem Event die Unternehmen von den Teilnehmern bewertet werden. Quasi der Bewerbungsprozess mal umgedreht. Eine solche Veranstaltung lässt sich außerhalb eines solchen Netzwerks nur sehr schwer realisieren.

Abb. 81 Die careerloft-Facebook-Seite (Quelle: careerloft)

Social Media

careerloft ist von Anfang an mit der Idee konzipiert worden, Social Media als integrativen Bestandteil zu nutzen – und nicht wie bei anderen Plattformen nur „on top" als weiterer Kanal, der eben auch mitbedient werden muss. Dies lässt sich einerseits am careerloft übergreifenden Credo „Kommunikation auf Augenhöhe" ablesen und andererseits daran, dass die Zielgruppe für die Zielgruppe schreibt. Wir als careerloft-Macher verstehen den gesamten Ansatz als Content Marketing und von daher sind wir sehr darum bemüht, kanal- und zielgruppenadäquat zu kommunizieren. Wichtigster Kanal ist aktuell die careerloft-Facebook-Seite, mit der wir eine organische Wachstumsstrategie verfolgen. Das bedeutet Wachstum über relevanten Content, nicht über Gewinnspiele und den Kauf von Likes. Es geht ja darum, mit der Zielgruppe im Dialog zu stehen. Diese Strategie ist langfristig ausgerichtet. Auf Facebook arbeiten wir viel mit Bildmaterial zum Anteasern von Inhalten auf dem Blog oder mit Bildern von Veranstaltungen. Mit über 12.000 Fans (Stand Oktober 2013) wächst die Seite sehr erfreulich, aber der Fokus liegt in erster Linie auf Qualität der Fans, nicht auf der Quantität (Abb. 81).

Ein weiteres äußerst bedeutsames Instrument ist der careerloft-YouTube-Kanal. Für jüngere Zielgruppen wird das Video als Format immer relevanter. Und careerloft eignet sich mit dem Loft und den zahlreichen Events, aber auch mit Umfragen in den Zielgruppen an den careerloft-Zielhochschulen hervorragend für Video-Storytelling. So ist es auch kein Wunder, dass der Kanal an sich schon schöne Abrufzahlen hat. Aber aus der reinen Content-Perspektive eröffnen wir uns damit die Möglichkeit, Videos über Facebook, auf der careerloft-Website, im Loft auf dem Großbildschirm oder über den careerloft-Blog zu kommunizieren. Und ständig kommt Videoinhalt nach (Abb. 82).

Weitere relevante Kanäle im Social Media Kontext sind für careerloft Twitter, XING, LinkedIn sowie mit Abstrichen Pinterest oder Instagram.

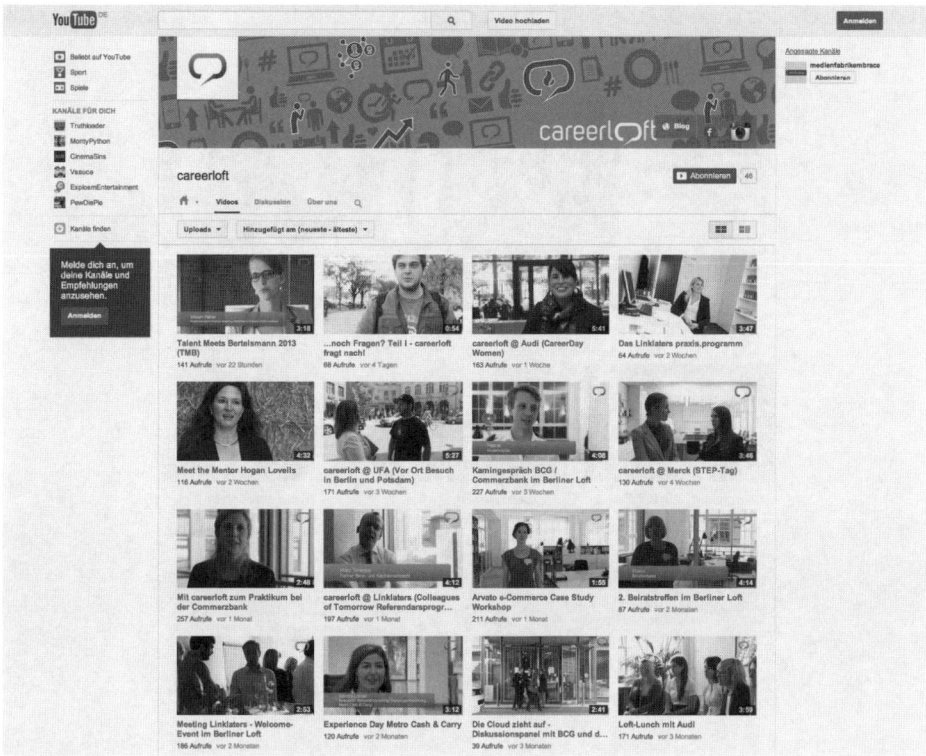

Abb. 82   Der careerloft-YouTube-Kanal (Quelle: careerloft)

Blog

Wer so viel Content produziert und auch so einen idealen Zugang zur Zielgruppe hat wie careerloft, für den ist ein Blog geradezu prädestiniert. Durch die zahlreichen Events (allein im Jahr 2012 haben über 80 careerloft-Veranstaltungen stattgefunden), die 13 Partnerunternehmen, die Loftbewohner, den Studentenbeirat und nicht zuletzt die 27.000 Mitglieder, von denen sich einige auch als Gastautoren betätigen, gibt es auf dem careerloft-Blog (Abb. 83) stets exklusiven, aktuellen und zielgruppenadäquaten Content zu lesen. Eben Kommunikation auf Augenhöhe.

Was bringt das Alles und wer steckt dahinter?

Der Erfolg von careerloft liegt in der Ganzheitlichkeit. Die Generierung von für die Zielgruppe relevantem Inhalt und dessen Bereitstellung über einen integrierten Multikanalansatz ist in dieser Form einzigartig. Der Content selbst ist exklusiv und zu großen Teilen

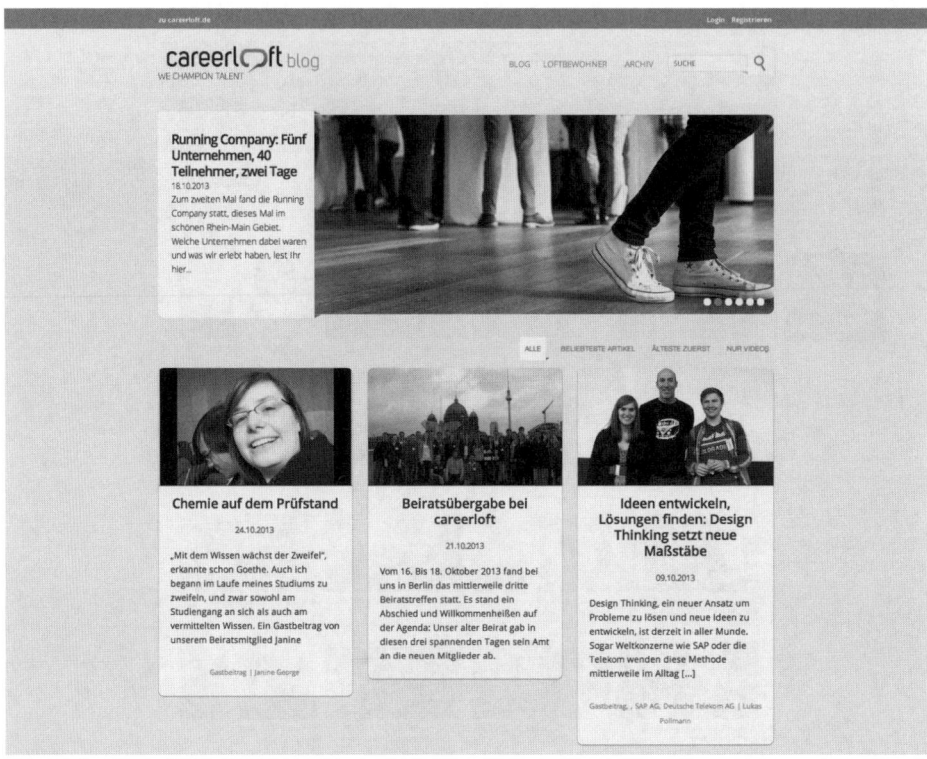

Abb. 83   Der careerloft-Blog (Quelle: careerloft)

von der Zielgruppe für die Zielgruppe erstellt. Das bedeutet: Studierende bekommen auf careerloft Einblicke in einer Tiefe, die Unternehmens-Karriereseiten oft nicht bieten.

Als Aggregationsplattform bietet careerloft Unternehmen die Möglichkeit, in Kontakt mit Zielgruppen zu kommen, die dieses Unternehmen niemals als potenziellen Arbeitgeber im relevanten Set gehabt hätten. Wir nennen das den „careerloft Cross Marketing Effekt".

Als Talent-Relationship-Tool bietet careerloft Studierenden die Möglichkeit, über einen längeren Zeitraum authentische Informationen über große Arbeitgeber zu erhalten und sich ein „echtes" Bild zu machen. Für Unternehmen ergibt sich daraus die Chance, sich langfristig als „Employer of Choice" zu positionieren.

Für die careerloft-Partnerunternehmen ist der Employer-Branding-Effekt bislang Haupttreiber für eine Teilnahme gewesen. Weitere Gründe lagen darin, dass careerloft einen ganzheitlichen Kommunikationsansatz verfolgt und insbesondere im Social-Media-Kontext eine große Reichweite erzielt. Für einzelne Unternehmen ist es nicht möglich, eine derartige Contentvielfalt und -breite bereit zu stellen.

Im Endeffekt wird careerloft von den Unternehmen aber an der Anzahl der über diesen Ansatz erzielten Einstellungen gemessen werden. Im Launch-Jahr 2012 war es unser

Hauptziel, careerloft bei der Zielgruppe bekannt zu machen. Dies ist gut gelungen, insbesondere das „Mitglieder werben Mitglieder"-Programm hat dazu einen großen Beitrag geleistet. Im zweiten Jahr (2013) lag der Fokus in der Entwicklung eines gesunden Fachrichtungsmix. Dies ist mit Stand Oktober 2013 sehr gut gelungen.

Der Fokus für das Jahr 2014 liegt nun im Thema Vermittlungen. Dazu gibt es einerseits die Active-Sourcing-Plattform (die careerloft Partnerunternehmen haben Zugriff auf sämtliche Daten) und andererseits ein Recruiting-Team, welches passende Profile für die Partnerunternehmen aus der Datenbank identifiziert und den Recruiting-Teams in den Partnerunternehmen, die Active Sourcing noch nicht für sich entdeckt haben, zur Verfügung stellt. Bislang konnten bereits über 100 Kandidaten vermittelt werden, diese Quote gilt es nun im Jahr 2014 zu steigern und aus careerloft neben einem herausragenden Employer-Branding- und TRM-Tool auch einen herausragenden Vermittlungskanal zu machen.

Hinter careerloft steckt mit „Medienfabrik I embrace" eine im Jahr 2011 gegründete Agentur mit dem Fokus auf „Talent Relations". embrace schafft Beziehungen zwischen Talenten und Arbeitgebern. Dies einerseits durch Beratung bei der Entwicklung der Employer Brand und der Konzeption und Umsetzung von Personalmarketinginstrumenten und -kanälen (von der Website, über Social Media und Print bis hin zu Events) und Recruitingaktivitäten wie Active Sourcing. Andererseits baut embrace ein Karriere-Netzwerk-Framework auf. careerloft war der Start, im Jahr 2014 wird ergänzend eine Berufs- und Studienorientierungsplattform für Schüler an den Start gehen und ab 2015 eine Lösung für Professionals dazukommen.

Warum ist careerloft ein gutes FRECHMUT-Beispiel?

Beenden wir das Buch, wie es angefangen hat – mit Jörg Buckmanns sehr treffender Frechmut-Denke:

FRECH: Keine Langeweile, sondern unterhaltsam agieren. careerloft ist Alles, nur langweilig nicht. Das liegt in der Natur der Sache, denn ein Großteil des Contents kommt ja aus der Zielgruppe selbst. Und careerloft versteht sich auch als „Puffer" zwischen der Corporate Welt und der Welt der Studierenden. Das bedeutet: Careerloft darf frecher und innovativer sein als die Welt der großen Corporates. Unserer Redaktion merkt das stets, wenn Texte, insbesondere Blogbeiträge, mit den PR-Stellen der Partnerunternehmen diskutiert werden. Careerloft ist eben kein verlängerter Arm der PR-Stellen, sondern hat den Anspruch, authentisch zu kommunizieren.

MUT: Experimentieren. Bewusst neue Wege gehen. careerloft verfolgt genau diesen Ansatz. Als wir im Jahr 2011 mit einer 15-seitigen PowerPoint-Präsentation durch die deutschen Großunternehmen gezogen sind, haben viele das Konzept zunächst recht argwöhnisch betrachtet. Ein Loft in Berlin? Kommunikation aus der Zielgruppe heraus? In einem Markt, in dem sich seit dem Jahr 2000 nur ein echtes Karriere-Netzwerk für High Potentials etablieren konnte, das seit 11 Jahren als Monopolist unterwegs war? Sowohl extern, als auch im Bertelsmann Konzern gab es zunächst sehr viele Zweifler an dem Konzept. Und es war auch klar, dass ein Scheitern bei einem so großen Ansatz für die eigenen Karrieren auch nicht gerade hilfreich wäre. Ja, ein wenig Mut hat schon dazu gehört, so eine Idee nicht nur zu entwickeln, sondern tatsächlich umzusetzen.

LEIDENSCHAFT: Was man immer schon machen wollte. Das eigene „Wie geil ist das denn?"-Projekt. Ohne echte Leidenschaft verläuft so ein großes Projekt schnell im Sande. Im Vorfeld galt es, sehr viele Leute intern und extern vom careerloft-Konzept zu überzeugen. Geld verdient man mit so einem Ansatz kurzfristig natürlich auch nicht, das ist eine langfristige Perspektive. Wir bei embrace sind definitiv leidenschaftliche Überzeugungstäter. So ist es im Einstellungsprozess ein ganz grundlegendes Kriterium, ob jemand für die Sache „brennt". Dazu kommt Fachexpertise. Ein großer Teil der embrace-Mannschafft hat vorher lange in Konzernen oder anderen Agenturen gearbeitet. Wir haben Fachexpertise, Leidenschaft und glauben an uns. Und wir sind beharrlich, arbeiten auch bei Rückschlägen weiter für das, an was wir glauben.

EGO: Sich gut verkaufen können. Im Gespräch sein. Für solche Projekte wie careerloft sind ganz viele Kompetenzen gefragt: Man braucht Business-Plan-Experten, Konzeptioner, Grafiker, Redakteure, Key Accounter, Recruiter und so weiter und so fort. Aber es braucht auch eine „Rampensau". Jemand, der raus geht und die eigentlich recht komplexe careerloft-Geschichte möglichst einfach erzählen kann. Ein gewisses Maß an extrovertierter Öffentlichkeitsarbeit ist dafür definitiv eine Grundvoraussetzung: Tue Gutes und rede darüber!

TUN: Just do it. Die Kunst, Ideen nicht nur zu haben, sondern diese auch umzusetzen, spielt eine sehr große Rolle bei careerloft. Und hört nie auf, denn ein solches Projekt wird ja ständig weiterentwickelt. Dazu gehört ein Sinn für das Machbare zu haben, den Mut, komplexe Zusammenhänge wieder auf das pragmatisch Durchführbare zurückzuführen. Und der Mut in überschaubarem Rahmen auch mal „Trial and Error" zuzulassen. Also Dinge ausprobieren.

Letztlich müssen es andere beurteilen, aber careerloft scheint die Anforderungen an ein FRECHMUT-Projekt gut zu erfüllen. Danke an Jörg Buckmann für die Wortschöpfung und die Gelegenheit, careerloft in diesem Kontext zu erklären.

Autorenbeschreibung: Gero Hesse

Frechmut ist für mich: eine andere Umschreibung für Integrität

Gero Hesse beschäftigt sich bereits seit 1998 mit dem Thema Personalmarketing. Als Berater von Andersen Consulting implementierte er damals die erste Karriere-Website der heutigen Unternehmensberatung accenture für den deutschsprachigen Raum. Von 2000 bis 2010 war Hesse als Senior Vice President Human Resources für das Employer Branding der Bertelsmann AG mit der mehrfach ausgezeichneten „Create Your Own Career"-Initiative verantwortlich.

Seit 2011 ist Gero Hesse Mitglied der Geschäftsleitung der medienfabrik, der Marketing- und Kommunikationsagentur des Bertelsmann Konzerns. Dort verantwortet er den Geschäftsbereich „Medienfabrik embrace", der sich das Thema „Talent Relations" auf die Fahne geschrieben hat.

Neben seinen beruflichen Aktivitäten betreibt Gero Hesse den Blog „saatkorn", der Ende 2012 mit dem HR Excellence Award als „Bester HR-Blog" ausgezeichnet wurde. Sowohl 2011 als auch 2013 wurde Hesse vom Personalmagazin in die Liste der „40 führenden Köpfe im Personalwesen" aufgenommen.

Kontakt: https://www.xing.com/profiles/Gero_Hesse
Web: http://embrace.medienfabrik.de
Blog: http://saatkorn.com

Printing: Ten Brink, Meppel, The Netherlands
Binding: Ten Brink, Meppel, The Netherlands